KB043208

저자 **김오진**

1961년 서귀포시 대포동에서 태어났다. 오현고등학교를 졸업하고, 제주대학교 사회교육과에서 학사, 고려대학교 지리교육과에서 석사, 건국대학교 이과대학 지리학과에서 이학박사 학위를 받았다. 1986년부터 교직에 몸담았고, 현재 추자중학교 교장으로 재직하고 있다. 제주도중등사회과교육연구회장, 탐라지리교육연구회장, 제주대학교 겸임교수 등을 역임했고, 대한지리학회 이사, 한국유네스코연맹 과학환경위원장을 맡고 있다.

주요 저서와 논문으로는 『제주지리론(공저)』, 「지리적 사고력 함양을 위한 지역학습 연구」, 「제주도 오름의 자연적 특성과 이용」, 「제주도에서 관측된 산성비 사례연구」, 「조선시대 제주도의 기상재해와 관민의 대응 양상」, 「조선시대 이상기후와 관련된 제주민의 해양 활동」 등이 있다.

조선시대 제주도의 이상기후와 문화

조선시대 제주도의 이상기후와 문화

초판 1쇄 발행 2018년 6월 20일
초판 2쇄 발행 2019년 11월 30일

지은이 김오진
펴낸이 김선기
펴낸곳 (주)푸른길
출판등록 1996년 4월 12일 제16-1292호
주소 (08377) 서울시 구로구 디지털로 33길 48 대륭포스트타워 7차 1008호
전화 02-523-2907, 6942-9570~2
팩스 02-523-2951
이메일 purungilbook@naver.com
홈페이지 www.purungil.co.kr

ISBN 978-89-6291-456-6 93980

• 이 도서의 국립중앙도서관 출판예정도서목록(CIP)은 서지정보유통지원시스템 홈페이지(http://seoji.nl.go.kr)와 국가자료공동목록시스템(http://www.nl.go.kr/kolisnet)에서 이용하실 수 있습니다.(CIP제어번호: CIP2018016534)

조선시대 제주도의 이상기후와 문화

김오진 지음

푸른길

| 머리말 |

해안가 작은 마을에서 태어난 필자는 어릴 적에 바다가 우는 소리에 잠을 못 이루곤 했다. 태풍이 불 때면 집채만 한 파도가 마을 앞 코지(곶)와 여(礖)들을 사정없이 때렸고, 거무스레한 화산암들은 소리쳐 울었다. 태풍에 집은 금방이라도 날아갈 것처럼 흔들거렸다. 동이 트면 세상은 딴판이었다. 어떤 초가집은 지붕이 날아가 버렸고, 한창 무르익던 감귤과 감들은 여기저기 떨어져 있었다. 바닷가에 가 보면 거센 파도에 휩쓸려 온 물고기들이 죽은 채로 널브러져 있었다.

나이가 들어 도시 생활을 하면서 태풍이 온다고 해도 무덤덤해졌다. 방송에서 요란을 떨어도 태풍이 오는가 보다 싶을 정도였다. 그러나 태풍 '매미'와 '나리'를 경험하면서 공포를 느끼기 시작했다. 어렸을 때 느꼈던 낭만적인 태풍이 아니라 우리의 삶을 한순간에 송두리째 빼앗아 갈 수 있는 태풍이라는 생각이 들었다.

요즘 태풍은 점점 독해지는 것 같다. 태풍뿐만 아니라 기후환경도 달라지고 있다. 인간의 탐욕과 안락함 추구로 열 받은 지구가 기후변화로 몸살을 앓고 있다. 이상기후의 재앙이 세계 곳곳을 강타하고 있다. 기후문제가 인류의 생존을 위협하는 중요한 요소로 등장하면서 매스미디어에서 기후 관련 기사가 오르내리지 않는 날이 거의 없을 정도가 되었다.

전 세계는 이상기후 때문에 혼쭐나고 있고, 곳곳에서 아우성 소리가 들린다. 기후변화의 문제는 더 이상 남의 이야기가 아니다. 지난 100년 동안 지구의 평균기온은 약 0.7℃ 상승했지만 제주도를 포함한 우리나라는 약 1.5℃ 오르는 등 세계의 변동 폭보다도 더 크다. 우리나라의 해수면 상승도 지구 평균보다 빠르다. 지난 40여 년 동안 한반도 연안 해수면은 약 8cm 상승했는데, 제주도는 22cm 상승하여 일부 해안은 통행에 지장을 받고 있다. 제주도의 농작물, 식생, 수산물 등 생태지도가 이미 바뀌기 시작했고, 미래의 기후는 더욱 불확실하여 우리를 불안하게 하고 있다.

옛것을 빌어 오늘을 살펴본다는 차고술금(借古述今)이란 말도 있듯이, 현재와 미래의 기후문제에 지혜롭게 대응하기 위해서는 과거의 기후와 조상들의 대응 양식을 더듬어 보는 것도 의미가 있다. 이 책은 현재보다 과거의 기후에 초점을 맞추었다. 선인들은 기후를 어떻게 인식했고, 어떻게 대응하면서 삶을 영위해 왔는가? 그 궁금증을 풀어 보기 위해서 시작한 발걸음이 여기까지 왔다.

과거의 기후에 대한 연구는 사료, 퇴적물, 나이테, 동위원소 등을 분석하는 다양한 방법으로 진행되고 있다. 이 책에서는 조선시대의 사료를 중심으로 분석했고, 연구대상 지역은 제주도로 한정했다. 제주도는 육지에서 멀리 떨어진 섬이라는 지리적 특성 때문에 전통시대의 기후문화와 그 흔적들이 비교적 잘 남아 있다. 다른 지역에 비해 과거의 기후와 그 문화를 규명하기에 비교적 용이한 편이다. 또한 제주도는 기후 때문에 스트레스를 많이 받았던 곳으로, 삼재(三災)의 섬으로 널리 알려져 왔다. 바람, 폭우, 가뭄 피해가 끊이지 않았다는 것이다. 제주도의 정체성은 혹독한 기후환경에 대응하는 과정에서 형성된 것이라 해도 과언이 아니다.

이 책은 필자의 박사학위논문 「조선시대 제주도의 기후와 그에 대한 주민의 대응에 관한 연구」를 수정·보완한 것이다. 오류와 부족한 부분이 많이 있을 것이다. 아쉬움이 많지만 완벽을 기하다 보면 책이 못 나올 것 같아 채찍을 맞을 각오로 원고를 넘겼다. 책의 잘못된 부분은 전적으로 필자의 책임이다. 다음에 기회가 되면 부족한 부분과 오류를 수정·보완할 것을 스스로 다짐해 본다.

이 책이 나오기까지 많은 분들의 도움과 가르침이 있었다. 일일이 다 열거할 수 없지만 많은 선학들의 연구가 있었기에 이 책을 펴낼 수 있었다. 인용된 모든 책의 저자들에게 깊은 감사를 드린다. 기후와 관련된 전통적인 농·어업 방식과 문화를 현지 조사할 때 지역 촌로들의 소중한 가르침은 이 책을 완성하는 데 많은 도움이 되었다. 구순을 넘긴 나이에도 기억을 더듬으면서 과거의 농법과 해양활동에 대한 정보를 제공해 주신 분도 있다. 귀중한 가르침을 주신 어르신들에게 깊은 감사를 드린다.

학부 때부터 아버지처럼 이끌어 주신 송성대 교수님은 지리학도로서의 길을 걷게 하셨고, 책이 나올 때까지 많은 도움을 주셨다. 대한지리학회 이승호 회장님은 필자에게 기후학의 모든 것을 깨우쳐 주셨고, 이 책을 펴내는 데 절대적인 영향을 끼쳤다. 제주테크노파크 진관훈 박사는 연구에 필요한 여러 자료들을 아낌없이 제공해 주었고, 책이 완성될 때까지 필자와 토론하면서 많은 오류를 바로잡아 주었다. 지리교육 동지 박윤경, 김지수 선생님은 바쁜 와중에도 꼼꼼히 글을 읽으면서 교정해 주었다. 이외에도 필자를 격려해 주고, 도움을 주신 모든 분들에게 지면을 빌려 감사드린다.

책을 가급적 쉽게 쓰려고 가족에게도 먼저 읽어 보도록 했다. 글을 매끄럽게 다듬어 준 영원한 동반자 박희순 교장에게 존경과 감사를 보낸다. 대학원 박사과정에서 공부하고 있는 큰아들과 취업시험 준비에 여념이 없는 작은아들은 바쁜 와중에도 글을 꼼꼼히 읽으며 지적해 주었다. 두 아들에게도 미안함과 고마움을 전한다.

지역 연구서이자 학술서적이라 독자층이 그리 넓지 않음에도 불구하고 선뜻 출판을 허락해 주고, 컬러 인쇄까지 배려해 주신 (주)푸른길의 김선기 대표님에게 깊은 감사를 드린다. 책을 훌륭하게 편집해 주신 이선주 님을 비롯한 (주)푸른길의 모든 식구들에게도 고마움을 전한다.

| 목 차 |

| 표 목차 |

| 그림 목차 |

| 사진 목차 |

I.

프롤로그

1. 이상기후 연구의 의의

최근 전 세계가 기후변화로 몸살을 앓고 있다. 지구 곳곳에서 이상기후가 빈번하게 발생하고 있고, 그로 인해 많은 인명과 재산 피해를 입고 있다. 반복되는 이상기후 때문에 오늘날 국제사회는 매년 천문학적인 비용을 지불하고 있다. 유엔 국제재해경감전략기구(UNISDR)가 낸 '기후 재난의 인적피해 비용 1995~2015 보고서'에 따르면 지난 20년간 세계적으로 이상기후 관련 재해는 6,457건이 발생했으며, 이로 인해 최소 60만 명 이상이 사망했다고 한다. 그중 태풍으로 인한 사망자가 24만여 명으로 가장 많고, 이어 폭염과 한파로 16만 4천여 명, 홍수로 15만 7천여 명, 가뭄으로 2만 2천여 명, 산사태와 산불로 2만여 명 순이다. 또한 기후재난으로 다치거나 집을 잃어 도움의 손길이 필요한 사람은 41억 명에 달했다. 해가 갈수록 이상기후로 인한 재해 발생 빈도가 잦아지고 있으며, 이로 인하여 매년 약 300조 원 안팎의 손실이 발생하고 있다(한국일보, 2017. 8. 24.).

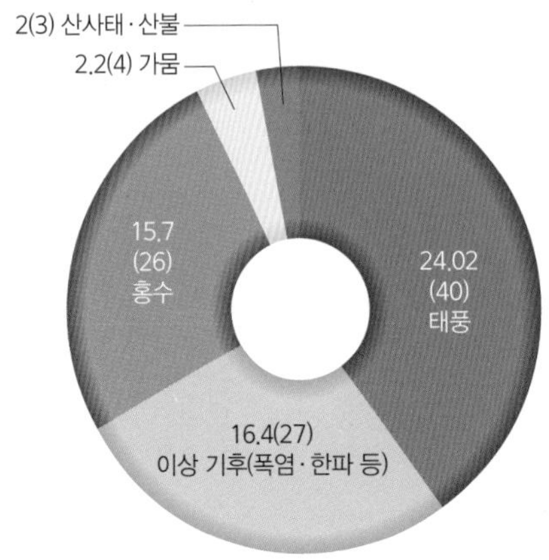

〈그림 1-1〉 전 세계의 기후재난 유형별 사망자(단위: 만 명, 괄호 안은 비율%, 1995~2015)
(출처: 한국일보, 2017. 8. 24.)

우리나라도 이상기후로 인한 피해가 급증하는 추세이다. 통계청 통계개발원(2008)에 따르면 1997~2006년 10년간 이상기후로 입은 연평균 인명 피해는 119명, 재산 피해는 1조 9,642억 원에 달했다. 연평균 이상기후 피해액 또한 1980년대에 5천억 원이었으나 1990년대는 7천억 원, 2000년대에는 2조 7천억 원으로 급증하고 있다.

제주도는 이상기후로 인한 재해가 많이 발생하는 곳이다. 제주특별자치도의 『2007 제주 풍수해 백서』에 따르면, 1970년 이후 2006년까지 제주도에 영향을 미친 태풍과 호우 등 풍수해는 총 94회 발생했다. 같은 기간 인명 피해가 총 177명, 재산 피해가 2,091억 1천만 원 발생했다. 1970년 이후 연평균 풍수해 발생 횟수는 2.5회, 인명 피해는 4.7명, 재산 피해액은 55억 3백만 원이었다. 특히 2007년에는 태풍 '나리'로 인해 14명의 인명 피해와 1,307억 4천 6백만 원의 재산 피해를 입었다.

제주도에 내습하는 이상기후의 발생 빈도와 강도는 최근 점점 증가하는 추세다. 2003년 태풍 '매미'가 통과할 때 제주와 고산 지역의 최대 순간풍속은 60m/sec를 기록하여 우리나라 기상관측 사상 최고치를 기록했다. 2007년 태풍 '나리'가 통과할 때 제주도의 일최대강수량은 420mm를 기록하며 물폭탄을 쏟아부었다. 2016년에는 10월 태풍 중 역대 최강급인 '차바'가 내습하여 제주도에 큰 피해를 입혔고, 특별재난지역으로 선포되기도 했다. 제주도는 지난 10년간(2006~2015년) 풍수해로 인한 주택과 선박, 농경지, 공공시설 등의 피해로 1,500억 원의 재산 손실을 입었다. 이를 복구하기 위해 투입된 예산은 피해액보다 2.5배 많은 2,900억이 소요되었다(제이누리, 2016. 10. 11.).

앞으로 이상기후의 발생 빈도는 갈수록 높아지고, 강도는 더욱 세질 것으로 예상된다. 오늘날 제주도의 산업구조는 3차 관광업과 1차 농·수산업이 중심을 이루고 있다. 이상기후에 취약한 이런 경제구조로 인해 그 피해는 더욱 증가할 것이다. 이상기후를 막을 수는 없지만 대응할 수는 있다. 그에 적절하게 대응하여 그 피해를 줄이기 위해서는 과거의 사례를 분석하여 대비하는 자세를 가져야 한다.

제주도는 예로부터 풍재(風災), 수재(水災), 한재(旱災)가 많다고 하여 삼재도(三災島)라 불리어 왔다. 제주도는 열대성 저기압인 태풍의 길목에 있고, 대륙 고기압에서 발달한 북서계절풍은 광활한 바다를 통과하는 과정에서 가속화되어 더욱 강해진다. 이러한 지리적 특성 때문에 제주도는 풍재가 많은 섬이다. 또한 제주도는 드넓은 해양과 높은 한라산의 영향으로 우리나라의 최다우지를 이루고 있고, 그로 인해 수재가 자주 발생하고 있다. 제주도는 화산활동으로 형성된 지질 및 토양 특성 때문에 투수성이 양호하고, 증발산량도 높아 쉽게 땅이 메말라 버린다. 가뭄에 쉽게 노출될 수 있는 한재의 섬이다. 제주인들은 이런 삼재의 거친 환경에도 굴하지 않고 적극 대응하면서 삶을 영위해 왔고, 지역문화를 창조해 왔다. 따라서 미래에 닥칠 이상기후를 효과적으로 대응하기 위해서는 과거의 기후를 분석해 볼 필요가 있다.

이 책에서는 사료(史料)를 중심으로 조선시대 제주도의 이상기후 양상과 그에 대한 대응을 살펴보고자 한다. 과거에는 이상기후가 발생하면 흉년으로 이어지는 경우가 많았다. 흉년이 심해지면 주민들은 기근에 시달렸는데, 제주인들과 조선 조정은 이에 어떻게 대응했는지도 살펴보겠다. 그리하여 미래에 닥칠지 모르는 이상기후와 재해에 대응하는 데 유용한 방안을 모색해 보고자 한다.

이상기후는 비교적 짧은 기간에 발생하여 지역사회의 기능을 마비시켜 버린다. 광범위한 인적, 물적, 환경적 손실이 발생하는 것은 물론이다. 오늘날의 이상기후는 30년 평년값을 기준으로 삼는 경우가 많다. 조선시대는 이에 대한 객관적인 기준치가 없기 때문에 '사료에 기록되어 있고, 제주지역에 각종 피해를 야기한 기후현상'을 이상기후로 판단했다. 또한 '이상기후로 인해 발생한 각종 재해'를 기후재해로 보았다.

조선시대 제주도의 이상기후를 분석하는 데 주로 사용한 자료는 『조선왕조실록(朝鮮王朝實錄)』, 『증보문헌비고(增補文獻備考)』, 『비변사등록(備邊司

〈표 1-1〉 이상기후 분석에 활용한 사료

사료명	시기	기록 내용
『조선왕조실록』	1392~1910	태조부터 철종까지 기록한 편년체 사서이다. 『고종실록』과 『순종실록』은 일제 강점기에 일본이 설치한 이왕직(李王職) 주관 아래 편찬되었지만, 여기서는 『조선왕조실록』에 포함시켰다.
『증보문헌비고』 「상위고」	상고(上古)~ 대한제국 말기	『증보문헌비고』 16고(考) 중 「상위고」는 천문과 천재지변 등을 기록한 사서이다.
『비변사등록』	1617~1892	광해군 9년부터 고종 29년까지 비변사에서 처리한 사건을 기록한 사서이다.
『승정원일기』	1623~1894	승정원에서 왕명의 출납과 제반 행정 사무 등을 일지식으로 기록한 사서이다.
『탐라기년』	936~1906	고려 태조 21년부터 조선 광무 10년까지 제주지역 관련 역사를 수집하여 기록한 편년체 사서이다.

謄錄)』, 『승정원일기(承政院日記)』, 『탐라기년(耽羅紀年)』 등이다. 이 사료들은 편년체 사료이며 장기간에 걸쳐 기술한 자료이기 때문에 제주도에서 발생한 이상기후와 재해 관련 내용들이 많이 기록되어 있다. 각 사료의 기록 시기와 주요 내용은 〈표 1-1〉과 같다.

조선시대 제주도의 기후 및 재해 상황을 분석하기 위해 활용한 개인 사료는 김정(金淨)의 『제주풍토록(濟州風土錄)』, 임제(林悌)의 『남명소승(南溟小乘)』, 김상헌(金尙憲)의 『남사록(南槎錄)』, 이건(李健)의 『제주풍토기(濟州風土記)』, 김성구(金聲久)의 『남천록(南遷錄)』, 이증(李增)의 『남사일록(南槎日錄)』, 이익태(李益泰)의 『지영록(知瀛錄)』, 정운경(鄭運經)의 『탐라견문

〈표 1-2〉 제주도 관련 주요 개인 사료

저자	사료명	체류 기간	주요 내용
김정	『제주풍토록』	1520~1521	제주도의 기후, 풍토, 풍속, 토산 등을 기술했다.
임제	『남명소승』	1577~1578	제주도에 약 4개월간 머물며 쓴 일기체 기행문이다.
김상헌	『남사록』	1601~1602	제주도의 인구, 기후, 역사, 지리, 물산, 풍속, 날씨 상황 등을 일기체로 기술했다.
이건	『제주풍토기』	1628~1635	제주도의 풍속, 목축, 농업, 과원, 잠녀, 신당 등을 기술했다.
김성구	『남천록』	1679~1682	정의현감 재직 시 약 2년 10개월간 제주도 상황을 기록한 일기이다.
이증	『남사일록』	1679~1680	약 5개월간 제주도 체류 시 견문한 내용을 일기체로 기술했다.
이익태	『지영록』	1694~1696	제주목사 재임 기간 중 행적, 제주도 순력 모습, 공마와 귤, 전복의 진공, 효종~숙종대의 표류 등을 기술했다.
정운경	『탐라견문록』	1731~1732	제주인의 표류기, 감귤, 풍물 등을 기술했다.
김윤식	『속음청사』	1897~1901	제주도 유배 기간 동안 지역의 상황과 풍물을 일기체로 기술했다.

록(耽羅見聞錄)』, 김윤식(金允植)의 『속음청사(續陰晴史)』 등이다. 그들은 중앙에서 파견된 관리이거나 유배왔던 사람들이 대부분이다. 그들이 제주도에 체류했던 기간과 저서의 주요 내용은 〈표 1-2〉와 같다.

조선시대 제주도의 지역 상황을 파악하기 위하여 분석한 지리지는 〈표 1-3〉에 정리된 바와 같이, 『세종실록지리지(世宗實錄地理志)』, 『신증동국여지승람(新增東國輿地勝覽)』을 비롯하여 이원진(李元鎭)의 『탐라지(耽羅志)』, 이형상(李衡祥)의 『남환박물(南宦博物)』, 이원조(李源祚)의 『탐라지초본(耽羅志草本)』 등이다.

『조선왕조실록』, 『비변사등록』, 『승정원일기』 등의 원문과 국문 자료는 국사편찬위원회 한국사데이터베이스(http://db.history.go.kr)에 탑재된 자료를 활용했다. 또한 『탐라기년』, 『증보문헌비고』, 『구한말관보』 등의 자료를

〈표 1-3〉 제주도 관련 주요 지리지

저자	사료명	시기	주요 내용
	『세종실록지리지』	1454	제주목·정의현·대정현으로 구분하여 기술함. 관원·연혁·명산·호수·인구·군정·토성·인물·풍기·간전·토의·토공·약재·읍성·봉수·목장 등을 기록했다.
이행 외	『신증동국여지승람』	1530	제주목·정의현·대정현으로 구분하여 기술, 『세종실록지리지』와 비교하면 호구수와 전결·군정수 등의 항목이 빠지고 사회·인물·예속 등의 항목이 보강되었다.
이원진	『탐라지』	1651~1653	제주목, 대정현, 정의현의 건치연혁, 진관, 성씨, 풍속, 형승, 산천, 토산, 학교, 고적, 공헌, 인물 등을 기술했다.
이형상	『남환박물』	1702~1703	제주도의 기후, 지리, 명승, 고적, 인물, 풍속, 산물, 식물, 동물, 관방, 봉수, 창고 등을 기술했다.
이원조	『탐라지초본』	1841~1843	제주도의 건치연혁, 산천, 도서, 물산, 토속, 공해, 봉수, 과원, 창고 등을 기술했다.

통해 보완했다.

과거에는 음력을 사용했기 때문에 이 책에서 조선시대의 날짜 표기는 특별한 언급이 없으면 음력이다. 이상기후 발생 시기를 양력으로 전환할 필요성이 있을 때는 한국천문연구원(http://www.kao.re.kr)의 음력/양력 전환계산 프로그램을 이용했다.

조선시대 제주도의 자연재해는 대부분 이상기후와 관련된 것이다. 제주도 관련 사료에서의 이상기후는 바람, 호우, 가뭄, 대설, 동해를 중심으로 기록되어 있다. 기후는 반복되는 경향이 있기 때문에 조선시대의 기후양상을 살펴봄으로써 오늘날 이상기후를 예측, 분석하는 데 기초자료로 활용할 수 있다. 조선시대는 국가에서 펴낸 관찬자료와 개인이 저술한 각종 기록물이 그 이전에 비해 많은 편으로 이상기후 발생 경향과 그 특성을 파악하는 데 도움을 주고 있다.

조선시대 제주도(濟州島)의 행정 체계는 전라도(全羅道)에 속해 있으면서

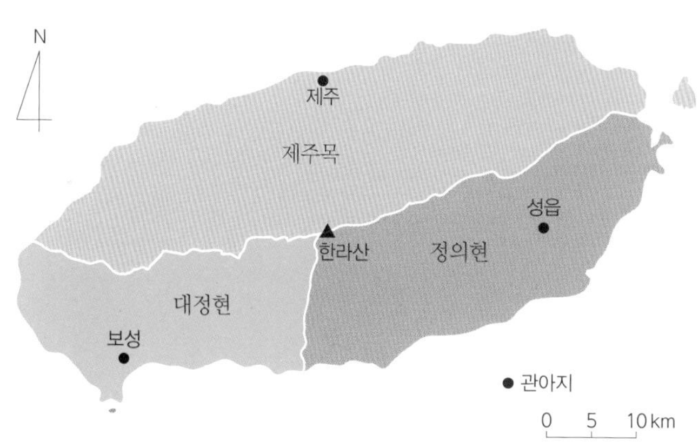

〈그림 1-2〉 삼읍의 치소와 경계

(출처: 『제주읍지』를 토대로 작성함) 조선시대 제주도(濟州島)는 제주목, 대정현, 정의현의 삼읍체제였다.

제주목(濟州牧), 대정현(大靜縣), 정의현(旌義縣)의 삼읍체제였다. 그러므로 조선시대 제주도의 이상기후를 지역별로 분석할 때는 삼읍을 중심으로 했다.

이상기후와 관련된 제주인의 대응 양식은 농업과 어업 활동을 중심으로 분석했다. 농업과 어업 활동은 기후환경에 직접적으로 영향을 받는 분야이며 조선시대 제주도의 주요 생업활동이다. 사료를 보충하기 위하여 전통적 농업과 어업 활동에 경험이 많은 지역주민을 대상으로 면담 조사를 했다. 면담조사는 2006년 12월부터 2009년 7월까지 제주도 동부·서부·남부·북부지역에서 고르게 진행했다. 2017년 7월부터 12월까지 추가 조사하여 보완했다. 동부지역은 구좌읍의 하도리, 행원리, 한동리, 월정리, 김녕리, 동복리, 송당리와 우도면의 천진리, 성산읍의 성산리와 신양리, 표선면 성읍리를 중심으로 조사했다. 서부지역은 한림읍의 귀덕리, 수원리, 한수리와 한경면의 판포리, 용수리, 고산리, 대정읍의 하모리, 동일리를 중심으로 조사했다. 남부지역은 서귀포시 대포동과 강정동, 하효동, 서홍동을 중심으로 조사했다. 북부지역은 제주시 건입동, 화북동, 삼양동, 봉개동과 조천읍의 조천리, 함덕리, 교래리 등을 중심

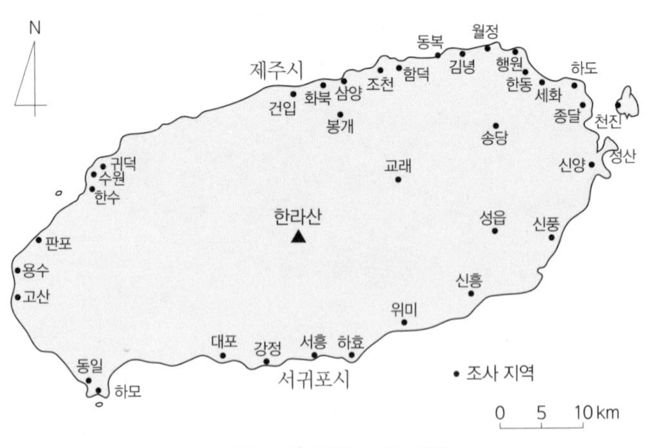

〈그림 1-3〉 주요 조사 지역

으로 조사했다.

면담 대상자들은 해당 마을에서 태어나거나 시집와서 거주한 노인들로 80여 명을 인터뷰했다. 그들은 조상들로부터 전승되어 온 농업과 어업에 경험이 많은 노인들이다. 제주인들의 도외 해싱활동과 정부의 제주도 구휼시설 흔적을 파악하기 위해 전라남도와 전라북도를 중심으로 현지 답사하면서 해당 지역주민과 면담조사를 실시했다.

'노인이 죽으면 도서관 하나가 불에 탄 것과 같다'는 말처럼 노인들은 전승되어 내려오는 전통적인 농업과 어업에 대한 경험과 지식이 풍부했다. 90세가 넘은 나이에도 불구하고 기억을 더듬으며 귀중한 정보를 제공해 주신 분도 있다. 면담에 응해 주신 많은 분들의 도움이 있었기에 이 책을 완성할 수 있었다.

2. 이상기후 연구 동향

1) 외국

사료에 의한 고기후 연구는 기록물에 의존하기 때문에 연구의 범위가 제한적이지만 과거의 기후를 복원하는 데 귀중한 정보를 제공해 준다. 기상관측기기를 이용하여 측정된 관측기록은 비교적 짧은 기간에만 적용된다. 일부 관측소는 300년간 관측이 이루어지기도 했지만, 대부분 관측소에서 행해진 관측역사는 100년 미만이다. 관측시대 초기의 측정치는 일정한 시간과 장소에서 정기적으로 관측하지 않았기 때문에 현대 표준 관측소의 객관적 기준에 의한 관측치와 비교 분석하는 것은 쉽지 않다(Lamb, 1995).

대항해시대 이후 기후에 관한 기록들은 고기후 연구에 많이 활용되고 있으며, 특히 소빙기에 관한 연구는 전 세계적으로 많이 축적되어 있어 고기후 연구를 풍부하게 하고 있다. 소빙기[1])의 극심한 기후변동에 가장 직접적으로 영향을 받은 분야는 농업이다. Pfister et al.(1999)은 건초의 생산 시기, 곡물 및 포도의 수확 시기, 경매 일자 등을 가지고 소빙기의 기후를 분석했으며, Bauernfeind and Woitek(1999)은 기후변동에 따른 곡물 가격의 등락을 분석하고 기후가 악화되는 시기에는 곡물가격이 상승했음을 상세히 밝혔다.

Landsteiner(1999)는 16세기 후반 중부 유럽의 포도주 생산을 기후변동과 관련지어 분석했다. 그에 따르면 1550~1630년간 계속적인 기온하강은 포도주 생산량을 감소시켰고, 포도주 경제에 의존하는 사회계층과 합스부르크왕가(The House of Hapsburg)는 세입에 큰 영향을 받았다. 16세기에서 19세기까지의 유럽기후는 전반적으로 1901~1960년 사이의 평균기온보다 낮았고 폭풍우와 대홍수가 빈번하게 발생했다. 잦은 이상기후로 호밀 가격이 폭등했고 포도주 생산은 급감했으며, 마녀사냥은 소빙기 기후변동과 깊은 관련이 있다(Pfister and Brazdil, 1999). 마녀사냥은 14세기부터 시작되어 17세기에 전성기였고, 18세기에 사라졌다. 당시 유럽사회는 악마적 마법이 존재한다고 믿고 있었다. 소빙기 때의 잦은 이상기후를 마녀들의 음모라고 인식하기도 했다. 마녀들이 폭풍우, 한파, 가뭄 등 기상이변과 기근을 일으키고 있다고 간주하여, 소빙기 절정기인 17세기 유럽사회는 마녀사냥이 최고조에 달했다(Behringer, W., 1999).

관측시대 초기의 관측기록 자료는 단편적이고 측정 장소, 관찰시간 등이 일정치 않아 기후변동을 분석하기에 어려운 면이 있다. 일기, 연감, 신문과 같은 정기간행물은 불명확한 관측기록 자료보다 지리학적으로 더 세밀하고 가치가 있을 수 있다. Baron(1992)은 일지, 연감, 신문 등 정기간행물과 18세기 초부터 온도계와 기압계가 설치된 하버드(Harvard), 캠브리지(Cambridge), 매사추세츠(Massachusetts) 대학의 관측 자료를 가지고 1640~1900년까지의 미

---

1) 소빙기(Little Ice Age)는 소빙하기의 줄임말로 여러 학자 간의 이견이 있지만 보통 16세기부터 19세기까지의 이상저온 현상이 발생한 시기이다.

국 북동부의 기후와 뉴잉글랜드 지역의 기후를 복원했다. 17세기부터 19세기까지 3세기 동안 뉴잉글랜드에서는 전반적으로 한랭기후가 나타났으며, 19세기에 10년 주기로 한랭과 온난이 반복되다가 1870년대부터 온난화 경향을 보였다.

Manley(1974)는 영국에서 기기를 이용한 관측시대 초기의 기온 자료를 이용하여 고기후를 복원했다. 그의 연구에 따르면, 영국에서 1650~1670년에 온난 건조, 1673~1675년에 한랭, 1676~1686년에 더위에 시달렸고, 1680~1690년에 저온현상이 나타났다. 또한 17세기의 영국은 추위와 더위가 교대로 반복되면서 기후변동이 극심했음을 밝힌 바 있다.

사료에 기록된 빙하의 변동을 분석하여 고기후를 복원한 연구가 있다. Holzhauser and Zumbühl(1999)은 스위스와 프랑스 서부 알프스지방에서 빙하 관련 기록을 통해 빙하의 성장 관련 연구를 수행했다. 1565년 이후 기후변동으로 알파인 빙하(고산빙하)가 급격히 확대되어 17세기에 절정에 달했고, 약 250여 년간 확장된 상태로 남아 있었음을 밝혔다.

Ogilvie(1992)는 아이슬란드에서 1500~1800년간의 해빙(sea ice) 기록을 통해 기후변동을 분석했다. 그의 연구에 따르면, 16세기 후반과 17세기 초반에 아이슬란드에서 추운 기후가 나타났으나, 17세기 후반에 비교적 온화한 기후가 나타났다. 1690년대에는 갑자기 추운 기후가 많이 출현했고, 18세기 초반에 온화한 기후가 나타났다가 1731년부터 1760년까지 한랭한 기후가 나타났다. 1770년대와 1790년대는 춥지 않았으나 1780년대는 전 시기에 걸쳐 가장 추웠다. 그들의 연구에 의하면 아이슬란드에는 소빙기 기간에도 지속적으로 한랭한 기후만 계속된 것이 아니라 단기간의 온난기와 한랭기가 교대하면서 전반적으로 저온현상이 강화되는 양상을 보였다고 했다.

유럽에서 라인강, 엘베강, 이탈리아 중북부의 강, 카탈로니아와 안달루시아 지방 강들의 범람을 기록한 사료를 통해 이상기후를 분석한 연구가 있다(Brázdil et al., 1999). 이 연구에 따르면, 이들 강의 범람은 16세기 전반기보다 후반기에 심했으며, 이는 16세기 기후변동과 연관성이 있다고 했다.

Kraker(1999)는 1488~1609년에 플랑드르 지방의 폴더 제방에 피해를 입힌 기록을 가지고 이상기후를 분석했다. 16세기 전반기보다 후반기에 그 피해가 컸으며, 폭풍의 경우 약 85%가 1550~1609년 사이에 발생했다. 16세기 전반기에 비해 후반기가 기후변동이 더 심했다.

중국에서 소빙기 기후를 연구한 결과를 살펴보면 유럽과 유사하게 이상기후가 진행되었음을 알 수 있다. Chang(1976)에 의하면 과거 500년간 중국에 4회의 추웠던 시기와 3회의 온난한 시기가 나타났다. 추웠던 시기는 1470~1520년, 1620~1720년(특히 1650~1700년), 1840~1890년, 1945년 이후(특히 1963년 이후)였다. 온난한 시기는 1550~1600년, 1720~1830년, 1916~1945년이었다.

Wang and Zhao(1981)는 고기록과 현대 관측치를 가지고 1470~1979년에 이르는 중국의 가뭄과 홍수를 분석했다. Wang(1991)은 1380년대부터 1980년대까지의 고기록과 현대의 기상 관측치를 이용한 북중국의 기온편차를 분석하여 1550년대부터 1690년대까지, 1800년대부터 1860년대까지 두 번의 혹한기가 출현했음을 밝혔다.

일본의 Yamamoto(1970)는 사료를 이용하여 일본의 고기후를 분석한 결과, 소빙기적 기후현상이 일본에서도 전개되었다고 했다. 그 강도는 17세기가 그 이전인 15세기와 16세기, 그 이후인 18세기와 19세기보다 뚜렷했다.

Arakawa(1955)는 1440년부터 일본 중부의 스와(Suwa)호의 매년 결빙 일자를 만들었다. 스와호 지역의 가장 추운 겨울은 1500~1520년, 1700~1710년, 1850~1880년 사이였다.

김연옥(1984a)은 한국의 소빙기 기후 연구를 통해 일본의 소빙기를 국내에 소개하면서 1665~1685년의 연보온난기, 1685~1740년의 원록소빙기, 1740~1780년의 명화소빙기, 1780~1850년의 천보소빙기 등의 4시기로 구분했다. 또한 덕천시대 후기의 3대 기근인 천명기근(1762~1783년), 천보기근(1833~1839년), 경응·명치기근(1866~1869년)은 냉습한 소빙기의 영향 때문이라고 했다.

2) 국내

국내에서 사료를 이용한 고기후 연구는 1980년대 이후에 본격적으로 시작되었다. 김연옥(1984a)은 『증보문헌비고』 등을 통해 기후요소를 추출하여 삼국시대, 고려시대, 조선시대의 고기후 복원을 시도했다. 특히 소빙기 연구를 통해 우리나라에서도 유럽 등 전 세계적으로 진행된 소빙기와 유사한 이상저온 현상이 전개되었음을 입증했다.

박근필(1995)은 『조선왕조실록』을 자료로 소빙기의 마지막 시기에 해당하는 19세기 초반을 유럽과 비교하면서 이 기간 동안의 농업 생산 침체를 규명했다. 그는 19세기의 기후변동뿐만 아니라 농업 생산과의 상관관계를 밝혀 고기후학의 연구 범위를 경제 분야까지 확대시키는 데 기여했다. 그러나 연구 대상 기간이 1799~1825년으로 짧기 때문에 장기적인 기후변동을 밝히는 데는 미흡했다.

이태진(1996b)은 『조선왕조실록』의 기상현상을 추출하여 분류하고 각 기상현상의 발생 건수를 분석했다. 소빙기적 현상을 분석하는 데 이용한 기상현상은 우박, 서리, 때아닌 눈·비, 혜성·객성 출현 증가 등이다. 이를 바탕으로 1392~1863년의 기간을 50년 단위인 9기로 나누어 기상현상을 분석했다.

김연희(1996)는 한국학데이터베이스연구소(1995)에서 간행한 『조선왕조실록 CD-ROM』을 분석하여 소빙기와 관련된 기후요소와 농업 관련 용어를 검색한 후 이를 계량화했다. 그의 연구는 기온변동 분석과 강우량 분석으로 나눌 수 있다. 기온변동 분석에서는 이상저온 현상과 이상고온 현상을 다루었고, 강우량 분석에서는 비와 홍수, 한해 등을 다루었으며, 이를 통해 한랭기를 도출하고 있다. 그는 소빙기적 기후현상과 농업 생산량의 상관관계를 밝혀 고기후의 연구 영역을 확대시키는 데 기여했다.

『조선왕조실록』은 장기간에 걸친 방대한 편년체 사료로서 대기현상에 관한 기록이 풍부하기 때문에 이에 대한 고기후학적 연구가 많이 이루어졌다. 오종록(1991)의 자연재해 상황, 전영신(2000)의 황사, 소선섭·김용헌(2000)의 기상요소, 김현준(2001)의 홍수와 가뭄, 박정규 외(2001)의 강수, 김재호(2001)의 기근, 임규호·심태현(2002)의 기후변동, 김기원·신만용(2002)의 강설 연구가 이에 해당한다. 우리나라는 세계 최초로 측우기를 발명하여 장기간 강수를 측정했기 때문에 강수 자료가 풍부하여 이에 대한 연구도 행해졌다(조희구·나일성, 1979; 전종갑·문병권, 1997).

국내에서 사료를 통한 이상기후 연구는 『삼국사기』, 『고려사』, 『조선왕조실록』, 『증보문헌비고』 및 개인 기록물들을 이용하여 행해졌다. 박성래(1982)는 『삼국사기』, 『고려사』, 『조선왕조실록』 등을 통해 16세기 이전 한국사에 있어서 가뭄에 대한 기록을 분석했고, 이에 따른 대응책을 규명했다. 박창용·이혜은(2007)은 『삼국사기』에 기록되어 있는 가뭄과 호우 자료를 이용하여 삼국시대의 이상기후를 밝혔다.

나종일(1982)은 『증보문헌비고』의 기록을 통해 17세기의 농업재해의 주요인은 한해(旱害)였고, 수해, 풍해, 냉해의 피해도 적지 않았다고 분석했다. 또한 이와 연관시켜 농업 생산력의 발전, 인구변동의 추이 등을 설명했다.

이상배(2000)는 전근대사회에서 발생한 자연재해 가운데 백성들에게 직접적이고 광범위한 피해를 주었던 이상기후는 수해와 한해였음을 밝혔다. 그는 수해에 대한 방비책으로 준천(濬川) 공사와 제방공사를 벌여 하천의 범람을 막고, 가뭄에 대한 방비책으로는 제언과 보 등 관개시설을 정비하여 농업용수의 원활한 공급을 도모했다고 설명했다.

조선 후기 강원도 삼척지방에 살던 강릉 김씨 감찰공파 한길댁의 생활일기를 검토·분석하여 18세기 말 정조 때 삼척지방의 이상기후와 그로 인해 발생한 기후재해가 당시의 농업에 미친 영향을 분석한 연구도 있다(배재홍, 2004). 이 연구는 좁은 지역 범위에서 생활일기를 자료로 이상기후와 농업, 재해와 이에 대한 민간의 대응을 상세하게 분석했다는 데 의의가 있다.

최근에 우리나라에서도 역사시대의 문서 기록에 의한 고기후와 기상 관련 자연재해에 관한 연구가 활발히 전개되고 있다. 그러나 사료에 의한 제주도의 이상기후에 관한 연구는 거의 없는 실정이다. 제주도는 이상기후로 인한 재해가 많이 발생했고, 이것이 제주인의 생활과 문화에 많은 영향을 끼쳤다. 또한 인명과 재산 및 심리적 피해가 컸던 만큼 과거의 이상기후에 관한 연구가 절실히 필요한 시점이다.

II.

제주도의 기후 특성

1. 자연 환경

제주도는 우리나라에서 가장 큰 섬으로 한반도 남서 해상에 위치해 있다. 목포에서 약 145km 떨어져 있고, 부산에서 약 268km 떨어져 있다. 남북 길이는 약 31km이고 동서 길이는 약 73km로 동서로 길쭉한 타원형의 섬이다. 섬 중앙에는 해발 1,950m의 한라산이 있고, 동서로 약 3~5°의 경사를 보이며, 남북으로 약 5° 내외의 경사를 보인다. 한라산을 중심으로 동서사면보다 남북사면이 급한 편이다.

한라산을 중심으로 산록에는 '오름'이라 불리는 측화산이 360여 개 분포하고 있다. 그래서 용암평원과는 확연히 구분되는 선의 파노라마를 연출한다. 제주도 지표의 거의 대부분은 현무암으로 이루어져 있고, 그 위에 화산회토와 현무암풍화토가 덮여 있으나 토양층은 얇은 편이다.

제주도는 중위도에 위치해 있기 때문에 온대기후가 나타난다. 한반도에 비해 온화한 아열대성 기후를 보인다. 봄이 되면 한랭 건조한 대륙성 고기압이 약해지면서 따뜻해지기 시작한다. 중국 쪽에서 불어오는 이동성 고기압과 저기압의 영향으로 날씨 변화가 심하다. 봄이 끝날 무렵 북태평양 고기압의 영향을 받기 시작한다. 6월쯤 되면 태양의 고도가 높아지면서 강한 일사에 의해 무더워지기 시작한다. 온난 기단과 한랭 기단 사이에 장마전선이 형성되어 6월 말부터 7월 말까지 장마가 영향을 미친다. 장마가 끝나면 본격적인 무더위가 기승을 부린다. 여름부터 초가을까지 태풍이 내습하면서 심한 풍수해를 입기도 한다.

가을이 되면 북태평양 고기압이 약해지면서 한여름에 비해 기온이 현저히 낮아진다. 이동성 고기압의 빈번한 이동으로 쾌청한 날씨를 보이고, 11월경에는 시베리아 고기압이 발달하면서 북서계절풍이 불어온다. 겨울에 접어들면 한랭 건조한 시베리아 고기압이 더욱 발달한다. 1월은 대륙 고기압이 더욱 발달하여 북서계절풍이 매우 강하고 기온도 내려가 가장 춥다. 겨울이 끝날 무렵에는 시베리아 고기압이 다소 약해지면서 추위가 누그러진다.

이러한 제주도의 지리적 위치와 기후환경이 사료에도 잘 기록되어 있다. 이형상의 『남환박물』을 보면 "제주도의 넓이는 480리, 동서는 170리, 큰 길로 섬 둘레는 370리"라고 했다. 또한 "제주에서 육지의 해남 관두량까지는 970여 리이고, 동쪽 대마도까지는 2천여 리, 동동남쪽 강호(江戶: 일본 서울)까지는 4천여 리, 옥구도(일본)까지는 3천여 리, 남남동쪽의 일기도(일본)까지는 3천 5백여 리, 남쪽 여인국(女人國)까지는 8천여 리, 남쪽 유구국[오키나와]까지는 5천여 리, 남남서쪽 안남국[베트남]까지는 1만 7천여 리, 남남서쪽 섬라국[타이] 및 점성[참파]은 1만여 리, 서남쪽 영파부(중국)는 8천여 리, 서서남쪽 소주와 항주는 7천여 리, 서서서남쪽 양주는 7천 리, 서쪽 산동성은 1만여 리, 서서북쪽 청주는 1만여 리"라고 기술되어 있다. 이로 미루어 보아 제주인들은 해양지리적 위치에 관심이 많았음을 알 수 있다. 당시 제주인들은 주변국과의 바닷길 등 지리적 관계를 인식하고 있었던 것이다.

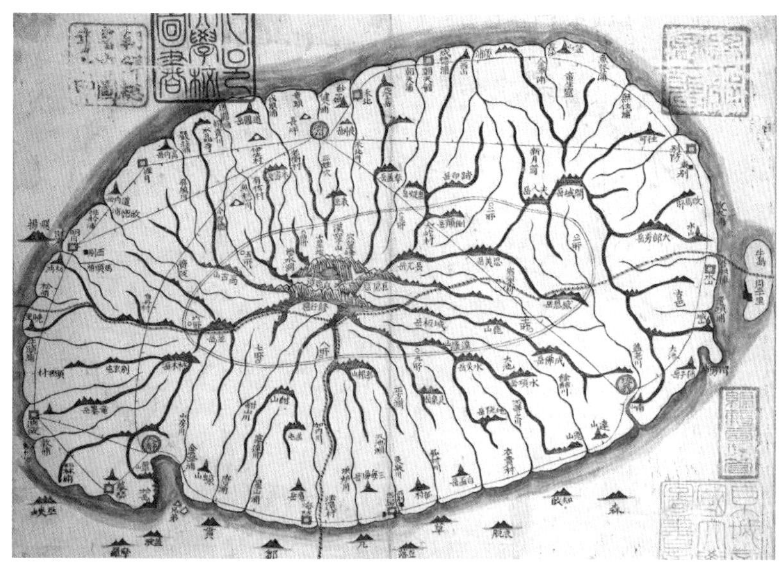

〈그림 2-1〉 대동여지도 속의 제주도

(출처: 서울대학교 규장각한국학연구원 홈페이지) 조선시대 제주도의 삼읍의 위치와 경계, 한라산과 오름, 분수계, 하천, 봉수, 포구, 진(鎭), 섬, 과원, 10소장 등이 그려져 있다.

조선시대 제주도는 행정구역상 전라도에 속해 있었다. 제주도 내의 행정구역은 제주목, 대정현, 정의현의 삼읍체제로 구성되어 있었다. 제주목은 섬 북쪽에 있고, 대정현은 한라산 서남쪽에, 정의현은 한라산 동남쪽에 위치해 있었다.

『제주읍지』를 보면 제주도 삼읍 간 노정이 기록되어 있다. "제주목 성문에서 해안가 큰길을 따라 동쪽으로 정의현 경계인 하도리까지 80리, 서쪽으로 대정현 경계인 두모리까지 90리이다. 정의현 성문에서 큰길을 따라 동쪽으로 제주목 경계인 종달리까지 35리, 서쪽으로 큰길을 따라 대정현 경계인 법환리까지 95리, 소로를 따라 북쪽의 제주목 경계인 활미마을(궁산리)까지 10리이다. 소로를 따라 남쪽의 바닷가인 세화리까지 20리이다. 대정현 성문에서 동쪽의 정의현 경계까지는 큰 길의 경우 병참(竝站)에 이르기까지 57리이다. 서쪽의 제주목 경계까지는 큰 길의 경우 두모리에 이르기까지 35리이다."라고 하여 삼읍의 거리와 경계를 밝히고 있다. 그러나 조선시대 삼읍의 경계와 범위는 시기별 행정구역의 개편에 따라 다소 달라진다.

임제는 『남명소승』에서 "제주도는 중국과 일본의 중간에 위치해 있다. 일본인들이 중국에 갈 때는 제주도와 추자 사이를 경유하기 때문에 섬의 동쪽과 서쪽이 군사 전략상 요충지가 되고 있으며 한라산 남쪽은 북쪽에 비해 방호의 긴요함이 덜하다."고 기록하고 있다. 제주해협은 중국과 제주도, 일본을 연결하는 중요한 동서 해상교통로였음을 알 수 있다.

김정호의 『대동여지도』는 다른 고지도에 비해 제주도가 비교적 정확히 그려져 있다. 제주목, 정의현, 대정현의 읍성 위치와 경계, 한라산과 오름들, 산줄기와 하천, 봉수, 연대, 도로, 국영목장, 관과원 등이 표시되어 있다. 특히 한라산을 중심으로 동서로 길게 한라산 주능선이 그려져 있고, 도로는 10리마다 방점을 찍어 거리를 쉽게 알 수 있도록 했다.

제주도를 상징하는 한라산(漢拏山)은 운한[雲漢: 은하]을 나인[拏引: 끌어당김]할 만한 높은 산이라는 데서 비롯되었다. 한라산은 예로부터 금강산, 지리산과 더불어 삼신산의 하나이다. 다른 이름으로는 두무악(頭無岳)·영주산(瀛洲山)·부라산(浮羅山)·부악(釜岳)·원산(圓山)·진산(鎭山)·선산(仙山)·혈망봉(穴望峰)·여장군(女將軍) 등 많은 이름으로 불렸다.

두무악은 '머리가 없는 산'임을 의미한다. 한라산 정상에 백록담 화구호가 있어 움푹 들어가 있기 때문에 붙여진 이름이다. 한라산 산록의 수많은 오름들도 스트롬볼리식 분화로 화산체가 형성되는 과정에서 움푹 들어간 분화구가 발달해 있다. 육지의 산지들은 침식 과정에서 형성되었기 때문에 산이 가파르고 정상부가 뾰족한 데 비해 한라산과 많은 오름들은 정상부가 움푹 들어가 있으니 육지 사람들에게는 머리가 없는 것처럼 보였다.

김정은『제주풍토록』에서 제주도의 지형을 잘 표현하고 있다. 그는 "제주목과 정의현과 대정현은 모두 한라산 산록 끝에 있다. 한라산은 높고 험하며 제주도의 땅들은 자갈이 많아서 평토가 절반도 안 된다. 밭 가는 자는 고기의 배를 도려내는 것 같고, 제주도의 지세는 땅이 평탄하고 넓은 것 같으나 기복이 심하다. 낮은 언덕들이 많이 있지만 난총(亂塚)과 비슷하다. 돌들이 지천으로 쌓여 있고, 완강한 쇳돌[현무암]은 검고 거칠어서 보기에도 눈에 거슬린다. 오름들은 여기저기 있으나 독립적으로 떨어져서 우뚝 솟아 있다. 하나같이 머리가 없으며, 분지처럼 산으로 둘러싼 형세도 없다. 한라산이 하늘 가운데 우뚝 솟아 있다."고 표현하였다.

2. 주요 기후요소 특성

제주도의 풍토와 기후에 관한 초기 기록물로 김정의 『제주풍토록』을 들 수 있다. 그의 기록은 김상헌의 『남사록』, 이원진의 『탐라지』, 김성구의 『남천록』 등 후대의 기록에서 제주도를 기술할 때 많이 인용되었다. 김정은 제주도의 기후를 다음과 같이 표현했다.

> 제주의 기후는 겨울이 혹 따뜻하고, 여름이 혹 서늘하나 일기변화가 심하다. 바람과 공기는 따뜻한 것 같으나 사람에게는 몸서리 날 만큼 날카롭고 사람의 의식에 알맞게 조절하기 어려워 병이 나기 쉽다. 게다가 운무가 항상 음침하게 가리고, 하늘이 맑게 갠 날이 적으므로 거기에 대하여 세찬 바람과 폭우가 내릴 때가 많다. 찌는 듯이 덥고 축축하므로 숨이 막힐 듯이 답답하다.[1)]

---

1) 김정, 『제주풍토록』.
"氣候冬或溫夏或涼 變錯無恒 風氣似喧而着人甚尖利 人衣食難節 故易於生疾 加以雲霧恒陰翳少開霽 盲風怪雨 發作無時 蒸濕沸鬱"

김정은 제주도의 기후가 겨울에 춥지만 때로는 따뜻하고, 여름에 덥지만 때로는 서늘하다고 했다. 한반도는 겨울에 춥고 여름에 더운 한서의 차가 큰 대륙성 기후이다. 반면에 제주도는 한서의 차가 육지에 비해 적은 해양성 기후를 보인다. 이러한 기후특성을 보여 주고 있지만 한편으로는 날씨 변화가 심하다고 했다. 대양 상에 있는데다 섬 중앙에 한라산이 위치해 있어 날씨가 자주 변한다. 강한 바람과 예측하기 힘든 폭우, 고온다습한 날씨 때문에 생활하기에 불편함을 토로하고 있다. 타지의 사람들은 변화무쌍한 제주도의 기후에 의식(衣食)을 조절하기 힘들어 병에 걸리기 쉽다고 하고 있다.

제주도의 기후가 한반도에서 따뜻하다는 남해안 지역과도 다름을 중종 때 제주목사의 치계를 보면 잘 알 수 있다.

> "감귤은 연해의 각 고을에 옮겨 심어 보았으나 끝내 열매가 맺지 않았으니, 아울러 정파하소서."[2)]

감귤은 제주도의 특산물로 유명했고, 조선시대에 진상품으로 귀하게 취급되었다. 제주인들에게 감귤은 수탈의 도구였기 때문에 재배를 기피했다. 정부는 감귤을 안정적으로 확보하기 위해 남해안의 여러 고을에 시험적으로 옮겨 심었으나 결국은 열매를 맺지 못했다. 난대성 작물인 귤나무는 제주도 기후환경에서 정상적으로 생육했지만, 남해안에서는 실패했다. "강남의 귤이 회수(淮水)를 넘어 강북으로 가면 탱자가 된다."는 말도 있듯이 제주도 감귤을 남해안에 심었더니 열매를 맺지 못했던 것이다. 이는 제주도와 남해안 지역의 기후가 다르기 때문이다. 조선시대는 기후사적으로 소빙기에 해당하기 때문

---

2) 『중종실록』 281권, 중종 16년(1521) 3월 11일조.
"柑橘移種沿海各邑, 終不結實, 請竝停罷"

에 전반적으로 한랭했다. 이런 기후환경에서 난대성 작물인 감귤을 남해안 지역으로 옮겨 심으니 생육이 더욱 불량했다. 감귤을 남해안에 옮겨 심는 제주인들의 고충이 심했기 때문에 제주목사는 이를 폐지해 달라고 청하고 있다.

1) 기온

조선시대 제주도의 기온특성은 여러 사료에 잘 나타나 있다. 당시 기온을 측정할 수 있는 관측기기가 없어서 대기의 상태를 정확히 표현하지 못했지만 제주도의 체감 기온상황은 여러 사료에 잘 나타나 있다. 그중 이건의 『제주풍토기』에 다음과 같이 기록되어 있다.

> 제주도는 장기(瘴氣)로 찌는 듯이 덥고 가슴이 답답하다. 토지는 습열하기 때문에 겨울에 차갑지 않고 내와 못도 얼지 않아 얼음을 저장할 수 없다. 순무, 영초, 파와 마늘 등은 한겨울에도 밭에 둔 채로 아침, 저녁에 캐어다가 쓰고 있다.[3]

장기는 습하고 더운 땅에서 생기는 독한 기운이다. 제주도는 한반도에 비해 고온다습한 지역이기 때문에 육지에서 파견된 관리와 유배인은 기후에 적응하기 힘들었음을 알 수 있다. 한양 일대는 겨울이 되면 땅이 얼고 하천도 결빙된다. 그러나 제주도는 하천이 얼지 않기 때문에 얼음을 구하기 힘들고, 한겨울에도 밭에서 채소가 자랐다. 육지에서 내려온 사람들은 이러한 제주도의 겨

---

3) 이건, 『제주풍토기』.
"島中瘴氣蒸鬱 土地濕蟄 冬不甚寒 川澤不氷 不得藏氷 如蔓菁靈草蔥蒜之屬 雖深冬 置之田中 朝夕採用"

울 경관을 체험하면서 따뜻한 지역이라는 인식을 많이 했다. 김상헌은 『남사록』에서 제주도의 기후특성을 다음과 같이 기록하고 있다.

> 나무들은 겨울에도 푸른 것이 많다. 냉이와 같은 것들이 꽃 피었다 시들었다 하는 것이 철을 가리지 않는다. 마당에 눈이 가득 쌓였는데 나비가 날아오고 마당의 풀은 항상 푸르다. 서울의 3, 4월과 다를 것이 없다. 제주인들 가운데 매우 가난한 자가 한 겹의 옷으로 몸을 가리거나 망석(網席)을 뚫어서 입고 뛰어다니며 일을 하여도 얼어 죽지 않는다.[4]

김상헌은 제주도의 한겨울 날씨가 서울의 3, 4월 날씨와 흡사하다고 했다. 한겨울에 한 겹으로 된 옷을 입어도 동사자가 없고, 겨울철에도 꽃과 나비를 볼 수 있을 정도로 제주도의 기후가 온화함을 표현하고 있다.

이형상은 『남환박물』에서 제주도 기후에 대하여 다음과 같이 기록하고 있다.

> 뱀·살무사·땅강아지·나비·하루살이·거미 같은 생물들이 겨울과 여름 내내 있다.[5]

뱀이나 나비, 하루살이와 같은 생물들은 한반도 대부분 지역에서는 겨울철에 활동을 하지 않는다. 그러나 그런 생물들이 제주도에서는 겨울에도 활동하

---

4) 김상헌, 『남사록』.
"樹木多冬青 如薺菜等雜花 開謝無節 積雪滿庭 蝴蝶飛來庭中 草色長青 輿京城三月無異 民之甚貧者 或以一簑依掩體 或穿網席犇走服役 而得免凍死者以此也"

5) 이형상, 『남환박물』.
"若其蛇虺螻蛄蝴蝶蠓蟒蜘蛛之屬 冬夏長在"

는 것을 볼 수 있다고 했다. 이와 같이 육지에서 내려온 관리나 유배인은 제주도의 온화한 기후를 인상 깊게 인식하고 있었다. 한양에서는 겨울철에 채소와 작물을 보기 힘들다. 그런데 제주도에 와 보니 한겨울에도 채소가 자라고 곤충들도 돌아다니고 있어 신기하게 보였을 것이다. 제주도의 겨울철 기후는 육지에 비해 온화하여 지내기가 수월했다. 이 때문에 우리나라의 난방문화를 대표하는 온돌이 발달하지 않았음을 김정의 『제주풍토록』을 통해서 확인할 수 있다.

> 품관인(品官人) 외에는 온돌이 없다. 땅을 파서 구덩이를 만들어 돌을 메워 그 위에 흙으로 발라서 온돌 모양같이 한다. 말린 뒤에 그 위에서 잠을 잔다.[6]

제주인들은 방바닥을 파서 돌로 메운 다음 흙을 발라서 건조시킨 후 그 위에서 잠을 잤다. 제주도는 온화한 기후로 온돌의 필요성이 적었다. 방바닥에서 올라오는 습기는 돌로 메워 막고 있다. 부엌에는 돌로 아궁이를 만든 다음 솥을 얹혀 놓고 취사했다. 아궁이의 방향도 내부의 방을 향해 배치하지 않고 외벽을 향하게 했다. 통풍구를 설치하여 취사열이 실외로 쉽게 빠져나가도록 했다. 안방을 향해 아궁이를 만들면 가옥 내부가 뜨거워져 생활하는 데 불편했기 때문이다. 육지는 취사열을 난방열로 이용하는 경우가 많았지만 제주도는 취사하는 데만 사용했다.

조선시대 기록에는 제주도 내의 지역 간 기온 차이도 언급하고 있다. 이원진은 『탐라지』에서 "제주목은 한라산 북쪽에 위치하여 남쪽에서 불어오는 습한 바람을 한라산이 막아 주고, 북서풍이 습한 열기를 흩어지게 함으로써 더

---

6) 김정, 『제주풍토록』.
"號品官人外無溫堗 堀地爲坎 塡之以石 其上以土泥之如堗狀 旣乾 寢處其上"

위가 덜하기 때문에 한라산 북쪽이 남쪽보다 장수자가 많다."7)고 했다. 한라산 남쪽은 습하고 더운 데 반해 북쪽은 이러한 장기(瘴氣)가 덜해서 사람들이 오래 산다고 했다.

이형상의 『탐라순력도』를 보면, 노인 인구수가 기록되어 있다. 이형상은 제주목사로 부임 후 1702년 10월 29일부터 11월 12일까지 제주도를 순력했다. 이때 제주, 정의, 대정에서 80세 이상 노인들을 모아 양로연을 베풀었는데, 이에 참석한 노인의 숫자는 〈표 2-1〉과 같다.

80세 이상 노인 숫자를 보면 제주목은 209명, 정의현은 22명, 대정현은 12명이다.

노인 인구수의 비율을 보면 제주목이 86%로 정의현과 대정현에 비해 압도적으로 높다. 〈표 2-2〉의 조선시대 제주도 내 지역별 인구 비율을 고려하더라도 제주목은 장수자 비율이 높음을 알 수 있다. 이원진의 주장처럼 이형상의 노인인구 자료를 통해서 볼 때, 산북이 산남에 비해 장수 인구가 더 많음을 알 수 있다.

제주도는 섬 중앙에 한라산이 위치해 있기 때문에 사면과 해발고도에 따른

〈표 2-1〉 지역별 80세 이상 노인 인구(1702)

(단위: 명)

지역	80~89세	90~99세	100세 이상	합계
제주목	183	23	3	209(86%)
정의현	17	5	0	22(9%)
대정현	11	1	0	12(5%)
합계	211	29	3	243

출처: 『탐라순력도(1702)』, 「제주양로」, 「정의양로」, 「대정양로」를 토대로 작성함.

---

7) 이원진, 『탐라지』.
"本州 雖曰炎州 處于漢拏之陰 南大洋 瘴氣則 山以隔之 雖多大風 北來寒凉之氣 足以驅散濕熱 所以人多壽考以山南不及山北也"

〈표 2-2〉 제주도 삼읍 인구

(단위: 명)

년 / 지역	1601	1904
제주목	17,300(81%)	45,715(54%)
정의현	2,470(12%)	17,274(26%)
대정현	1,430(7%)	22,341(20%)
합계	21,200	85,330

출처: 『남사록(1601)』, 『삼군호구가간총책(1904)』을 토대로 작성함.

기온 차가 심하다. 성종 때 제주도에 왔던 관리가 조정에 보고한 내용을 보면, 제주도의 기후는 한라산의 사면에 따라 지역 차가 있음을 알 수 있다.

> 신이 일찍이 사명을 받들고 제주에 가서 보니, 산 북쪽은 바람 기운이 춥고 강하여 초목이 쉽게 말라 죽고, 산 남쪽은 겨울에도 눈과 서리가 없어서 나뭇잎이 마르지 아니하며 말을 기르면 매우 살이 찝니다.[8)]

한라산의 북쪽은 찬바람의 기운이 강해서 초목이 냉해로 쉽게 말라 죽어 버리고, 남쪽은 겨울에도 눈과 서리가 적어 나뭇잎이 말라 죽지 않는다. 한라산 남쪽에 말을 기르면 잘 자라고 살찌기 때문에 목장 운영은 한라산 북쪽보다 유리하다고 했다.

제주도의 온화한 기온특성과 지역 간의 기온차는 오늘날 기상 자료를 통해서도 확인할 수 있다. 1981~2010년간의 평년값을 보면, 제주는 연평균기온 15.8℃이고 1월 평균기온 5.7℃이다. 서울은 연평균기온 12.5℃이고, 1월 평균기온 −2.4℃로 제주보다 낮다. 여름철 기온은 제주와 서울 간 큰 차이가 없

8) 『성종실록』 283권, 성종 24년(1493) 10월 4일조.
"臣嘗奉使濟州, 觀山北風氣寒勁, 草木易枯; 山南冬無雪霜, 木葉不彫, 馬畜甚肥"

〈표 2-3〉 지역별 월평균 기온(℃)

월	1	2	3	4	5	6	7	8	9	10	11	12	평균
제주	5.7	6.4	9.4	13.8	17.8	21.5	25.8	26.8	23.0	18.2	12.8	8.1	15.8
서귀포	6.8	7.8	10.6	14.8	18.6	21.7	25.6	27.1	23.9	19.3	14.1	9.3	16.6
서울	-2.4	0.4	5.7	12.5	17.8	22.2	24.9	25.7	21.2	14.8	7.2	0.4	12.5

출처: 기상청(1981~2010).

지만, 1월 평균기온 차는 8.1℃로서 겨울철에 매우 크다. 그 이유는 제주도가 서울보다 남쪽에 있어 그만큼 대륙 고기압의 영향을 적게 받기 때문이다.

제주도 내에서도 한라산 사면에 따라 기온이 다르다. 연평균기온을 보면 제주시는 15.8℃이고, 서귀포는 16.6℃로 한라산 남사면이 북사면보다 기온이 높다. 한라산 북사면은 겨울바람이 강하여 더욱 춥게 느꼈을 것이다. 육지에 비해 따뜻한 기온특성, 제주도 내에서의 지역 간 기온 차 등은 육지에서 내려온 관리나 유배인들이 잘 인식하고 있었다.

김상헌은 『남사록』에서 1601년 10월 20일(양력) 한라산을 등반하면서 고도에 따른 기후특성을 관찰하여 다음과 같이 기록하고 있다.

> 제주도는 매우 따뜻한 곳인데 내가 9월에 올라서 보니 산 아래 초목들은 모두 초가을 풍경이다. 산 위는 아침 서리가 눈 같고, 산꼭대기 못의 물은 얼기 시작했다. 이상하여 지방사람에게 물으니 일찍 추위가 오는 해는 8월에 눈이 내리고, 겨울철이 되면 눈이 안 오는 날이 없기 때문에 그늘진 골짜기의 가장 깊은 곳은 5월에도 잔설이 남는다고 했다. 또한 섬 안에는 옛날부터 얼음을 저장하는 곳이 없으며 관가에서 여름철이 되면 항상 산 속에서 가져다 쓴다.[9]

9) 김상헌, 『남사록』.
"此島 南海中極暖之地 而余於九月登臨 山下草木 皆如初秋物色 而山上則晨霜如雪 絶頂

10월(양력)의 해안지역은 가을 날씨인데 한라산 고지대는 초겨울 날씨를 보이고 있다. 해발고도에 따른 기온차가 심한 제주도의 기후특성을 잘 표현하고 있다. 환경기온감률 때문에 해안 저지대에서 한라산 정상으로 갈수록 기온이 떨어진다. 지역과 대기환경에 따라 차이가 있지만 대체로 100m 올라갈 때마다 약 0.6℃씩 낮아진다.

김상헌은 해발고도가 높아질수록 추위가 더 심함을 인식하고 있다. 여름에는 한라산 깊은 골짜기의 얼음을 캐다가 관용으로 사용하고 있음을 보여 준다. 오늘날 한라산은 깊은 계곡이라 할지라도 한여름에 잔설과 얼음을 보기 힘들다. 그 당시 제주도는 지금보다 저온현상이 전개되었기 때문에 결빙 기간도 길었음을 보여 준다.

2) 바람

제주도는 대양 상의 섬이며, 저위도와 고위도 간 열교환 통로인 중위도에 위치하기 때문에 바람이 많고 강하게 분다. 제주도의 바람은 주민 생활에 많은 영향을 주었고, 특히 태풍과 겨울 계절풍의 영향이 컸다. 임제는 『남명소승』에서 제주도의 바람특성을 다음과 같이 기술하고 있다.

한라산 북쪽에는 항상 북풍이 많다. 팔방위의 바람 중에서 북쪽이 가장 세찬 까닭에 제주 경내의 나무는 모두 남쪽을 가리키고 있으며 닳아진 비와 같다. 바람이 일 때면 해수입자가 비 오듯 하여, 바다 가까운 10리 사이에 초목은 모두 짠 기운에 젖는다. 정의·대정 두 현의 지경에는 예로부터 북풍이 없다. 산

池水初氷 恠問土人 則早寒之歲 八月下雪 至於冬月 無日不雪 故陰壑最深處 五月殘雪猶在 且島內恒古以來 無貯氷處 官家當夏月 則常取供於山中云”

〈사진 2-1〉 해안지역 편향수

(제주시 구좌, 2006년 6월 촬영) 구좌읍 해안지역의 팽나무가 바람과 해수 등에 의해 심하게 편향되어 있다.

> 북은 비록 하늘이 무너지고 바다가 뒤집힌다 하더라도, 산 남쪽은 가는 풀도 움직거리지 않는 까닭에 땅이 한층 따뜻하고 장기(瘴氣)가 심하다.[10]

한라산 북사면인 제주목은 북서계절풍의 바람받이 사면이기 때문에 바람이 강하지만, 한라산 남사면은 지형효과로 바람이 약하다. 한라산 북쪽은 하늘이 뒤집힐 듯 폭풍이 강하게 불어도 남쪽은 가는 풀조차 미동도 하지 않을

10) 임제,『남명소승』.
"漢拏以北 恒多北風 八方風北爲最勁故 濟州一境 樹木皆南指若禿帚 每風起噴沫如雨 近海十里之間 草木皆着醎氣 二縣之境 亘古無北風 雖掀山北天倒海 而山南則細草不動故地暖一倍而瘴氣太甚矣"

정도로 바람이 약하다고 했다. 강풍이 불 때는 해수 입자가 육상으로 날려 농작물과 식물에 조풍해를 입히고 있다.

바람이 강한 지역에서는 편향수를 흔히 볼 수 있다. 편향수는 바람에 의해서 한쪽으로 심하게 기울어진 나무이다. 관측시설이 없는 곳에서는 바람의 강도와 탁월풍을 추정할 수 있는 좋은 지표이다. 임제는 편향수를 '닳아진 비[禿帚]'라고 표현하고 있다. 한라산 북사면 해안지역에 있는 나무들은 모두 남쪽을 향해 있다고 했는데, 이것은 북풍이 강한 지역임을 의미한다. 〈사진 2-1〉을 보면 팽나무가 바람과 해수 등에 의해 심하게 편향되어 있다. 바람이 세차게 부는 지역임을 알 수 있다.

김상헌은 『남사록』에서 "운반할 때 등에 지며 머리에는 이지 않는다. 물을 길어 오거나 곡식을 베는 것 같은 일은 여인들이 한다."[11]고 했다. 제주도는 바람이 강하기 때문에 육지처럼 머리에 이고 다닐 수가 없다. 여자들이 식수나 짐을 운반할 때 항상 등에 지고 다녔다.

『신증동국여지승람』, 『탐라지』 등에는 강풍에 의한 사빈과 사구의 발달과정이 상세히 기록되어 있다. 이원진의 『탐라지』에 보면, 제주시 구좌읍 김녕-월정-행원-하도 지경에 있는 사빈과 해안사구가 잘 표현되어 있다.

> 장사(長沙)는 제주의 동쪽 56리쯤에 있고 길이가 15리쯤 된다. 바다의 물결에 의하여 쌓인 모래가 조수는 줄고 뜨거운 일광에 말라서 바람을 타고 날려 가까운데서 멀리까지 이른다. 낮은 것이 높아져 쌓임이 점점 커지면 초목을 매몰하고 언덕을 이루어 산을 만든다. 만약 전답이 있는 곳이라면 그 밭의 소재를 잃어버린다. 별방 부근에도 모래가 언덕을 이룬 곳이 있다.[12]

---

11) 김상헌, 『남사록』.
"負而不載 如汲泉刈穀皆女人爲之"

〈사진 2-2〉 사빈과 해안사구

(제주시 구좌, 2007년 6월 촬영) 구좌읍 해안가에는 사빈과 해안사구가 발달되어 있다. 강한 북서풍에 의해 모래가 내륙으로 이동하여 농경지를 덮고 있다.

장사는 구좌읍 지역에 발달한 사빈과 사구를 말하고 있다. 김녕, 월정, 행원, 세화, 하도까지 포켓 비치(pocket beach)형으로 사빈이 발달해 있다. 오늘날 이 지역의 사빈과 사구는 경관이 뛰어나 해수욕장과 관광지로 이용되고 있지만, 과거에는 강한 바람에 모래가 날려 농경과 생활에 불리했다. 주민들은 경지와 가옥을 보호하기 위해 방사림을 식재하고 방사제를 시설하기도 했다.

조선시대의 바람특성은 오늘날의 자료를 통해서도 확인할 수 있다. 겨울철 월평균 풍속은 제주가 4.3m/s, 고산은 9.5m/s이지만 서귀포는 3.5m/s에 불과하다. 또한 겨울철 평균 폭풍일수를 보면 제주는 4.6일, 고산은 44일이지만, 서귀포는 0.2일에 불과하다. 이를 통해 한라산 북사면과 서사면 지역이 남사면 지역보다 바람이 강하다는 것을 확인할 수 있다. 특히 고산은 겨울철에 이틀에 한 번꼴로 강풍이 불고 있다. 서울은 연평균 풍속이 2.3m/s이고 1년 폭풍일수는 0~1일에 불과하다. 중앙에서 파견된 관리나 유배인들은 제주도가 바람이 강한 지역임을 체감했을 것이다.

제주도에서 가장 강력한 바람은 태풍(颱風)이다. 바람의 강도가 약한 육지에서 온 사람들에게 태풍은 공포의 대상이었을 것이다. 효종 3년 9월 23일 기

〈표 2-4〉 지역별 월평균 풍속(m/s)

월	1	2	3	4	5	6	7	8	9	10	11	12	평균
제주	4.5	4.2	3.9	3.4	3.0	3.0	3.0	3.0	3.1	3.2	3.7	4.3	3.5
고산	9.9	9.3	8.2	6.6	5.6	4.7	5.3	5.2	5.5	6.6	7.9	9.4	7.0
서귀포	3.5	3.7	3.6	3.2	3.0	2.6	2.9	2.9	3.1	3.1	3.1	3.2	2.9
서울	2.4	2.6	2.8	2.8	2.5	2.2	2.3	2.1	1.9	2.0	2.2	2.3	2.3

출처: 기상청(1981~2010).

---

12) 이원진, 『탐라지』.
"長沙在州東五十六里 長十五里許 海浪所濁之 沙潮縮日晒之後 乘風而飛流 自近而及遠 自卑而爲高積漸增益 埋草沒樹 成堆作山 若遇有田 處則失其所 在別防近處 亦有之"

사를 보면 "제주, 정의, 대정에 구풍(颶風)이 크게 불고 폭우가 사납게 내려서 말이 많이 죽고 백성들도 빠져 죽은 자가 있었다."[13]는 내용이 있다. 여기서 구풍은 열대성 저기압, 즉 태풍을 의미한다. 오늘날의 태풍은 북태평양 저위도 해상에서 발생한 열대성 저기압으로 중심에서 최대풍속이 초속 17m 이상인 것을 말한다. 조선시대의 태풍은 구(颶), 구풍(颶風), 대풍(大風), 풍재(風災) 등으로 기록되어 있다.[14] 태풍은 강한 바람과 많은 폭우로 육지의 동·식물뿐만 아니라 바다에서 항해하는 선박에게도 치명적인 피해를 입혔다.

오늘날의 자료를 보면, 북서태평양 저위도 해상에서 1951~2014년 사이에 발생했던 태풍은 연평균 26.1개이다. 그중 우리나라에 영향을 준 태풍은 3.2개이다. 제주도는 우리나라를 통과하는 태풍의 길목에 위치해 있어 그 피해가 심했다. 태풍은 워낙 세력이 강하기 때문에 내습하면 제주도 전역은 극심한 풍수해를 입었던 것이다.

태풍보다 강하지는 않지만 독한 바람이 있다. 가을부터 봄까지 지속적으로 부는 북서계절풍이다. 태풍은 여름철에 일시적으로 짧은 기간에 영향을 미쳤지만, 북서계절풍은 가을과 겨울, 그리고 봄까지 오랫동안 지속적으로 영향을 주었다. 특히 겨울철의 북서계절풍은 강한데다 매섭기까지 하여 제주인들을 많이 괴롭혔다.

제주도는 유라시아 대륙과 태평양 사이에 있기 때문에 대륙과 해양 간의 비열 차에 의하여 계절풍이 분다. 겨울철에는 시베리아 고기압이 발달하고, 이

13) 『효종실록』 9권, 효종 3년(1652) 9월 23일조.
"濟州旌義大靜 颶風大作 驟雨暴下 馬畜多斃 人民亦有渰死者"

14) 구풍은 '사방의 바람을 빙빙 돌리면서 불어오는 바람'으로 태풍을 의미한다. 오늘날 우리가 많이 사용하는 태풍은 1904년부터 1954년까지 기상관측 자료가 정리된 「기상연보 50년」에서 처음 등장했다. 'Typhoon'은 그리스 신화의 티폰(Typhon)에서 유래되었다[국가태풍센터(http://typ.kma.go.kr/)].

〈표 2-5〉 태풍 내습 통계(1951~2014)

월	1	2	3	4	5	6	7	8	9	10	11	12	1년
제주도 내습 태풍수						0.2	1.0	1.1	0.8	0.1			3.2
북태평양 태풍 발생수	0.4	0.2	0.4	0.7	1.0	1.8	3.8	5.5	5.0	3.8	2.3	1.2	26.1

출처: 태풍연구센터(www.typhoon.or.kr).

에 따라 북서풍이 많이 분다. 여름철에는 북태평양 고기압이 발달하고, 이에 따라 남서, 남동풍이 많이 분다. 겨울에 바람이 강한 것은 대륙과 해양 간의 온도 차이가 여름보다 더 크기 때문이다. 겨울에는 대륙과 해양 간 기압경도력이 커서 공기의 이동 속도가 빨라지는 것이다. 제주도는 대양 상에 위치해 있기 때문에 바람이 해양을 통과하는 과정에서 가속되어 더욱 강해진다. 제주도의 편향수와 시구의 발달, 가옥구조 및 주민생활 등에 북서계절풍이 많은 영향을 끼쳤다.

3) 강수

김상헌의 『남사록』을 보면 제주도 강수의 특성이 잘 나타나 있는데, 그 내용을 보면 다음과 같다.

> 매년 춘하에는 구름과 안개가 자욱하고 비가 많으며 맑은 날이 적다. 산 남쪽이 더욱 심하다. 추동에는 하늘이 개지만 폭풍이 많고 눈이 많이 쌓인다. 산북이 더욱 심하다.[15]

김상헌은 비와 구름, 안개는 여름에 많고 겨울에 적다고 하며 강수의 계절차를 표현하고 있다. 또한 한라산 남쪽은 여름에 강수가 많고, 한라산 북쪽은 겨울에 눈이 많다고 하여 강수의 지역 차도 잘 인식하고 있다. 이러한 강수특성은 오늘날의 자료를 통해서도 확인할 수 있다.

연평균 강수량은 제주가 1,499mm이고, 서귀포는 1,924mm로 서귀포가 많다. 제주도의 강수는 여름에 많고 겨울에 적다. 가을과 겨울에는 제주가, 여름과 봄에는 서귀포가 강수량이 많다. 비가 오려면 공기가 상승하면서 수증기의 응결과정을 거쳐야 한다. 한라산은 풍향에 따라 공기를 강제 상승시키는 지리적 인자로 중요하다. 겨울철에는 북서기류가 발달하는 계절이다. 바람받이 사면인 북사면에서 공기가 상승하면서 비와 눈이 많이 내린다. 여름철에는 남서, 남동 기류가 발달하면서 바람받이 사면인 남사면에서 공기의 상승으로 비가 많이 내린다. 그 결과 나타나는 강수의 지역 차를 김상헌은 잘 인식하고 있다.

제주도의 강수현상에서 특징적인 것은 지역 차가 크다는 것이다. 고산지역의 연평균 강수량은 1,143mm로 서귀포 강수량의 절반 정도에 불과하다. 제주도가 우리나라의 최다우지역이라는 것을 무색하게 하는 강수량이다. 고산

〈표 2-6〉 월평균 강수량

(단위: mm)

지역＼월	1	2	3	4	5	6	7	8	9	10	11	12	전년
제주	65	63	89	90	96	181	240	263	222	80	62	48	1,499
서귀포	61	77	131	175	206	277	310	292	197	82	71	45	1,924
고산	44	47	76	86	110	149	178	202	116	46	57	32	1,143
서울	21	25	47	65	106	133	395	364	169	52	53	22	1,452

출처: 기상청(1981~2010).

15) 김상헌, 『남사록』.
"每歲春夏 雲霧晦冥 恒雨少日 山南尤甚 至秋冬開霽 又多暴風 雪深丈餘 山北尤甚"

지역은 한라산과 멀리 떨어져 있어 지형효과가 미미하다. 높은 산이 거의 없는 평야에 가까운 지역이라 공기를 상승시킬 만한 지형이 없다. 조선시대 가뭄 통계를 보면 삼읍 중 고산이 속해 있는 대정현에서 가뭄 피해가 가장 많다.

이원진은 『탐라지』에서 제주도의 하천을 "가물면 말라 버리고 비가 오면 물이 불어 넘친다."16)고 했다. 평시는 건천을 이루다가 폭우 시에는 물이 불어나는 유수 현상을 표현한 것이다. 제주도는 다공질 현무암이 발달하여 빗물이 쉽게 지하로 스며든다. 투수율을 초과하는 폭우가 발생하면 유수의 증가로 하천에 물이 흐르고, 폭우 시는 범람하여 수해를 입히기도 한다.

〈사진 2-3〉 건천 유수 현상

(제주시 애월, 2012년 9월 촬영) 말라 있던 하천에 폭우로 물이 흐르고 있다. 범람을 막기 위해 제방이 설치되어 있다.

---

16) 이원진, 『탐라지』.
"旱竭雨漲"

제주도는 다우지역임에도 불구하고 지질구조상 배수가 왕성하기 때문에 지표수 결핍지역으로 식수를 구하기가 어려웠다. 용천수가 취락 인근에 있으면 물을 얻는 데 유리했지만 그렇지 못할 경우 먼 곳까지 가서 물을 길어 왔다. 특히 중산간 마을은 물이 귀했다. 샘이 없는 마을은 비가 오면 고이는 물을 식수로 사용했다. 가뭄으로 말라 버리면 주변 건천의 소(沼)에 고여 있는 물을 떠다 먹기도 했다. 물을 운반할 때는 '물구덕'에 '물허벅'을 넣어 지고 다녔는데, 주로 여자가 담당했다.

비가 올 때 집 울타리 안에 있는 감나무나 팽나무 같은 거목에 '촘새'를 매달아 물을 얻기도 했다. '새'라 불리는 띠로 댕기처럼 엮은 '촘새'를 나무와 항아리[촘항]에 연결하여 빗물을 받아 생활용수로 사용했다. 이 물을 '촘물'이라

〈사진 2-4〉 전통적인 촘물 취수 모습

(서귀포시 표선, 2007년 2월 촬영) 용천수를 구하기 힘든 마을에서는 '촘항'과 '촘새'를 나무에 설치하여 '촘물'을 받았다.

했는데, 자연과 더불어 사는 제주인의 지혜를 엿볼 수 있다. '촘물' 취수는 해안가 마을보다 중산간 마을에서 많이 이루어졌다.

3. 이상기후 특성

1) 이상기후의 분석

조선시대에는 기후 및 기상에 대한 관심이 많았으며 중앙에 서운관 등 천문기상 관제를 두었다. 천문·지리·풍수·측후 등 특수 기술을 전수시킨 관리들에게 천문 및 기상을 관측하도록 하여 풍운기, 서운관지 등에 기록하게 하고 이상현상은 보고하도록 했다. 제주도는 중앙과는 달리 기상 및 천재지변을 전문적으로 다루는 관리가 없어 천문·기상에 대한 기록이 빈약하다. 그러나 이상기후로 피해를 입었거나 특이한 현상이 발생했을 때 장계(狀啓)를 올려 조정에 보고했다.

『조선왕조실록』 등의 사료에는 제주도의 이상기후에 대한 기록들이 곳곳에 있다. 강풍 관련 이상기후는 '풍(風), 대풍(大風), 구풍(颶風), 표풍(飄風), 광풍(狂風), 맹풍(盲風), 용(龍)' 등으로 다양하게 표현되어 있으며, 그중 '대풍'으로 기록된 것이 가장 많다. 대풍은 강한 바람, 표풍은 회오리바람, 구풍은 북태평양 저위도에서 불어오는 태풍, 광풍은 미친 듯이 사납게 휘몰아치는 거센 바람, 맹풍은 세차게 부는 강한 바람이다. 용은 용오름(waterspout)으로 바다나 육지에서 일어나는 맹렬한 회오리바람이다. 재해와 관련시켜서 '풍재, 풍황', 풍향과 관련시켜서 '동남풍' 등으로 기록되어 있다.

호우 관련 이상기후는 '우(雨), 수(水), 우수(雨水), 대우(大雨), 대수(大水), 대우수(大雨水), 협우(峽雨), 취우(驟雨), 폭우(暴雨), 음우(陰雨)' 등으로 기록되어 있다. 그중 '대우'라고 기록된 건수가 가장 많다. 대우·대수·대우수는 큰 비, 협우는 골짜기에 내리는 비, 취우는 소나기, 폭우는 갑자기 세차게 많이 쏟아지는 비, 음우는 오랫동안 계속해 내리는 음산한 비를 의미한다. 수해와 관련시켜 '수재'로 기록되기도 했다.

제주도는 사면이 바다여서 조풍해(潮風害)가 많이 발생했으며, 이는 '함우(醎雨), 함수(醎水), 함수(鹹水), 노도분설(怒濤噴雪)' 등으로 기록되어 있다. 함(鹹)은 짠 바닷물을 의미한다. 함우는 해수 입자가 바람에 날려 육지 쪽으로 이동하여 비처럼 내리는 것을 말한다. 노도분설은 성난 파도로 해수가 눈가루처럼 날리는 것을 의미한다.

가뭄 관련 이상기후는 '한(旱), 대한(大旱), 항한(亢旱), 불우(不雨)'로 기록되어 있다. 대한은 큰 가뭄, 항한은 아주 극심한 가뭄, 불우는 비가 오지 않는 것이다. 재해와 기근에 관련시켜 '한재(旱災), 한발(旱魃)'이라 기록되기도 했다. 한재는 가뭄으로 인한 재앙, 한발은 가뭄을 맡고 있는 귀신이란 뜻으로 심한 가뭄을 의미한다.

눈이나 한파 관련 이상기후는 '설(雪), 대설(大雪), 한(寒), 동폐(凍斃), 동뇌(凍餒)' 등으로 기록되어 있다. 대설은 눈이 많이 온 것이고, 동폐는 얼어 죽은 것이다. 동뇌는 추위와 굶주림에 시달린 것을 의미한다.

지방관들은 천재지변이 발생하면 조정에 보고하는 것이 중요한 책무였다.

하지만 절해고도의 섬이라는 특수성 때문에 보고가 누락되는 경우가 많았다. 또한 장계를 올리더라도 제주도에서 한양까지 가는 데는 보름에서 한 달 정도 소요됐기 때문에 조정에서 다루는 중요 현안에서 제외되는 경우가 많았다.

〈표 2-7〉의 통계는 『조선왕조실록』, 『증보문헌비고』, 『탐라기년』, 『비변사등록』, 『승정원일기』 등에서 제주도의 이상기후 기록을 추출하여 정리한 것이다. 같은 사건이 서로 다른 사료에 중복 기록되어 있는 경우도 있다. 일례로 『증보문헌비고』의 「상위고」에 "숙종 39년 8월에 큰 바람이 불고 비가 내려서 사람이 많이 죽고, 공사의 우마도 많이 죽었다"고 기록되어 있다. 『조선왕조실록』 숙종 39년 9월 8일 기록에도 "제주, 대정, 정의에 큰 바람이 불어 민가 2천 호가 무너지고 많은 사람들이 압사했으며, 우마 400여 필이 죽었다"고 했다. 두 기록은 동일한 이상기후를 기록한 것으로 기록 건수를 1건으로 처리했다.

15세기부터 19세기까지 전체 이상기후 기록 건수를 보면 총 107건이다. 이를 시기별로 살펴보면, 17세기가 46건으로 가장 많고, 18세기 23건, 16세기 14건, 15세기 13건, 19세기 11건이다. 이 기록들은 평상시 단순한 기후상태가 아니라 인간과 동식물에 피해를 준 이상기후 현상이다. 기록된 재해 내용을

〈표 2-7〉 이상기후 기록 현황

시기	강풍	호우	가뭄	한파	합계
15세기	6	3	2	2	13
16세기	5	5	4	-	14
17세기	19	13	8	6	46
18세기	12	5	6	-	23
19세기	2	4	3	2	11
계	44	30	23	10	107

※ '-'는 자료 없음.
출처: 『조선왕조실록』, 『증보문헌비고』, 『비변사등록』, 『승정원일기』, 『탐라기년』 등을 토대로 작성함.

보면 '대풍으로 인한 낙과와 파손된 민가의 숫자, 죽은 인명과 우마의 숫자' 등이 구체적으로 기술되어 있다. 강풍 관련 기록 44건 중 42건은 재해 내용이 기술되어 있고, 나머지 2건도 '다섯 마리 용이 승천했다', '큰 바람이 불었다'고 하여 용오름과 강풍으로 피해가 발생했음을 암시하고 있다.

가뭄 관련 기록 23건 중 19건에 대해서는 재해 내용이 구체적으로 포함되어 있다. 나머지 4건은 '6개월 동안 가뭄', '여름에 큰 가뭄', '석 달 동안 심한 가뭄', '윤 2월부터 5월까지 가뭄' 등으로 기록되어 있어 구체적으로 밝히지는 않았지만 어떤 형태로든 가뭄 피해가 있었음을 알 수 있다.

〈그림 2-2〉는 제주도의 이상기후 기록 건수를 1400년부터 1900년까지 10년 단위로 나타낸 것이다. 이를 통해 조선시대 제주도의 이상기후 발생 추이를 살펴보면, 15세기에는 후반기보다 전반기에 이상기후가 많이 발생했다. 16세기 중반부터 이상기후 발생 빈도가 점차 증가하고 있으며, 17세기에 접어들어 대폭 증가하고 있다. 18세기에도 발생 빈도가 높게 나타났고, 19세기에는 감소하는 추세를 보이고 있다. 17세기는 다른 시기에 비해 강풍, 호우, 가뭄 등

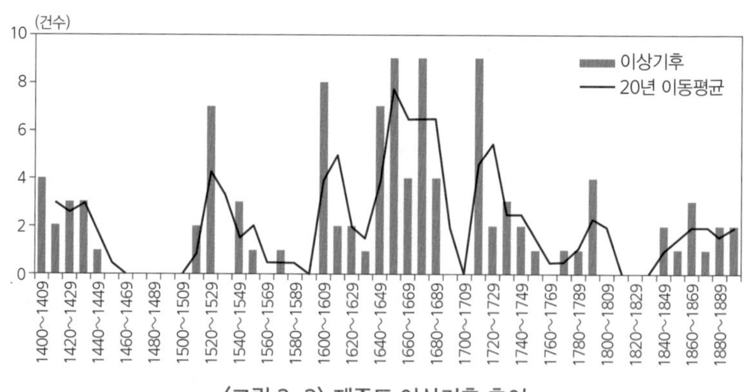

〈그림 2-2〉 제주도 이상기후 추이

출처: 『조선왕조실록』, 『증보문헌비고』, 『비변사등록』, 『승정원일기』, 『탐라기년』 등을 토대로 작성함.

각종 이상기후 발생 빈도가 높음을 알 수 있다. 특히 한파의 10건 중 6건이 17세기에 집중되어 있어 17세기는 다른 시기에 비해 한랭했음을 알 수 있다.

조선시대 제주도의 기후변동을 분석해 보면 이상기후가 특히 심했던 시기가 있다. 제주도의 이상기후 집중기는 크게 세 개의 시기로 구분할 수 있다. 제1기는 1510년대부터 1570년대까지로 풍수해와 가뭄이 많이 발생했고, 황충(蝗蟲) 피해를 입기도 했다. 제2기는 1600년대부터 1690년대까지로 풍수해가 많이 발생했고, 특히 이상저온 현상이 심하여 폭설 및 한파로 인한 피해가 많았다. 제3기는 1710년대부터 1790년대까지로 빈번한 이상기후로 기근이 자주 발생했다. 이와 같은 제주도의 기후변동은 그 당시 전 세계를 강타했던 소빙기 기후와 연관되어 있다.

지난 1000년 동안의 기온변화를 유럽 중심으로 살펴보면, 10세기 중반부터 14세기까지는 20세기 평균기온보다 조금 높은 비교적 온난한 시기였다. 이를 '중세 온난기' 혹은 '소기후적 최적기'라 부른다. 이 시기에 잉글랜드에서는 포

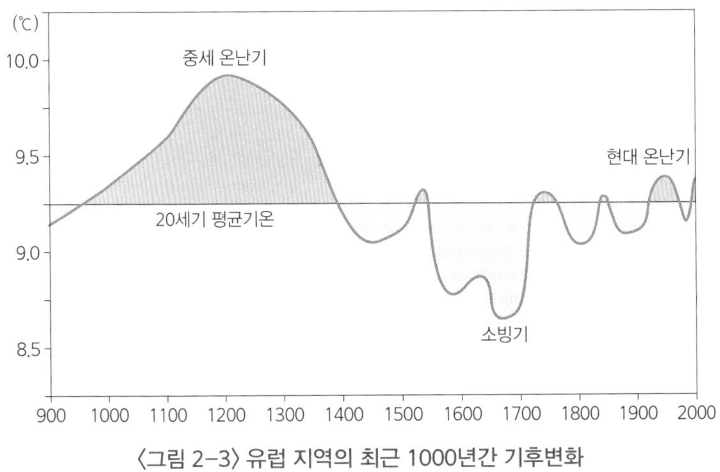

〈그림 2-3〉 유럽 지역의 최근 1000년간 기후변화

출처: 전국지리교사연합회(2011), 14세기 말부터 19세기까지의 유럽지역의 평균기온은 20세기 평균기온보다 전반적으로 낮았다.

도 재배가 가능했고, 바이킹족들은 그린란드에 식민지를 건설했다. 그러나 14세기 후반부터 기후가 악화되기 시작하더니, 16세기부터 19세기까지 이상저온 현상이 전개되었고, 빙하가 확대되었다. 전 세계적으로 이러한 현상이 나타났는데, 이를 '소빙기(Little Ice Age)'라 한다.

기후가 추워지고 빙하가 확장되면서 그린란드는 외부와 완전히 고립되었고, 아이슬란드에서는 곡물농업이 불가능해졌다. 잉글랜드에서는 포도밭이 사라졌고, 유럽 각 지역의 작물 재배에 심각한 영향을 주었다. 특히 17세기는 소빙기의 절정을 이루면서 전 세계의 기후가 요동쳤다.

〈그림 2-4〉를 보면, 그 당시 유럽의 기후환경을 잘 알 수 있다. 1683~1684년 겨울에 런던 템스강이 꽁꽁 얼어 강 위에서 시장이 열리고 있다. 마차가 얼음 위를 다니고 있고, 배는 사람들이 끌면서 이동시키고 있다. 경이로운 날씨로 런던 시민들에게는 낭만을 주었지만 농민과 도시 빈민들에게는 생존에 몸

〈그림 2-4〉 1683~1684년 겨울 템스강의 빙상시장(Abraham Hondius)

소빙기의 절정기인 17세기의 런던 템스강의 모습이다. 오늘날 좀처럼 얼지 않는 템스강은 그 당시 자주 결빙되었다(출처: 국제신문, 2011. 7. 6.).

부림치는 고통을 주었다. 오늘날 좀처럼 결빙되지 않는 템스강이 소빙기 때는 종종 얼었던 것이다.

소빙기의 한랭화로 농작물 생산이 타격을 입어 농업생산력이 급격히 감소했고, 곡물가격이 폭등했다. 이것이 사회적 위기로 연결되어 '17세기의 위기'를 가져왔다. 기후의 불안은 곧 사회의 불안이었다. 유럽에서는 청교도혁명 등 혁명의 시대가 전개되었고, 지배세력에 항거하는 각종 난(亂)들이 유럽 도처에서 발생했다. 아시아에서는 명·청 교체기를 맞이했고 우리나라에서는 호란이 발생했다. 오스만제국도 이 시기에 몰락했다.

우리나라도 전 세계적으로 진행된 소빙기의 영향을 받아 16세기부터 19세기까지 몇 차례에 걸쳐 이상저온기가 있었음을 여러 학자가 제시하고 있다. 〈그림 2-5〉는 김연옥(1984a), 이태진(1996b), 김연희(1996)가 제시한 이상저온기의 출현 시기이다. 김연옥(1984a)은 조선시대 이상저온 현상이 전개된 시기를 제1기(1551~1650년), 제2기(1701~1750년), 제3기(1801~1900년)로 구분했다. 이태진(1996b)은 1500~1750년 사이에 이상저온기가 진행되었다고 했다. 김연희(1996)는 제1기(1511~1560년), 제2기(1641~1740년), 제3

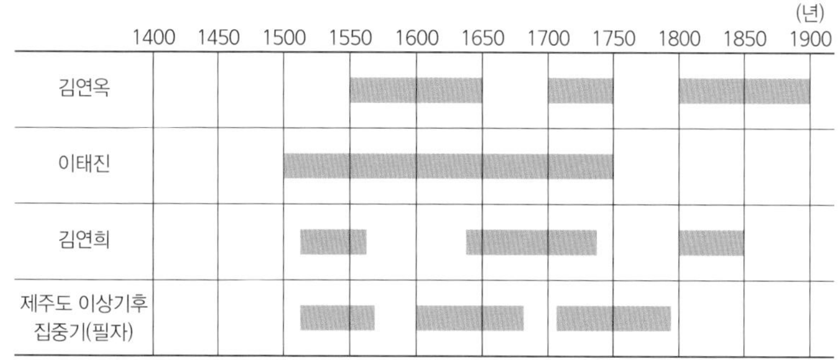

〈그림 2-5〉 전국 이상저온기와 제주도 이상기후 집중기

출처: 김연옥(1984a), p.8~9; 이태진(1996b), p.97; 김연희(1996), p.53. 및 필자의 분석을 토대로 재구성함.

기(1801 ~1850년)로 구분하여 이상저온기를 제시하고 있다. 이상저온기 출현 시기는 학자에 따라 조금씩 상이하지만, 이를 종합해 보면 1500년대부터 1890년대까지 이상저온기가 전개되었음을 알 수 있다.

필자가 제시한 제주도의 이상기후 집중기도 우리나라의 이상저온기 출현 시기와 유사한 경향을 보인다. 제주도 이상기후 집중기는 이상저온 현상이 지속된 시기라고 단정할 수는 없지만 기후가 요동쳤던 시기이다. 소빙기적 기후특성이 나타났던 시기라고 할 수 있다. 제주도 이상기후 집중기의 제1기(1510~1570년대)는 이태진과 김연희의 이상저온기와 일치한다. 제2기(1600~1680년대)는 김연옥과 이태진과 김연희의 이상저온기와 부분적으로 일치한다. 제3기(1710~ 1790년대)는 김연옥과 이태진과 김연희의 이상저온기와 부분적으로 일치하며, 1750~1790년대에는 한반도 지역과 달리 제주도에 이상기후가 많이 출현했다.

김연옥(1984)은 『증보문헌비고』에 기록된 바람, 서리, 눈, 번개, 안개, 추위, 가뭄 등의 기록을 추출하여 시기별로 제시했다. 〈표 2-8〉에 의하면 각종 이상기후는 17세기, 19세기, 18세기, 16세기, 15세기 순으로 많이 발생했다. 17세기는 다른 시기에 비해 이상기후 현상이 가장 빈번하게 발생했음을 알 수 있다. 특히 눈, 추위 같은 이상저온 현상을 보여 주는 기록 건수는 타 시기에 비해 많다. 이것은 17세기가 매우 추웠음을 의미한다. 『증보문헌비고』에 기록된 전국의 이상기후 통계를 보면, 17세기가 35%로 가장 많고, 19세기 24%, 18세기 16%, 16세기 14%, 15세기 11% 순이다.

이태진(1996b)은 〈표 2-9〉에서 보는 바와 같이 『조선왕조실록』에 기록된 전국적인 이상기후 기록 건수를 추출하여 시기별, 유형별로 구분했다. 이 책에서는 이태진(1996b)의 이상기후 자료의 유형을 필자 및 김연옥의 자료와 비교하기 위하여 일부 수정했다. '하늘의 이상 현상'인 유성(流星)·금성·혜성·

〈표 2-8〉『증보문헌비고』의 조선시대 이상기후 현황(전국)

시기	강수	서리	눈	바람	천둥 번개	안개	추위	가뭄	계
1401~1450	2	2	-	-	4	-	-	3	11
1451~1500	2	-	-	1	4	1	-	6	14
1501~1550	3		-	-	3	-	-	2	8
1551~1600	8	3	1	-	4	5	-	2	23
1601~1650	9	5	3	5	19	2	1	9	53
1651~1700	2	5	5	-	1	-	-	9	22
1701~1750	9	1	3	2	1	-	-	7	23
1751~1800	8	2	1	-	-	-	-	1	12
1801~1850	21	-	-	-	2	-	-	-	23
1851~1900	24	-	-	-	2	-	-	2	28
계	88	18	13	8	40	8	1	41	217

※ '-'는 자료 없음.
출처: 김연옥(1984a), p.8~9.

〈표 2-9〉『조선왕조실록』의 이상기후 현황(전국)

구분	시기	대풍	호우	가뭄	때아닌 눈	유색(有色)눈	우박	서리	계
제1기	1392~1450	137	98	73	41	11	156	62	578
제2기	1451~1500	99	51	64	22	4	58	13	311
제3기	1501~1550	120	237	16	84	5	552	138	1,152
제4기	1551~1600	63	106	39	43	-	246	268	765
제5기	1601~1650	119	168	177	49	10	247	87	857
제6기	1651~1700	114	216	111	119	6	295	123	984
제7기	1701~1750	103	77	44	65	4	202	73	568
제8기	1751~1800	7	27	8	8	8	79	7	144
제9기	1801~1863	8	82	4	1	-	26	1	122
계		770	1,062	536	432	48	1,861	772	5,481

※ '-'는 자료 없음.
출처: 이태진(1996b) p.97.

객성(客星) 등의 출현과 유색 천기(天氣), 해·달무리 현상 및 지진·해일·병충해 등은 제외했다. 또한 수해는 호우로, 한해는 가뭄으로 표현했다.

『조선왕조실록』의 이상기후 기록 건수를 통해 전국의 이상기후 추이를 분석해 보면, 제1기와 제2기인 15세기는 비교적 발생 빈도가 낮았으나, 16세기 전반인 제3기에는 가장 많이 발생하고 있다. 제5기, 제6기, 제7기까지 발생 빈도가 여전히 높았고, 18세기 후반인 제8기에는 감소하는 경향을 보였다. 비율로 보면, 16세기가 35%로 가장 많고, 17세기 34%, 15세기 16%, 18세기 13%, 19세기 2% 순이다. 이태진(1996b)의 연구를 통해 이상기후는 16세기와 17세기에 많이 발생하고 있음을 알 수 있다. 김연옥(1984a)의 연구에서는 17세기와 19세기에 이상기후가 많이 발생했음을 알 수 있다. 필자의 연구에서는 17세기와 18세기에 이상기후가 많이 출현했음을 밝혔다.

김연옥(1984a)과 이태진(1996b)의 연구를 종합해 보면, 17세기에 공통적으로 이상기후 현상이 많이 발생하고 있다. 제주도를 대상으로 한 필자의 연구에서도 같은 경향을 보여 주고 있다. 이로 미루어 보아 17세기는 제주도와 우리나라에서 기후변동이 가장 심했고 이상저온 현상도 심한 시기였음을 알 수 있다.

2) 일기를 통해 본 이상기후

제주도에서 이상기후 현상이 빈번했던 17세기 기후상황을 고찰하는 데 유용한 자료로 김상헌의 『남사록』에 기록된 일기를 들 수 있다. 그의 일기는 1601년 9월 9일(이하 양력) 서울을 출발하면서 시작하고 있다. 1601년 10월 16일에는 해남을 출발하여 다음날인 10월 17일에 애월포에 도착했다. 129일간의 안무어사 업무를 마치고 1602년 2월 16일 조천관을 출항했다. 그날 밤

악천후 때문에 추자도에 피항하여 6일간 후풍(候風)한 후 2월 22일에 출항하여 그날 저녁 해남 어란포에 도착했다. 3월 7일 수원에 도착하면서 일기를 끝맺고 있다.

김상헌의 일기는 당시 제주도의 기후상황을 소상하게 기록하고 있어 편년체 사료의 부족한 부분을 보완할 수 있는 유용한 기후정보를 제공해 주고 있다. 김상헌은 일기 초두에 '청(晴), 음(陰), 우(雨), 설(雪), 무(霧)' 등으로 날씨상황을 기록했다. 특이한 기후현상이 발생한 경우 본문 내용에 부연하여 설명했다. 일기의 날씨상황을 분석하는 데 있어 '흐리고 비, 흐리고 눈, 흐리고 안개' 등 중복될 경우 흐린 것은 생략하여 '비, 눈, 안개'로 처리했다. 바람은 '풍, 대풍, 풍향' 등으로 기록된 경우에 집계했다. 『남사록』에 기록된 날씨상황을 분석하기 위하여 음력을 양력으로 변환하여 통계 처리했다.

〈표 2-10〉을 보면, 129일의 제주도 체류기간 중 맑은 날은 26%인 34일에 불과하고, 74%인 95일은 흐리거나, 비, 눈, 안개로 궂은 날씨를 보였다. 쾌청일이 가장 많은 달은 10월이고, 11월, 1월, 2월, 12월 순이다. 흐린 날은 11월, 12월, 1월, 10월, 2월 순으로 많다. 강수일은 10월, 2월, 1월, 12월, 11월 순으

〈표 2-10〉 김상헌 일기의 날씨 현황

월	일수	맑음	흐림	비	눈	안개	서리	바람
10	16	6	5	5	-	-	-	6
11	30	9	15	2	4	-	1	13
12	31	5	14	4	6	1	-	7
1	31	9	10	5	7	-	-	13
2	21	5	6	5	5	-	-	11
계	129	34	50	21	22	1	1	50

※ 음력을 양력으로 환산하여 통계 처리했음.
※ '-'는 자료 없음.
출처: 김상헌의 『남사록』을 토대로 작성함.

로 많다. 눈은 2월, 1월, 12월, 11월 순으로 많다.

그의 일기 중 바람에 대한 기록이 특히 많다. 제주 도착 후 연일 강한 바람 때문에 업무에 차질을 빚었고, 우도 순시도 포기했다. 1월 10일에는 화북포에서 관선이 육지로 출항했다가 강풍으로 침몰하는 참사가 발생했다. 그가 왔던 1601년은 날씨가 추웠다. 이미 10월 25일에 첫눈이 내렸고, 11월에 눈이 두 차례나 내렸다. 12월 24일부터 27일까지 나흘 동안 강풍을 동반한 폭설이 내렸다. 김상헌은 사점(査點)과 위무(慰撫) 등의 업무를 수행하고 그 결과를 조정에 치계(馳啓)를 올려 보고했으며 그 당시 제주도 기후상황도 상세히 보고했다. 다음은 김상헌의 치계 중에 『선조실록』에 기록된 내용이다.

> 신이 제주에 온 지 한 달이 지났는데, 그 사이에 하루 이틀 이외에는 비가 오지 않는 날이 없고 바람이 불지 않는 날이 없었습니다. 섬의 기후가 본래 이와 같은 것으로 괴이할 것이 없다고 여겼었습니다. 그런데 오랜 뒤에야 노인과 유생들에게 물어보았더니 '금년 9월 이후부터 항상 흐리고 계속 비가 내려 여러 달 개지 않아 여름철보다 더 심합니다. 지금 거센 바람이 크게 일어 밤낮 그치지 아니하니 이는 실로 근고에 없던 재변입니다'라고 하고 있습니다.[1)]

김상헌의 치계를 보면 가을은 비가 적게 오는 계절인데도 여름보다 더 심하고 날이 개질 않는다고 했다. 거센 바람도 그치지 않아 제주인들은 변고라고 토로하고 있다. 김상헌의 『남사록』에도 당시의 이상기후 현상이 잘 표현되어

---

1) 『선조실록』 143권, 선조 34년(1601) 11월 1일조.
"臣到本州 經旬踰月 而其間一二日外 無日不雨 無日不風 以爲海國氣候 本來如此 無足怪者 久乃詢于儒生故老 則自今年九月以後 恒陰連雨 積月不開 有甚於夏 今盲風大作 晝夜不止 此實近古所未有之災異云云"

있다.

> 내가 10월에 닻을 내리고 정월에 출항했으니, 바로 이는 가을과 겨울로 하늘이 개는 때인데 그사이에 3광을 볼 수 있었던 것은 겨우 수십 일이다. 이 밖에는 항상 흐리고 비가 아니 오면 눈이 내렸다. 바람은 불지 않는 날이 없었다.2)

김상헌은 10월에 제주도에 와서 다음해 2월에 떠났다. 129일의 체류 기간 동안 3광[해·달·별]을 볼 수 있었던 날은 수십 일에 불과했다. 이 시기는 하절기에 비해 비가 적게 오고 맑은 날이 비교적 많을 때이다. 그러나 1601년 가을부터 1602년 봄까지는 항상 흐리고 비와 눈이 잦았다. 이러한 날씨를 당시 제주인들은 '근고에 없는 재변'이라고 말하고 있다. 1601~1602년의 '근고에 없는 재변'을 당시 세계의 기후상황과 연관시켜 분석해 볼 필요가 있다. 17세기는 소빙기의 절정을 이루었던 시기로 기후사적으로 의미 있는 화산 분출이 6회 정도 일어났다. 그중 1600년 2월 16일부터 3월 5일까지 페루의 화나푸티나(Huaynaputina) 화산폭발 위력이 강력했다. 화나푸티나 화산의 분화는 지구 곳곳에 이상기후를 가져왔다(Briffe et al., 1998).

1601년 여름은 1400년 이래 북반구에서 가장 추웠다(Shanaka and Zielinski, 1998). 북아메리카의 서부지역에서는 400년 만에 처음 겪는 추운 여름이 닥쳤으며, 스칸디나비아에서도 1600년 만에 처음 보는 추운 여름이 엄습했다. 중국에서는 태양이 붉고 흐릿하게 보였다.

화산폭발 1년 후에 이상저온 현상이 전 세계적으로 나타난 것은 화산가스

2) 김상헌, 『남사록』.
"九月下碇 正月掛席 正是秋冬開霽之時 而其間五箇月 得見三光者 僅數十日 此外 恒陰不開 不雨則雪 風則無日不吹"

및 화산재가 성층권에 도달하고 이것이 확산되는 데 시간이 걸렸기 때문인 것으로 추정된다. 1601년에 제주도에서 나타난 '근고에 없는 재변'은 그해 지구 곳곳을 강타했던 이상기후의 출현과 시기적으로 유사하다. 제주도에만 기후 재변이 나타났던 것이 아니라 그해 북반구 여러 곳에서 심각한 이상저온 현상이 전개되었다.

제주도의 이상기후 현상은 1604년까지 계속 이어졌다. 1602년은 이상저온 현상과 황사로 흉년이 발생하여 기근이 심각했다. 제주인들은 산으로 올라가 제주조릿대 열매를 따다가 먹으며 기근을 견뎠다. 연말에는 폭설이 내렸고 저온현상으로 눈이 녹지 않아 새해까지 계속 쌓였다. 1603년에는 한파로 감귤이 심한 동해를 입었다. 여름에는 풍해와 수해가 극심했고 충해까지 번져 흉년이 심각했다. 국영목장의 우마들은 먹을 풀들이 없어 많이 굶어 죽었다. 1604년은 풍해와 가뭄이 심각하여 흉년이 이어졌는데 육지의 곡식들을 이송하여 제주도 기민을 구제했다.

전 세계적으로 17세기는 소빙기의 영향으로 정치, 사회, 경제적으로 위기의 시대였으며, 제주도 역시 불안했다. 이상기후가 집중되었고, 기근도 연달아 발생했으며, 역병도 유행했다. 이러한 상황에서 길운절·소덕유의 역모 사건이 발생하기도 했다. 기후재해로 기근이 끊이지 않고 관리의 수탈로 민생이 피폐해지자 제주인들이 육지로 대거 출륙하는 사태가 벌어졌다. 정부는 1629년에 제주도 역사상 전무후무한 출륙금지령을 내려 제주인들이 육지와 주변국으로 도망가는 것을 원천 봉쇄했다. 17세기 후반에는 경임대기근(1670~1672년)이 발생하여 제주도가 죽음의 섬으로 변해 버리는 비극이 발생하기도 했다.

17세기 제주도의 주요 이상기후 현상을 사료에서 발췌하여 정리한 것이 〈표 2-11〉이다. 대풍, 폭우, 가뭄, 대설 등이 빈번하게 발생했고, 이것이 재해

〈표 2-11〉 17세기 주요 이상기후 기록 현황

연도	이상기후 내용	출처
1601	연일 계속되는 대풍우로 흉년, 기근이 심각함, 아사자 속출, 근고에 없는 재변 발생	『선조실록』
1602	봄에 횡무로 흉년, 산죽실을 먹으며 기근 대응	『탐라기년』
1603	전 해에 대설, 적설량 2척, 정월에 한파, 감귤 동해, 겨울이 지나도 눈이 녹지 않음.	『선조실록』
1603	풍해, 수해, 충해로 흉년, 기민 발생, 국사둔(國私屯)의 우마 먹이 고갈, 해남 등지에서 미곡 3천석 운송	『선조실록』
1604	풍해, 한해로 인한 기근, 세입곡 수송하여 구휼	『선조실록』
1610	대풍수로 흉년, 아사자 다수 발생	『탐라기년』
1645	6개월 가문 뒤 대풍우 닥침, 나무가 뽑히고 말 200필 죽음.	『인조실록』
1646	여름에 대풍과 한발로 흉년, 도토리 열매로 기근에 견딤.	『탐라기년』
1650	대풍우로 가옥 파손, 절목, 우마 손상	『효종실록』
1652	대풍우로 인명 및 말 사상, 휼전 시행	『효종실록』
1652	대풍우로 남·북수구 홍문 파괴	『탐라기년』
1655	큰 눈 내려 국마 9백여 필 동사	『효종실록』
1666	여름에 큰 비와 큰 가뭄으로 흉년	『현종실록』
1667	큰 비 온 후 가뭄으로 흉년, 조 1만여 섬으로 구휼	『탐라기년』
1670	윤 2월부터 5월까지 가뭄, 여러 달 대풍우 계속됨, 수해, 풍해, 조풍해 참혹, 만고에 없는 재변, 적설량 한 길이나 되는 폭설로 산에서 열매 줍던 91명 동사	『현종실록』
1683	대풍우, 가옥 파손, 농작물 손상, 인명과 우마 사상	『숙종실록』
1687	여름에 크게 가물어 흉년	『탐라기년』

출처: 『조선왕조실록』, 『탐라기년』 등을 토대로 작성함.

로 이어져 수많은 인명과 재산에 많은 피해를 주었다.

4. 기후재해의 유형별 특성

조선시대에는 이상기후가 발생하면 대부분 흉황과 기근으로 이어졌다. 이상기후로 인해서 발생하는 기후재해의 유형은 풍해, 수해, 설해, 한해, 냉해, 상해 등으로 구분할 수 있다.

〈표 2-12〉는 조선총독부(1928)에서 조선시대에 이상기후로 발생했던 재해 현황을 나타낸 것이다. 이를 보면 조선시대에 우리나라에서 가장 많이 발생한 기후재해는 한해(旱害)이다. 전체 발생 건수 253회 중 104회로 41%를 차지하

〈표 2-12〉 전국 재해 발생 현황

재해 요소	횟수	조사 대상 기간
한해(旱害)	104	정종 원년(1399)~고종 25년(1888)
수해(水害)	89	태종 원년(1401)~고종 29년(1892)
상해(霜害)	22	태조 7년(1398)~영조 30년(1754)
풍해(風害)	20	태종 12년(1412)~영조 15년(1739)
박해(雹害)	18	태종 7년(1407)~고종 11년(1874)

출처: 조선총독부(1928), 『조선의 재해』.

고 있다. 벼농사가 중심인 우리나라는 그만큼 피해가 컸음을 알 수 있다. 2위는 수해(水害)이며 89회로 35%를 차지하고 있다. 우리나라의 강수는 여름에 많이 내리고, 집중호우의 경향이 강하다. 가뭄도 많았지만 홍수도 많이 발생했다. 세계에서 가장 먼저 측우기를 발명한 것도 빈번한 수해와 가뭄에 대응하기 위한 것이다. 3위는 상해(霜害)로 22회 발생했고 전체의 8%이다. 그 뒤로 강풍에 의한 풍해(風害), 우박에 의한 박해(雹害)가 나타나고 있다.

〈표 2-13〉은 사료에 기록된 제주도의 재해 발생 현황을 나타낸 것이다. 유형별로 보면 풍해가 전체 107건 중 44건으로 41%를 차지하고 있다. 2위는 수해로 30회의 발생 기록이 있고, 전체 재해 중 28%를 차지하고 있다. 한해는 23회로 전체의 22%를 차지하고 있다. 동해(凍害)는 10회로 9%의 발생 비율을 보이고 있다. 전체 재해 중에서 풍·수·한해가 91%를 차지하고 있다.

제주도의 재해 발생 현황을 보면 육지부와는 양상이 다르다. 육지는 한해가 가장 많은데, 제주도는 풍해가 가장 많다. 육지는 풍해가 4위로 서리 피해보다도 적게 발생하고 있다. 2위는 제주도와 육지 모두 수해이다. 우리나라의 강수는 집중호우 경향이 강하기 때문에 두 지역 모두 수해 피해가 많다. 제주도는 가뭄 피해 순위가 3위로 육지에 비해 발생 비율이 낮다. 제주도는 따뜻한 지역

〈표 2-13〉 제주도 재해 발생 현황(1392~1910년)

재해 요소	횟수
풍해(風害)	44
수해(水害)	30
한해(旱害)	23
동해(凍害)	10
합계	107

출처: 『조선왕조실록』, 『증보문헌비고』, 『비변사등록』, 『승정원일기』, 『탐라기년』 등을 토대로 작성함.

이기 때문에 서리 및 우박 피해가 육지에 비해 상대적으로 적었다.

〈그림 2-6〉은 조선시대 제주도의 이상기후로 인한 재해 발생현황을 시기별, 유형별로 나타낸 것이다. 풍해와 수해, 한해, 동해 모두 17세기에 많이 발생했다. 전체 기록건수 107건 중 43%인 46건이 17세기에 발생했다. 그만큼 17세기는 기후변동이 심했다. 특히 동해의 기록건수가 다른 시기에 비해 많은 것으로 보아 17세기는 다른 시기에 비해 추웠던 시기임을 알 수 있다. 이것은 전 세계를 강타한 17세기 소빙기 기후와 밀접한 관련이 있다. 18세기는 23건으로 22%를 차지하고 있다. 16세기는 14건으로 13%를 차지하고, 15세기는 13건으로 12%를 차지하고 있다. 19세기는 11건으로 가장 적은 10%이다.

제주도에서 지역별로 확인할 수 있는 3대 재해인 풍·수·한해의 발생 건수는 총 142건으로 〈그림 2-7〉과 같다. 지역별 재해 발생 건수가 증가한 것은 제주·대정·정의에서 동시에 발생했으면 3건으로 처리했기 때문이다. 제주도 북부지역인 제주목이 52건으로 가장 많고, 남서부지역인 대정현이 47건, 남동부지역인 정의현이 43건이다. 유형별로 보면 풍해는 제주목이 25건으로 가

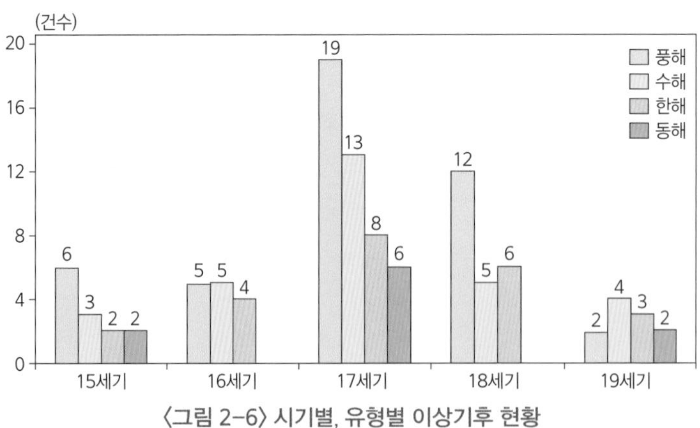

〈그림 2-6〉 시기별, 유형별 이상기후 현황

출처: 『조선왕조실록』, 『탐라기년』, 『비변사등록』, 『증보문헌비고』 등을 토대로 작성함.

장 많고, 대정현이 22건, 정의현이 21건이다. 제주목은 한라산 북사면에 위치해 있어 북서풍에 의한 풍해가 많았던 것으로 보인다. 대정현도 풍재가 많았을 것으로 보이지만 기록상으로는 제주목이 가장 많다. 목사의 치소가 제주목에 있었기 때문에 치계를 올릴 때 다른 지역에 비해 많이 반영되었던 것으로 보인다.

수해는 제주목이 18건으로 가장 많고, 정의현 14건, 대정현 14건이다. 정의현도 수해가 많을 것으로 추정되지만, 기록상으로는 제주목이 더 많다. 제주목 관아는 해안가에 있는데다 산지천, 병문천, 한천 등이 읍성 안과 주변으로 흐르기 때문에 폭우 시 범람으로 인해 그 피해가 많았던 것으로 보인다.

한해는 대정현이 11건으로 가장 많고, 제주목 9건, 정의현 8건 순이다. 오늘날의 기상관측 자료를 통해서도 이를 확인할 수 있다. 1981~2010년간의 연평균 강수량을 보면 대정현에 속했던 고산은 1,143mm에 불과하다. 정의현에 속했던 서귀포와 비교하면 절반을 조금 넘는 수준이고, 제주의 1,499mm 보다도 적다. 대정현 지역은 다른 지역에 비해 가뭄이 많이 발생할 수 있는 환경

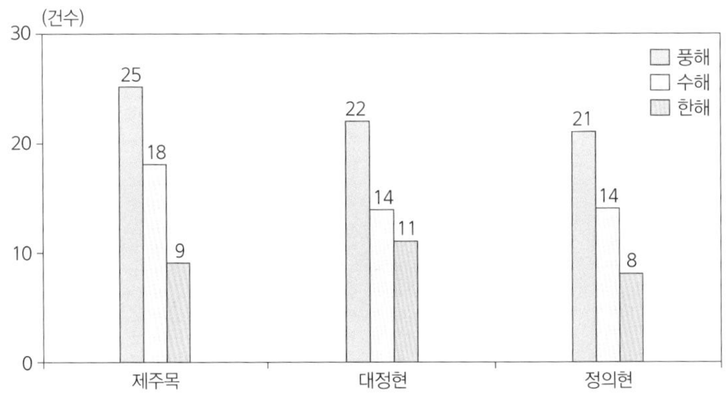

〈그림 2-7〉 지역별 이상기후 현황

출처: 『조선왕조실록』, 『탐라기년』, 『비변사등록』, 『증보문헌비고』 등을 토대로 작성함.

임을 알 수 있다.

1) 풍해

제주도의 풍해는 주로 태풍과 북서계절풍에 의한 강풍으로 발생했다. 특히 태풍은 단기간에 큰 피해를 입힌 강력한 바람으로 워낙 규모가 크고 강했기 때문에 제주도 어느 지역이든 가리지 않고 큰 피해를 입혔다. 북서계절풍은 태풍보다 풍속은 약하지만 가을부터 봄까지 지속적으로 불었기 때문에 제주도의 자연경관 및 주민생활에 큰 영향을 미쳤다. 편향수와 해안사구, 독특한 가옥구조와 높은 돌담 등은 제주도의 강풍과 관련이 깊다.

조선시대 제주도에서 발생한 풍해 발생 현황은 〈그림 2-8〉과 같다. 이것을 보면 15세기에 6건, 16세기에 5건, 17세기에 19건, 18세기에 12건, 19세기에 2건으로 17세기와 18세기가 다른 시기에 비해 기록빈도가 높다. 기록된 풍해의 44건 중 24건이 수해를 동반했다. 『조선왕조실록』에 기록된 풍해의 대표적

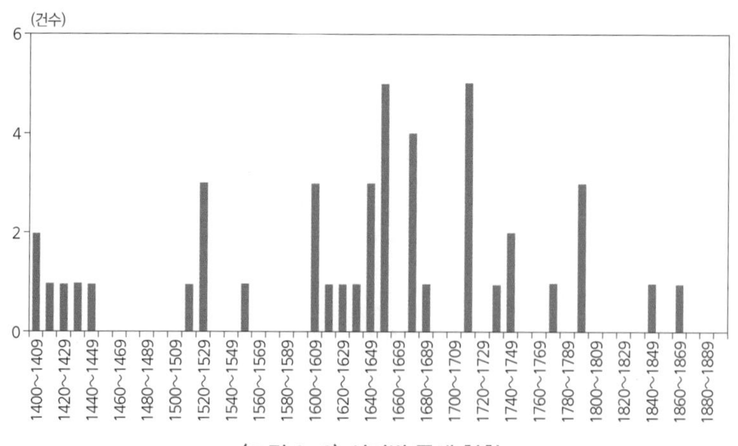

〈그림 2-8〉 시기별 풍해 현황

출처: 『조선왕조실록』, 『탐라기년』, 『비변사등록』, 『증보문헌비고』 등을 토대로 작성함.

사례를 보면 다음과 같다.

① 1514년 제주·대정·정의 등의 고을에 8월 16~17일 풍우가 크게 일었다. 나무뿌리가 뽑히고 기와가 날려서 관사와 창고가 많이 무너졌고, 곡식이 거의 모두 손상되었다. 무너진 민가가 4백 52호이고, 떠내려간 것이 78호이며, 죽은 자도 또한 많았고, 떠내려가고 부서진 배가 82척이었다. 또 정의현 해변 2리쯤 되는 곳은 바다 물결이 넘쳐 들어와 밤새도록 잠겼으므로, 육지로 나와 죽은 크고 작은 물고기가 셀 수 없었다.[1]

② 1865년 제주목사 양헌수가, '7월 21일에 갑자기 동남풍이 크게 일면서 비까지 퍼붓는 바람에 기왓장이 날아가고 돌이 구르고 나무가 부러지고 집이 뽑혔습니다. 좀 오래된 관아 건물은 기울어져 무너지고 낡은 민가들은 떠내려갔으며, 곡식도 온통 결딴이 나서 온 섬이 그만 허허벌판이 되어 버렸습니다. 동리에는 호곡 소리가 서로 이어지고 들판에는 참혹한 기색만 떠돌아 구제하는 일을 내년 봄까지 기다릴 수 없는 형편입니다. 신이 이곳 수령으로 있으면서 이런 혹심한 재해를 당하여 십수만의 인구가 굶어 죽어 시체가 구렁을 메우는 탄식을 면치 못할 것 같아 황공하여 대죄(待罪)합니다'라고 아뢰니 대죄하지 말라고 하교했다.[2]

1) 『중종실록』 20권, 중종 9년(1514) 9월 27일조.
"濟州及大靜 旌義等官 八月十六日 十七日 風雨大作 拔木飛瓦 官舍 倉庫多數頹落 早晩禾穀幾盡損傷 民家頹落四百五十二戶 漂流七十八戶 人物溺死者亦多 船隻漂流破碎者八十二 且旌義縣沿邊二里許 海波蕩溢 終夜沈沒 大小雜魚 出死於陸者 不可勝數"

2) 『고종실록』 2권, 고종 2년(1865) 9월 12일조.
濟州牧使梁憲洙以七月二十一日, 忽有東南風, 挾雨大作, 飛瓦走石, 折木拔屋, 公廨稍舊者傾頹, 民屋已老者飄沒, 穀物摧剝, 全島便赤 閭閻號哭之聲相連, 田野慘絶之色無分 設賑一款, 勢不可待到開春 而臣職在守土, 値此酷災, 十數萬人口, 將不免塡壑之歎, 惶恐待罪"啓 敎以 "方有慈敎, 勿待罪"

두 사례는 태풍이 제주도를 강타한 것이다. 1514년 8월 16일과 17일은 양력으로 환산하면 9월 13일과 14일이다. 1865년 7월 21일은 양력 9월 10일이다. 두 태풍은 모두 가을에 접어들어 내습했다.

1514년의 태풍은 강풍과 폭우를 동반한 태풍으로 풍수해와 해일 피해가 극심했다. 태풍이 불면 강한 바람으로 파도가 높아진다. 또한 태풍은 강력한 저기압이기 때문에 해수면에 가하는 공기의 압력이 낮아져 해수면이 상승한다. 태풍이 통과하는 시간과 만조가 겹치면 심각한 해일 피해가 발생한다. 특히 사리 때는 밀물과 썰물의 차가 매우 크고 밀물이 들어오면 해수면이 높게 상승한다. 1514년 8월 16일은 대사리 기간이었으며 해수면 최고조기는 밤 10~11시경이었다. 1514년의 초대형 태풍은 이러한 조건이 절묘하게 결합하면서 극심한 해일을 야기했다. 정의현에서는 해안에서 2리쯤 떨어진 곳까지 해일이 덮친 것이다. 밤새 바닷물에 잠겼다는 것으로 보아 태풍은 최고조기인 밤 10~11시경에 제주도를 통과했던 것으로 보인다. 육지로 나와 죽은 물고기가 셀 수 없이 많았고, 떠내려간 배가 82척이었다니 해일의 규모를 짐작할 수 있다. 수령의 치소인 관아와 무기·곡식 등을 저장하는 창고가 무너졌다. 민가 452호가 무너지고, 78호가 떠내려갔다. 침수로 인해 죽은 자도 많은 것으로 보아 폭풍과 폭우를 동반한 초대형 태풍 이었다.

1865년 7월 21일의 태풍도 초가을에 통과하면서 많은 피해를 입혔다. 강풍에 기왓장이 날아가고 돌이 구를 정도였으니 바람의 세기를 짐작할 만하다. 관아와 민가가 허물어지고 결실을 앞두고 있던 곡식들이 결딴났으며 들판은 황무지로 변해 버렸다. 제주목사는 십수만 명이 굶어죽어 시체가 구렁을 메울 재변이 발생했다고 탄식하고 있다.

열대성 저기압의 하층에서는 공기가 중심부로 수렴된다. 태풍이 통과할 때 동남풍이 강하게 불었다는 것은 제주도 서쪽을 통과하여 북상했음을 의미한다. 같은 날에 영남과 호남에서도 풍우 피해를 입었다는 장계를 양도의 관찰사가 올렸다.[3] 특히 진주, 고성, 통영 등 영남지방의 피해가 극심했다. 이 태풍은 제주도 서쪽으로 북진하여 남해를 통과한 다음, 사천 쪽으로 남해안에 상륙한 것으로 보인다. 태풍의 진행방향에서 위험반원에 있었던 제주도와 영남지역은 큰 피해를 입었고, 호남지방은 가항반원에 있었기 때문에 피해가 상대적으로 적었던 것 같다.

태풍은 고위도로 올라갈수록 약해지는 경향이 있다. 열대성 저기압을 움직이는 에너지원은 수증기의 잠열(潛熱)이다. 저위도는 대기와 해수온도가 높기 때문에 수증기를 풍부히 공급받을 수 있고, 응결과정에서 잠열이 활발히 방출되어 더욱 세력을 키운다. 그러나 고위도로 올라갈수록 온도가 낮기 때문에 수증기 공급이 원활치 않아 세력이 약해지고 결국 소멸되는 것이다.

제주도 속담에 '여름 태풍보다 가을 태풍이 더 무섭다'는 말이 있다. 제주도 연근해의 해수면 온도는 8월 말에서 9월 초가 가장 높다. 이 시기에 통과하는 태풍은 제주도 근해에 와서도 수증기를 계속 공급받을 수 있기 때문에 강한 세력을 유지하거나 더 강해질 수 있다. 또한 이 시기에 북태평양 고기압이 약해지고 대륙 고기압이 점차 발달하면서 차가운 공기가 우리나라 주변으로 내려와 태풍과 만나면 더 강력한 폭풍우를 야기할 수 있다. 그렇기 때문에 초가을 태풍이 무서운 것이다. 최근 제주도와 우리나라를 강타한 초대형 태풍인 '사라', '루사', '매미', '나리'도 이때 통과했다.

사료에 기록된 규모가 큰 풍해는 대부분 태풍이었고 그 피해가 극심했던 시기는 주로 가을이다. 풍해 발생일자를 확인할 수 있는 7건 중 4건이 9월이고, 2건이 8월이다. 대개 늦여름과 초가을은 바람이 약하지만, 태풍이 내습하면

3) 『고종실록』 2권, 고종 2년(1865) 9월 2일조, 9월 3일조.

기상이 돌변하여 강풍이 휘몰아치고, 폭우가 쏟아지면서 풍수해를 야기했다. 또한 해수입자가 바람에 날려 농작물과 식물에 심한 조풍해를 입혔다. 태풍은 단기간에 제주도를 강타하여 삶의 기반을 파괴하는 극심한 재해였고 그에 대응하는 데 한계가 있었다.

〈사진 2-5〉는 태풍 '너구리'가 제주도 주변을 통과하기 전후 해바라기 밭의 모습이다. 태풍 '너구리'는 2014년 7월 4일 발생하여 7월 9일 오후 3시에 서귀포 남쪽 약 200km 지점을 통과하면서 제주도에 최근접 했다. 이때 중심기압은 965hPa, 최대풍속은 31m/s, 강풍반경은 600km으로 세력은 중급이었다. 일본열도로 향했기 때문에 제주도 지역은 그 피해가 심각하지 않았지만, 우도의 해바라기 농장은 초토화됐다. 맨 위의 사진은 태풍 통과 하루 전의 모습이다. 해바라기가 건실하게 잘 자랐고 꽃이 만개하여 풍년이 예상됐다. 중간의 사진은 태풍이 통과한 일주일 후 모습이다. 해바라기들 대부분 쓰러졌고 성한 것은 보기 힘들다. 맨 아래 사진은 태풍 통과 후 20일 후의 모습이다. 태풍에 상한 해바라기들이 완전히 고사해 버렸다.

〈사진 2-6〉은 2007년 태풍 '나리'가 제주도를 통과할 때 수해로 피해 입은 차량의 모습이다. 차량이 휴지처럼 구겨져 있다. 태풍 '나리'의 내습으로 제주도는 기상관측사상 초유의 수해를 입었다. 일일강수량 420mm를 기록했고, 시간당 최고 150mm의 기록적인 물폭탄을 쏟아 부었다. 제주시내를 관통하는 4대 하천이 모두 범람했고, 도내 대부분 하천들도 범람했다. 14명의 아까운 생명을 앗아갔고, 교량과 도로, 학교 시설 등 1,800여 건에 이르는 공공시설물이 파손되었으며, 수많은 건물과 주택들이 침수 피해를 입었다. 또한 도내 약 2,000여 대 차량이 급류에 휩쓸리거나 침수되면서 큰 피해를 입었다.

태풍은 이처럼 단시간에 엄청난 피해를 입히는 재해이다. 관측기기와 통신시설이 없었던 과거에는 여름과 가을철에 평온했던 바다에 파도가 거칠어지

〈사진 2-5〉 태풍 통과 전후 해바라기 농장

(제주시 우도, 상: 2014년 7월 8일, 중: 2014년 7월 17일, 하: 2014년 7월 31일 촬영) 2014년 7월 9일 태풍 '너구리'가 통과하면서 해바라기 농장이 한순간에 황폐화되었다.

〈사진 2-6〉 태풍 나리 때 수해 차량

(제주시 용담동, 2007년 9월 촬영) 2007년 태풍 '나리'가 통과하면서 극심한 수해를 야기했는데 피해 차량은 형체를 알아볼 수 없을 정도이다.

는 것을 보면서 태풍이 오고 있음을 직감했다. 해안 사람들은 이를 '바당이 울민 놀ㅂ름 분다[바다가 울면 태풍이 불어온다]'고 했다. 어부들은 배를 뭍으로 끌어올려 밧줄로 단단히 결박하고 태풍에 대비했다. 이때는 어부가 아닌 동네 주민들도 노동력을 제공하며 돕기도 했다.4)

온대성 저기압이 통과할 때도 폭풍우가 몰아치면서 피해를 입히기도 한다. 동절기에 부는 북서풍은 태풍에 비해 장기간에 걸쳐 불고, 그 강도가 상대적으로 약하기 때문에 어느 정도 대비할 수 있다. 제주도의 방풍림, 돌담, 가옥 등의 방풍 경관은 순간적으로 통과하는 태풍보다 지속적으로 몰아치는 겨울계절풍에 대비했던 측면이 더 강하다. 토네이도처럼 강력한 회오리바람인 용오

4) 제보: 2007, 서귀포시 대포동, 김서복(74세).

름(waterspout)에 대한 기록도 2건 있다. 『세종실록』에 5개의 용오름이 연달아 발생했다고 적혀있다. 또한 김석익의 『탐라기년』에 보면, 해상에서 발생한 용오름이 육지로 이동하면서 마을과 식생에 피해를 야기했다는 기록이 있다.

① 병진년(1440년)에 최해산이 안무사로 왔을 때 치보하기를, "정의현에서 다섯 마리의 용(龍)이 한꺼번에 승천했습니다. 한 마리의 용이 도로 수풀 사이에 떨어져 오랫동안 빙빙 돌다가 뒤에 하늘로 올라갔습니다."라고 했다.[5]

② 1712년 가을 8월에 두 마리 용이 대정현의 형제섬 앞 바다에서 서로 싸워 근처의 인가 66구 및 나무와 모래, 돌들이 빨려 들어갔다.[6]

1440년의 용오름은 피해 상황이 기록되지 않아서 정확하게 알 수 없으나, 5개의 용오름이 연달아 육지를 통과한 것으로 보아 피해가 있었을 것이다. 1712년의 용오름은 대정현 형제섬 해상에서 발생했는데 육지로 이동하면서 인가 66가구가 용오름에 빨려 들어가는 피해를 입었다.

2) 수해

제주도는 우리나라의 최다우지로 수해가 많다. 제주도의 강수는 주로 온대성 저기압에 의해 자주 내린다. 장마에 의한 강수는 여름에, 태풍에 의한 강수는 여름과 가을에 많다. 강수량은 계절에 따라 다르지만 남서, 남동기류가 유

---

5) 『세종실록』 88권, 세종 22년(1440) 1월 30일조.
"歲在丙辰 崔海山 爲都按撫使 馳報云 旌義縣 五龍一時昇天 一龍還墜叢薄間 盤旋久之後乃昇天"

6) 김석익, 『탐라기년』. 숙종 38년(1712).
"秋八月 有兩龍相鬪於兄弟島 前洋附近人家六十六區 及林木沙石 幷被捲去"

입될 때는 한라산 남사면이 많고, 북서기류가 유입될 때는 북사면이 많다.

조선시대의 제주도 수해 기록건수는 총 30건이다. 15세기 3건, 16세기 5건, 17세기 13건, 18세기 5건, 19세기 4건으로 17세기에 발생 빈도가 가장 많다. 수해 발생일자를 확인할 수 있는 기록은 6건이다. 이를 양력으로 환산하여 분석해 보면, 3건은 9월, 2건은 8월, 1건은 7월에 발생했다.

태풍이 통과하면서 수해도 많이 발생하고 있다. 수해 30건 중 24건이 강풍을 동반하고 있다. 폭우가 내릴 때는 강풍을 동반하는 경우가 많음을 알 수 있다. 제주도에서 발생했던 수해의 대표적인 사례를 보면 다음과 같다.

① 제주에 큰비가 내려서 물이 제주성에 들어와 관사와 민가가 표몰되고, 화곡(禾穀)의 태반이 침수되었다.[7]

② 윤2월부터 비가 오지 않아 가뭄에 시달리다 5월 그믐께에 와서야 비가 내렸다. 퍼붓는 빗발이 여러 달 개이지 않아 높고 낮은 전답이 침수되지 않은 곳이 없으며 또 풍재가 참혹하다.[8]

③ 1886년 가을 7월에 큰비로 평지가 내를 이루고 인가 및 무덤이 떠 흘렀고 남수구 홍예가 무너졌다.[9]

1408년의 폭우는 민가와 들판의 곡식뿐만 아니라 제주성 내의 관청까지 침수시킨 것으로 보아 상당한 폭우였음을 알 수 있다. 1670년 5월 그믐에 발생

7)『태종실록』16권, 태종 8년(1408) 8월 19일조.
"濟州大雨 水入濟州城 漂溺官舍民居禾穀殆半"

8)『현종실록』18권, 현종 11년(1670) 8월 1일조.
"自閏二月不雨 至五月晦始雨 雨勢如注 連月不開 高下田疇 無不沈沒 風災又慘"

9) 김석익,『탐라기년』. 고종 23년(1886).
"秋七月 大雨 平地成川 漂流人家 乃塚 南水口 虹門自毁"

한 수해는 풍재도 참혹했던 것으로 보아 장마가 종료될 시기에 내습한 태풍으로 인해 발생한 것으로 보인다. 5월 30일을 양력으로 환산하면 7월 16일로 이때는 장마가 소강상태로 접어들어 세력이 약해질 때이다. 그러나 늦게 온 장마가 여러 달 계속되었고, 이때 태풍도 겹쳐 그 피해가 컸다. 1886년에는 폭우에 의해 인가뿐만 아니라 무덤까지 떠내려갔으며, 산지천 남수구의 홍예도 무너지는 극심한 피해를 입었다.

오늘날도 폭우로 인한 피해가 빈번하게 발생하고 있다. 〈사진 2-7〉에서 보는 바와 같이, 2007년 9월 제주도 동부지역은 온대성 저기압의 발달로 인한 폭우로 가옥과 농경지가 침수되는 피해를 입었다.

〈사진 2-7〉 폭우 침수 농경지

(제주시 함덕, 2007년 9월 촬영) 온대성 저기압이 통과하면서 퍼부은 폭우로 제주도 동부지역은 심각한 수해를 입었다.

3) 한해

제주도는 육지에 비해 해양성 기후특성이 강하기 때문에 강수량이 많고, 계절에 따라 비가 비교적 골고루 내린다. 그러나 제주도는 기온이 높고, 바람이 많기 때문에 수분의 증발산도 활발하다. 토양은 입자가 큰 화산회토로 이루어져 있어 수분 함양에 불리하다. 또한 기반암에 절리가 발달된 지질구조 때문에 물이 잘 고이지 않는다. 이러한 연유로 제주도는 물이 귀하고, 조금만 비가 안와도 쉽게 가뭄이 든다.

가뭄이 발생하면 대기 중 습도가 낮아지고 증발이 촉진된다. 이에 따라 토양 수분이 감소하여 농작물이 시들어 말라 죽어가면서 흉년이 닥친다. 식수 및 생활용수의 부족은 인간 생활에 큰 피해를 야기한다. 가뭄이 장기화되면 한라산 중산간지대의 목마장에서 방목되던 우마가 목이 타서 죽기도 했다. 가뭄이 심해지면 기근으로 이어져 아사자가 속출했다.

사료에 기록된 제주도의 한해 건수는 23건이다. 15세기 2건, 16세기 4건, 17세기 8건, 18세기 6건, 19세기에 3건으로 17세기와 18세기에 많이 발생했다. 제주도는 흉황과 기근이 빈번하게 발생했으나 그 원인을 기록하지 않은 것이 많다. 그중 가뭄으로 발생한 것도 다수 포함되어 있을 것이다. 가뭄으로 인한 피해 기록을 보면 다음과 같다.

① 가을로부터 다음 해 여름에 이르기까지 한발로 사람들이 많이 굶어 죽었다. 왕은 안무사를 파견하여 기민을 구휼했다.[10]

② 제주도의 세 고을은 큰 가뭄 때문에 들에는 풀이 돋지 않아 많은 말이 굶어

10) 김석익, 『탐라기년』 세종 15년(1433).
"十五年 自秋至明年夏 大旱 人多飢斃 王 遣按撫使 崔海山來 以賑之"

죽었고 심한 민생고를 겪고 있다. 민생을 염려하여 점마별감을 파견하지 않았다.11)

1433년에 발생한 가뭄은 그해 가을부터 다음 해 여름까지 이어지면서 극심한 피해가 나타났다. 아사자가 속출하자 국가에서는 안무사를 파견하여 구휼하고 위무하며 민심을 안정시키려 노력했다. 중산간 지역에는 국영목마장이 설치되어 있었다. 제주도에서는 해마다 목장의 말을 취합하여 조정에 진상했다. 1542년에 큰 가뭄으로 민생이 어려워지자 조정에서는 목마장의 마필을 점검하기 위해 파견하는 점마별감을 파견하지 않는 등 민생안정을 도모했다.

기후학적 가뭄은 사용가능한 물로 전환될 강수량이 부족한 현상을 말한다. 오늘날에는 강수량이 부족하더라도 지하수를 개발하여 극복하고 있다. 가뭄 피해는 다른 재해에 비해 진행속도가 느려 판단하기 어렵다. 또한 진행되다가

〈사진 2-8〉 가뭄 피해 수원지

(제주시 삼양동, 2017년 8월 촬영) 극심한 가뭄으로 제주시민들에게 식수를 공급하던 삼양동 수원지의 일부 취수장이 말라 버렸다.

---

11)『중종실록』 97권, 중종 37년(1542) 3월 7일조.
"濟州三邑 加以前年大旱 野草不生 馬多飢死 民事亦可知也 民生亦不可不慮 今年請勿遣點馬"

다른 재해와 겹치면 가뭄기록에서 제외될 수도 있기 때문에 다른 재해에 비해 기록 누락이 많았을 것으로 보인다.

오늘날은 저수지 축조, 지하수의 개발 등으로 가뭄 대응 능력이 향상되었다. 그렇지만 장기간 비가 내리지 않으면 지표수가 말라버리고 지하수마저 고갈되어 버린다. 〈사진 2-8〉은 2017년에 제주도를 강타한 여름가뭄으로 취수장마저 말라버려 식수 공급에 차질을 빚고 있는 모습이다.

4) 동해

제주도는 갑자기 몰아닥친 한파와 폭설로 피해를 입기도 했는데, 이를 동해로 분류했다. 조선시대 제주도의 동해 관련 기록 건수는 총 10건으로 15세기에 2건, 17세기에 6건, 19세기에 2건이 있다. 동해는 1600년대부터 1680년대까지 17세기에 집중 분포하고 있다. 17세기는 전 세계적으로 소빙기와 관련된 한랭한 시기여서 제주도에서도 저온현상이 많았던 것으로 보인다. 제주도는 온화한 기후 때문에 다른 재해에 비해 동해 발생건수가 적은 편이다. 동해와 관련된 사례를 살펴보면 다음과 같다.

① 제주도에서 기르는 말이 많기가 1만여 필이나 되었다. 이보다 먼저 이 섬에서는 기후가 온난하여 겨울에 쌓인 눈이 없었는데, 이 해에는 추위가 심하여 눈이 5, 6척이나 쌓였으니, 말이 많이 얼어 죽었다.[12)]

② "지난 임인년 11월에 큰 눈이 내렸는데, 평지에도 깊이가 2자가 넘어 겨울이 지나도록 녹지 않았고 정월이 되어도 겨울처럼 추워 꽁꽁 얼어붙었으니 근

12) 『세종실록』 14권, 세종 3년(1421) 12월 29일조.
"濟州牧馬 多至萬餘匹 前此 本島地暖 冬無積雪 是歲寒甚 雪深至五六尺 馬多凍死"

고에 없던 일입니다. 과일 나무의 가지와 잎은 마른 것 같고 공사 과수원의 청귤은 모두 동해를 입어, 2월에 진상하는 청귤을 간신히 봉진했는데, 말라 맛이 좋지 않으므로 공상(供上)에 합당치 못하니 지극히 황송합니다."(사신은 논한다. 제주에 내린 눈이 겨울이 지나도 녹지 않았음은 실로 재변인 것이다. 그런데 국가에서는 두려워하고 경계하며 반성한 사람이 있었는가).13)

③ 지난 해 11월 2일에 대풍과 대설이 한꺼번에 사납게 일어 쌓인 눈이 한 장이나 되었다. 산에 올라가 열매를 줍던 자가 미처 집에 돌아오지 못하고 길이 막혀 얼어 죽은 자가 91인이었다.14)

조선시대에 제주도에서 관측된 기상현황 중 정량적으로 기록된 것은 눈이 유일하다. 사료의 적설량을 보면, 1421년은 5~6척, 1620년은 평지에서 2척, 1670년은 한 장(丈)이라고 기록되어 있다. 전통적인 척관법에 의하면 1척은 약 30.3cm이고, 1장은 10척이다. 오늘날의 적설량은 사방이 개방된 관측노장 적설판에 쌓인 눈의 측정치이다. 적설판의 눈이 녹아버리거나 바람이 불어 날아가 버리면 적설량은 줄어들 수도 있다. 때문에 적설량을 정확하게 관측하는 것은 매우 까다롭다. 오늘날과 유사하게 측정했던 것은 1620년 평지에서 관측된 최심적설량이었던 것 같다. 조선시대 제주도는 적설량을 측정하는 일정한 장소가 없었기 때문에 1421년과 1670년의 적설량은 눈이 많이 쌓였던 곳의 최심적설량을 기록했던 것으로 추정된다. 제주도는 바람이 강하기 때문에

13)『선조실록』162권, 선조 36년(1603) 5월 30일조.
"濟州牧使金命胤啓曰 去壬寅年十一月大雪 平地深二尺餘 經冬不消 至於正月 寒冱如冬 近古所無 果樹枝葉如枯 公私果園青橘 盡爲凍傷 二月進上青橘 艱難封進 枯乾味惡 不合上供 極爲惶恐 (史臣曰 濟州之雪 經冬不消 實是變異 國家其有知懼而警省者乎)"

14)『현종실록』19권, 현종 12년(1671) 2월 3일조.
"濟州去十一月初二日大風大雪 一時暴作, 積雪盈丈 飢民上山拾實者 未及歸巢 路塞凍死者九十一人 饑饉之中 癘疫熾發死者亦多"

눈이 내릴 때 대부분 소복소복 내리지 않고 휘몰아치듯이 내린다. 개방된 장소는 강한 바람에 눈이 이동해 버려 쌓인 양이 상대적으로 적지만, 바람에 불려 일정한 곳에 쌓이면 상당한 양이 될 수 있다.

『세종실록』에 기록된 1421년의 적설량은 5~6척이나 되었다. 이 정도의 적설량이면 약 150~180cm 정도의 눈이 쌓인 것이다. 제주도 해안지역에서 관측된 최심적설량은 1963년에 서귀포기상대에서 측정된 37.8cm이다. 해안지대에 비해 한라산 산간지대는 지형의 영향을 받아 더 많은 눈이 내린다. 2005년 12월 8일 폭설 때 한라산 윗세오름의 최심적설량은 1m를 기록했다. 1421년에 쌓인 눈은 최근의 적설량과 비교해도 많은 양이다. 그로 인해 많은 인명 피해가 발생했을 것으로 추정되지만, 그에 대한 기록은 없고 말이 얼어 죽은 것에 대한 기록만 남아 있다. 당시 조정과 수령들은 말 공급지로서 제주도에 대한 관심이 많았음을 알 수 있다.

『선조실록』의 1603년 기록을 보면, 임인년(1602)에 내린 눈은 약 60cm 정도였다. 적설량도 많았지만, 1602년 11월에 내린 눈은 겨울이 지나 새해가 될 때까지 녹지 않았다. 제주도는 온화한 지역이기 때문에 눈이 그치고 2~3일만 지나면 녹아버리는데 한겨울에 눈이 녹지 않았다는 것은 '근고에 없는 기후재변'에 해당한다. 1602년 11월부터 1603년 정월까지 극심한 저온현상이 전개되었음을 알 수 있다. 그로 인해 제주인들은 한파와 폭설 피해를 입었을 것으로 보이지만 그에 대한 기록은 없다. 제주목사는 동해 입은 감귤을 진상하게 된 이유만을 보고하고 있다. 심각한 재변이 발생하면 왕과 신하들은 마음을 가다듬고 근신하는 수성(修省)을 했다. 기록자인 사관도 제주도에서 큰 재변이 일어났음에도 국가에서 수성하는 사람이 없음을 비판하고 있다. 이 때 내린 눈은 1601년 페루의 화냐푸티냐(Huaynaputina) 화산 폭발로 인해 전 세계에 영향을 미친 이상저온 현상과 관련이 있는 것으로 보인다.

〈사진 2-9〉 폭설 피해 감귤 시설하우스

(서귀포시 남원, 2005년 12월 촬영) 대폭설로 감귤, 키위, 채소 등을 재배하던 비닐하우스가 무너지면서 심각한 피해를 입었다.

현종 12년(1671) 2월 3일에 기록된 동해는 전 해인 1670년 11월 2일에 발생한 것이다. 이를 양력으로 환산하면 12월 13일로 동지(冬至)보다 이른 때이다. 관측시대 제주도의 일평균기온 최저 순위를 보면, 1위는 2016년 1월 24일 성산의 영하 4.4℃, 2위는 1977년 2월 16일 서귀포의 영하 4.1℃, 3위는 1931년 1월 10일 제주시에서 관측된 영하 3.6℃이다. 또한 제주도의 최심적설량 순위를 보면, 1위는 1963년 1월 25일 서귀포의 37.8cm, 2위는 1977년 2월 17일 성산의 25.4cm, 3위는 2001년 1월 16일 성산의 23.6cm이다. 절기상 대한(大寒) 무렵이 가장 춥고 눈도 많이 오고 있음을 알 수 있다. 그런데 1670년 12월 13일의 눈은 때 이른 폭설에 해당한다. 대기근으로 산에 열매를 구하러 갔던 제주인들이 갑자기 내린 폭설에 고립되면서 91명이나 얼어 죽는 참변이 발생했다. 적설량이 한 장(丈)이면 성인의 평균 신장보다 더 되는 대단한 폭설이었다. 제주도의 눈은 대부분 습설이기 때문에 무겁다. 한 장이나 되는 눈이 지붕 위에 쌓이면 그 무게는 상당하다. 17세기에 전 지구적으로 한랭한 소빙기 기후가 전개될 때 제주도에서도 이상저온 현상이 극심했음을 보여 주고 있다.

오늘날도 폭설로 인한 피해를 자주 입고 있다. 폭설로 항공과 육상, 해상 교통이 종종 마비되고, 비닐하우스가 무너지는 등 심각한 피해를 입고 있다. 〈사진 2-9〉는 2005년 12월에 내린 폭설로 비닐하우스가 무너진 모습이다.

5) 황사

황사는 중국의 황토지대에서 강한 바람과 상승기류에 의해 고공으로 올라간 미세 입자들이 편서풍을 타고 동쪽으로 운반되어 하강하는 현상이다. 제주도는 한반도에 비해 황사의 발원지에서 떨어져 있기 때문에 그 피해가 적은 편이다.

조선시대의 황사 현상은 '황무(黃霧)', '토우(土雨)', '우토(雨土)', '매우(霾雨)' 등으로 기록되어 있다. 황사는 비, 눈, 우박 등과 섞어 내리거나, 안개 현상과 관련되기도 한다. 황사 현상의 대표적 사례로 1550년 3월에 다음과 같은 기록이 있다.

> 서울에 흙비가 내렸고 전라도의 전주와 남원에는 비가 내린 뒤에 연기 같은 안개가 사방에 꽉 끼었으며 기와와 풀과 나무에는 모두 누르고 흰 빛깔이 있었는데, 쓸면 먼지가 되고 흔들면 날아 흩어졌다.[15]

---

15) 『명종실록』 10권, 명종 5년(1550) 3월 22일조.
"京城雨土 全羅道全州, 南原, 灑雨後, 烟霧四塞, 屋瓦草樹, 皆有黃白之色, 掃之成塵, 搖之飛散至二十五日, 專不快開"

육안으로 황사와 안개를 확실하게 구분하기 어려운 측면이 있다. 전영신(2000)은 황무는 누런 먼지가 공중에 가득 찬 것 같으나 실은 먼지가 아닌 것이라 하여 안개로 분류했다. 김연옥(1987)은 강사(降沙)가 비에 섞이지 않고 바람에 날리어 온 천지를 덮을 때 안개같이 공기가 탁해지는데, 그 색의 특징에 따라 '황무, 적무, 흑무, 담흑무'라고 하여 황무를 황사 현상으로 보고 있다.

필자는 제주도의 황무 현상이 주로 봄철에 발생했고 보리농사에 피해를 입힌 것으로 보아 안개 현상이라기보다는 황사 현상으로 판단했다. 제주도의 황무 현상은 6건 기록되어 있다. 18세기에 3건으로 가장 많고, 17세기 2건, 16세기 1건이 있다. 황사에 대한 대표적 사례를 보면 다음과 같다.

> 제주에 금년 황무의 재변이 있어 보리가 부실하여 백성들의 생활이 염려되니 호조로 하여금 때맞춰 진구해 줘야 한다.[16)]

황사는 주로 봄철에 발생하기 때문에 보리농사의 작황과 밀접한 관련이 있다. 황사로 인해 보리의 개화와 결실을 저해하여 흉년을 야기했고, 기근으로 이어져 조정에서 구휼에 나섰다.

6) 역병과 병충해

여러 질병들 중에서 역병은 사회에 미치는 영향이 심대하고 그 사회의 특징적인 모습을 보여 주기 때문에 관심을 많이 끌고 있다. 중세 유럽에서는 흑사병이 유행했고, 산업 혁명기에는 결핵이 맹위를 떨쳤으며, 오늘날은 조류독감

16) 『명종실록』 13권, 명종 7년(1552) 6월 26일조.
"濟州, 今年非但黃霧爲災, 牟麥不實, 未得農作, 民生至爲可慮 請令戶曹, 及時賑救"

이나 사스 같은 전염병이 공포의 병으로 등장했다.

우리나라에서도 역병이 끊이지 않아 고서에 많이 등장하고 있다. 조선왕조실록에 기록된 제주도의 역병은 총 23건이다. 조선 초기에서 후기로 갈수록 증가하는 추세를 보이고 있다. 제주도에서 발생한 역병들은 발병 시기가 정확히 기록되지 않아 어느 계절에 유행했는지 정확히 알 수 없다. 권복규(2000)의 조선 전기의 역병에 대한 연구에 의하면 춘궁기인 봄철이 많고 수확기인 가을로 가면서 점차 줄어드는 경향이 있다고 했다. 대규모의 역병은 이상기후가 있은 뒤에 많이 발생했는데, 이는 기근과 역병은 떨어질 수 없는 관계임을 시사하고 있다.

조선시대 제주도의 역병 기록 건수를 보면, 19세기가 8건으로 가장 많고, 18세기 6건, 17세기 5건, 16세기 3건, 15세기 1건이다. 15세기에서 19세기까지 꾸준히 증가하고 있다. 우역이 발생하여 소들이 떼죽음을 당하는 경우도 있다. 제주도에서 발병했던 역병에 대한 주요 기록을 보면 다음과 같다.

> 여역이 크게 번져 5천여 명이 죽었는데, 제주목사가 약이 모자라다고 장계하니 왕은 의사(醫司)에 명하여 상당한 약물을 더 보내라고 명했다.[17)]

조선시대에는 전염병을 비롯한 각종 질병이 발생할 경우 도성의 백성들은 주로 혜민서와 활인서를 찾았다. 제주도의 경우는 의료시설이 빈약했기 때문에 발병해도 제대로 치료받지 못했다. 지방관들이 관아에 보관해 두었던 약재를 풀어 보급하거나, 부족하면 조정에서 약재를 지원해 주기도 했지만 백성들

---

17)『숙종실록』55권, 숙종 40년(1714) 8월 16일조.
"濟州牧使狀陳本島癘疫大熾, 死亡五千餘名 以數百貼之藥, 勢難盡救, 上命醫司, 加送相當藥物"

은 충분한 치료를 받기 힘들었다.

오늘날의 구제역처럼 가축의 전염병도 발생했다. 우역이 대표적인데 그 사례를 보면 "제주에 우역이 크게 유행하여 소가 수만 두나 죽었다"18)는 기록이 있다.

병충해 발생에 대한 기록은 6건이 있다. 병충해는 해충으로 인한 농작물의 피해로 오늘날에는 각종 농약이 있어 이를 방제하지만 조선시대에는 이를 구제할 수 있는 수단이 별로 없었다. 병충해가 발생하면 생산량이 급감할 뿐만 아니라 생산을 포기해야 하는 경우도 발생했다. 병충해에 관한 대표적인 사례를 보면 다음과 같다.

> 제주 삼읍은 풍재와 수재를 입어 화곡이 흉작인 데다 충재까지 심하게 겹쳤으므로 초근목피마저 남김없이 먹어치워 겨울 이전에 반드시 구황하지 않으면 백성이 살아남기 어려울 것이고, 국둔·사둔의 마소까지도 죄다 굶어 죽을 것이다.19)

풍재와 수재에다 충재까지 겹쳐 백성들이 먹을 것이 고갈되어 버렸다. 메뚜기들이 초근목피까지 다 갉아먹어 버려 백성들이 먹을 것이 없다는 것이다. 국가와 개인이 사육하는 우마까지도 다 굶어죽을 지경이라고 하니 충재의 심각성을 알 수 있다.

---

18) 『숙종실록』 14권, 숙종 9년(1683) 8월 10일조.
"濟州牛疫致斃, 至於數萬頭"

19) 『선조실록』 164권, 선조 36년(1603) 11월 8일조.
"濟州三邑, 今年酷罹風水之災, 禾穀大無, 蟲災又甚, 草木根皮, 竝食盡無餘 其處之人, 稱說冬前, 必不能救荒, 則人民將難存活 至於國屯, 私屯馬牛, 幷盡爲飢斃云 此乃振古所無之變也"

III.

제주인의 이상기후 대응

조선시대 제주인의 주된 경제활동은 농업과 어업이었다. 농·어업은 자연환경, 특히 기후와 기상 조건의 영향을 많이 받는다. 제주인들은 이상기후에 적절히 대응하며 농업과 어업 등 생업활동을 영위해 왔다. 조선시대 제주인들이 기후환경에 어떻게 대응하며 농·어업 활동을 전개했는지를 규명하는 데는 사료가 중요하다. 그러나 현재 전해지는 사료가 빈약하기 때문에 조선시대 제주인들의 농·어업 활동 모습을 분석하는 데 한계가 있다. 따라서 본 장에서는 현재 남아 있는 조선시대의 농·어업 관련 흔적들을 분석하고, 과거부터 전승되는 전통적인 농업과 어업에 경험이 많은 노인들의 증언을 통해 사료의 부족한 점을 보완했다.

1. 농업 환경

제주도는 삼재도라 불릴 만큼 농업 활동에 불리한 기후환경이었다. 김석익의 『탐라기년』에 보면 이에 대한 내용이 잘 기록되어 있다.

> 여름에 조정에서 제주도의 세(稅)를 정할 때 총대신이 경연에서 아뢰기를 "이 섬의 지세는 산이 높아 풍재가 많고, 곡이 깊어 수재가 많으며, 토지가 척박하여 한재가 많습니다. 삼재가 병침(幷侵)하여 해마다 반드시 흉년이 많으니 만약에 납세를 책하면 백성이 살 수 없습니다."라고 했다.[1]

총대신은 세종에게 제주도는 풍재, 수재, 한재가 많은 섬이라고 하고 있다. 삼재로 해마다 흉년이 끊이지 않는 곳이므로 나라에서 제주인들에게 세금을

---

1) 김석익, 『탐라기년』 세종 10년(1428).
"夏, 時朝議 定本島稅 總大臣 筵奏曰 此島地勢 山高多風災 谷深多水災 土薄多旱災 三災幷侵 年必多歉 若責納稅 民無以生 王從之遂寢"

내도록 강요하면 살아가기 힘든 땅이라는 것이다. 광풍과 폭우가 빈번하고 가뭄이 자주 발생하여 농사짓기에 불리한 기후환경임을 잘 표현하고 있다.

제주도의 지질과 토양 환경도 좋은 편이 아니다. 제주도는 화산활동으로 이루어진 섬으로 지표의 대부분이 화산회토로 덮여 있다. 육지의 충적지에 분포하고 있는 점토질 토양과 비교하면 매우 척박하다. 제주도의 이러한 환경 특성은 제주 출신으로 개성부 유수를 지냈던 고태필의 상서문에 잘 나타나 있다.

> 제주도는 육지와 비할 것이 못됩니다. 사면이 석산에 흙이 덮였는데, 한라산 중턱 이상은 지맥이 두터우나 나라에 가장 긴요하게 쓰이는 산유자목, 이년목, 비자목, 안식향 나무가 많이 생산됩니다. 일찍이 경차관을 보내어 표(標)를 세워서 벌채를 금하고 경작을 금하게 했고, 산 중턱 이하의 주위에는 10개의 목장을 설치했는데 한 목장의 주위가 1식(息) 반, 혹은 2식입니다. 이를 제외하고는 거의 모두 지맥이 엷어서 한 번 경작한 뒤에는 반드시 5년, 6년, 7년을 묵혀서 그 지력을 쉬게 하여야 경작해 먹을 수 있습니다. 개간하여 경작할 만한 땅은 겨우 10분의 1이며 오곡이 이루어지지 아니하고 논이 드물어서 세 고을 수령이 먹는 쌀은 단지 물고기와 미역을 가지고 육지에서 바꾸어야 겨우 채울 수 있습니다. 민간에서는 오직 말을 파는 것으로 생업을 삼고, 보리와 기장으로 먹고 살며 산나물과 해초류로 보충합니다.[2)]

---

2) 『성종실록』 281권, 성종 24年(1493) 8월 5일조.
"本州非他陸地之比, 四面石山戴土, 山腰以上, 地脈肥厚, 然而國用最緊, 山柚子木, 二年木, 榧子木, 安息香木多産焉 曾遣敬差官, 立標禁伐禁耕 山腰以下周回設十牧場, 一場周回一息半或二息, 除此外率皆地脈浮薄, 一耕之後須陳五, 六, 七年, 休其地力, 乃得耕食 開墾可耕之地, 僅十分之一, 五穀不成, 水田希罕, 三邑守令供饋之米, 只將魚藿, 陸地貿遷, 方能僅足 民間則專以鬻馬爲生, 麥, 稷, 山海菜補之"

상서문을 보면, 한라산 산간지대는 국용 목재들을 생산하기 때문에 경작과 벌채를 금하고 있다. 중산간지대는 국영목장인 10소장이 있기 때문에 역시 농사를 지을 수 없다. 국영목장 아래쪽과 해안지대에서 농사가 주로 이루어지는데, 토양층이 얇고 토질이 척박하여 토지 생산력이 떨어졌다. 그나마 농사지을만한 땅은 1/10에 불과했다. 한번 농사를 지은 후 5~7년은 휴경해야만 다시 농사를 지을 수 있다. 경작할 만한 땅은 협소하고 논은 적어서 수령들이 먹는 쌀을 구하기 위해서는 미역과 물고기를 가지고 육지에 가서 교환해 와야 했다. 농경이 불리하기 때문에 민간에서는 말을 사육하여 파는 것이 중요한 생업이었다. 밭작물로 보리와 기장을 주로 재배했지만 식량이 모자라 야생식물과 해초류로 먹거리를 보충했다.

제주인들이 흉년으로 기근에 시달릴 때 정조가 내린 윤음을 보면, 당시의 농업 환경을 엿볼 수 있다.

> 탐라는 천리 바다 밖에 위치해 있는데, 귤과 유자, 준마, 비자 열매, 진주, 모피 가죽, 죽목(竹木), 버섯, 화살대 등 기용의 자료와 도규의 수요에 공급되는 것도 이루 헤일 수 없이 많다. 그곳의 백성들은 돌을 모아서 담장을 쌓고 띠풀을 엮어 집을 만들며, 질병이 적어 수고(壽考)하는 이가 많다. 그곳은 돌이 많고 토지가 척박하여 보리와 콩, 조가 생산된다.3)

정조는 기후재해로 기근에 시달리는 제주인들을 위로하는 윤음을 내리면

3)『정조실록』11권, 정조 5년(1781) 6월 26일조.
"爾耽羅一島, 處于海外千里 包貢橘柚, 歲獻驊騮, 篚實, 毛革, 竹木, 芝箭, 可以資器用而需刀圭者, 指不勝摟 厥民聚石爲垣, 編茅爲屋, 俗癡儉有禮讓, 少疾病多壽考, 抑海島之一都會也 第其壤地嶢瘠, 惟麰麥, 豆粟, 生之經紀契活"

서 제주도의 지역 환경과 그 가치를 잘 표현하고 있다. 제주도는 지리적으로 육지에서 멀리 떨어진 섬이지만 진귀한 특산물들이 많다고 했다. 귤과 유자, 준마, 비자 열매, 진주, 모피와 가죽, 죽목(竹木), 버섯, 화살대 등 국가에서 필요로 하는 물품들을 공급하는 곳으로 더없이 중요한 지역임을 인식하고 있다. 또한 제주도는 돌이 많고 토질이 척박하여 보리와 콩, 조 등 밭농사 위주로 이루어지고 있음을 헤아리고 있다.

제주도의 경지 면적은 『세종실록지리지』와 『제주·대정·정의읍지』에 잘 나타나 있다. 〈표 3-1〉을 보면, 조선 전기 제주도의 총경지면적은 9,528결인데, 밭이 9,412결로 전체 경지 중 98.7%이고, 논은 116결로 1.3%에 불과하다. 논은 대정현이 가장 많고 정의현은 기록에 없다.

조선 후기는 다른 양상을 보이고 있다. 총경지면적은 10,019결로 세종 때보다 491결 증가했으며, 밭은 9,602결로 190결 증가했고, 논은 417결로 301결 증가했다. 조선 후기 경지면적 중 밭의 비율은 95.8%로, 조선 전기의 98.7%에 비해 다소 감소했다. 논의 비율은 1.3%에서 4.2%로 증가했다. 논은 관가에서 쌀이 필요했기 때문에 관답 중심으로 그 면적이 늘어났다. 조선 후기 논의 면적 417결 중 410결이 관답이고, 7결이 민답이다. 관 중심으로 쌀 증산을 위해

〈표 3-1〉 조선 전·후기 경지 면적

(단위: 결)

지역	밭		논		합계	
	전기	후기	전기	후기	전기	후기
제주목	3,977	3,991	31	150	7,968	4,141
정의현	3,208	3,383	–	67	6,591	3,450
대정현	2,227	2,228	85	200	4,455	2,428
합계	9,412	9,602	116	417	9,528	10,019

※ '–'는 자료 없음.

출처: 전기는 『세종실록지리지』, 후기는 『제주·대정·정의읍지』.

노력했음을 알 수 있다. 김정의 『제주풍토록』과 이건의 『제주풍토기』에서는 제주도의 식량 사정과 쌀의 공급에 대해 다음과 같이 기록되어 있다.

> ① 쌀 생산이 저조하여 토호들은 육지에서 쌀을 구입하고 있고, 백성들은 잡곡을 주식으로 삼고 있다.[4]
>
> ② 관가에서는 매년 쌀을 육지에서 매입하여 관용으로 사용하고 있다. 부자들은 밭벼를 밭에 심어서 쌀에 대용하고 있다. 밭벼를 심는 밭은 해를 묵히면서 밭에 우마의 분(糞)을 받아서 다시 세 번 번경(飜耕)한 후에 파종하고, 또 제초의 공을 배가해야하기 때문에 경작하기가 힘들었다.[5]

위의 기록을 보면, 관가와 토호들은 육지에서 쌀을 구입하여 식량으로 사용했고, 백성들은 잡곡을 주식으로 삼고 있다. 유배 왔던 왕족 이건은 8년 동안 제주도 귀양 생활에서 "가장 괴로운 것은 조밥을 먹는 것"[6]이라고 하면서 쌀밥 대신에 조밥으로 연명했던 괴로움을 토로했다. 제주도는 쌀이 귀한 지역이므로 수요량에 비해 공급량이 모자랄 수밖에 없었다. 벼농사 가능 토지를 최대한 개간하는 과정에서 논의 면적이 증가했다.

제주도의 토양은 '된땅'이라 불리는 현무암풍화토와 '뜬땅'이라 불리는 화산회토로 구분된다. 비화산회토[된땅]는 토양의 모재가 화산암에서 풍화된 것으

---

4) 김정, 『제주풍토록』.
"而稻絶少 土豪貿陸地而食 力不足者食田穀"

5) 이건, 『제주풍토기』.
"自官家年年貿米於兩湖之境舡運以來 只用於官供 謫客放料 亦或以田米給之 島中饒富之人 則種山稻於田 以代米用 而山稻所種之田 則經年糞田 再三飜 耕然後 乃可種之 而鋤草之功亦陪 見之甚苦"

6) 이건, 『제주풍토기』.
"最苦者粟飯也 最畏者蛇蝎也 最悲者波聲也"

로 암갈색과 적황색을 띤다. 제주도 해안지대에 주로 분포하고 있고, 제주도 북부와 북서부지역에도 일부 분포하고 있다. 비화산회토는 화산회토에 비해 그 면적이 좁은 편이다. 비화산회토는 토양이 치밀하고 무거운데다 토양 중 자갈 함량이 많기 때문에 화산회토에 비해 바람에 덜 날리고 비옥하여 농경에 유리하다.

화산회토[뜬땅]는 주로 흑색과 농암갈색을 띤다. 토성이 푸석푸석하고 가벼우며, 다공질이라 토양의 공극률이 높기 때문에 비화산회토에 비해 비옥도가 떨어지며 농경에 불리하다. 중산간·산간지대와 제주도의 동부지역에 많이 분포하고 있으며, 제주도 대부분 지역을 덮고 있다.

농촌진흥청(1976)은 제주도의 토양을 ① 동귀-구엄-용흥토양군, ② 중문-오라-구좌토양군, ③ 평대-행원-민악토양군, ④ 흑악-노로-적악토양군으로 대분류했다. 동귀-구엄-용흥토양군은 암갈색의 비화산회토로 '된땅'

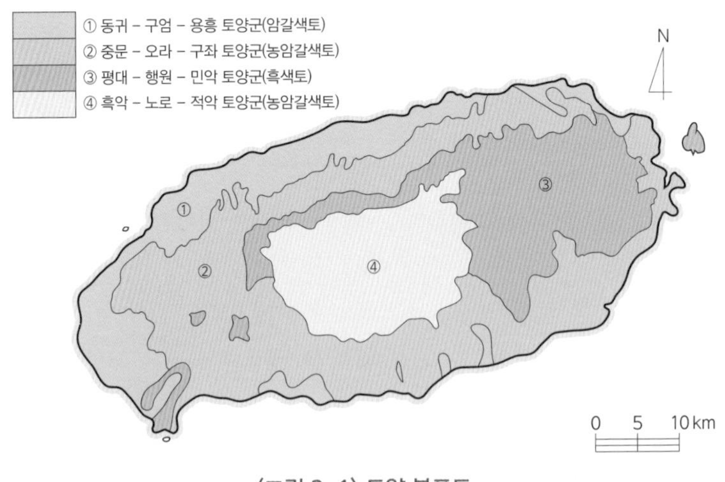

〈그림 3-1〉 토양 분포도

(출처: 농촌진흥청(1976), 『정밀토양도』, p.10.) ①은 비화산회토인 '된땅'이고, ②, ③, ④는 화산회토가 주성분인 '뜬땅'이다.

이라 부른다. 이곳에서는 단위면적당 수확량이 많고 인구부양력이 높은 보리·조 농사가 이루어졌다. 그러나 중문-오라-구좌토양군, 평대-행원-민악토양군, 흑악-노로-적악토양군은 제주도 면적의 83%를 차지하는 화산회토지대로 흔히 '뜬땅'이라 부른다. 토양이 척박하여 보리 생육에는 불리하고, 기장, 피 등이 재배되었다.

제주도의 논은 흐렁논과 강답으로 구분할 수 있다. 흐렁논[濕畓]은 냇가나 용천 연변에 있는 논으로 항상 물이 흥건하게 고여 있어 벼농사의 최적지다. 흐렁논의 대표적인 분포지는 서귀포시 하논으로 여름에는 벼를 재배하고 겨울에는 휴경을 했다. 강답[乾畓]은 비가 오거나 관개할 때는 물이 고이지만, 물 공급이 중단되면 쉽게 말라 한해를 당하기 쉽다. 강답은 여름에 벼를 재배했지만, 용수의 부족으로 벼를 재배하지 못할 경우 휴경하거나 조를 재배했으며, 겨울에는 보리를 재배하거나 휴경했다.[7]

---

7) 제보: 2007, 서귀포시 대포동, 김봉찬(80세).

2. 이상기후 대응 농법

성종 24년의 기록을 보면 제주도의 기후 환경이 잘 나타나 있다.

> 제주 땅은 바위와 돌이 많고 물이 잘 새기 때문에 2, 3일 비가 오지 아니하면 가뭄이 먼저 드는 형편이라 씨를 붙이는 시기를 잃게 되고, 겨우 싹이 서게 되어도 말라 죽기가 쉽다. 또 바다에 폭풍이 갑자기 일어나서 짠 물결이 충격하여 사방에 흩어져 떨어지기를 비가 오는 것과 같이 하니, 곡식이 죽어서 해마다 실농한다.[1)]

제주도는 풍토적으로 농업에 불리한 환경임을 보여 주고 있다. 비가 오더라

1) 『성종실록』 281권, 성종 24년(1493) 8월 5일조.
"且此土多巖石, 多滲漏, 二三日不雨, 則旱乾先形, 付種失時, 僅得立苗, 易致枯槁, 又有海中暴風忽作, 鹹浪衝激, 散落四方, 如雨焦禾殺稼, 年年失農, 又有海中暴風忽作, 鹹浪衝激, 散落四方, 如雨焦禾殺稼, 年年失農"

도 금방 땅속으로 빠져버리고, 2, 3일만 비가 안 오면 가뭄이 든다고 했다. 그만큼 농사짓기 힘든 땅이라는 것이다. 제주도는 화산지형이기 때문에 마그마가 냉각 고결되는 과정에서 절리가 발달되어 있다. 특히 숨골은 마치 땅이 숨을 쉬는 구멍처럼 땅속으로 연결되어 있어 지표수가 지하로 이동하는 통로 역할을 하고 있다. 숨골은 특히 곶자왈에 많이 분포되어 있는데, 그곳뿐만 아니라 제주도 전역에 분포하고 있다. 지표를 따라 흐르던 빗물이 숨골을 만나면 땅속으로 쉽게 빠져 버린다.

제주도는 대부분 화산회토로 이루어져 있어 토양 입자가 크고 공극률이 높은 관계로 배수가 양호하다. 이러한 지질 특성으로 제주도는 비가 안 오면 토양이 쉽게 말라 버린다. 씨앗을 파종하는 시기를 놓치면 싹이 트더라도 말라 죽어 버린다.

제주도는 사면이 바다여서 바람이 강하다. 폭풍이 불 때 해수 입자가 바람에 날려 곡식들을 고사시키는 조풍해를 입기도 한다. 태풍이 통과할 때나 강한 북서계절풍이 불어올 때는 거센 풍랑으로 바다가 하얗다. 해수 입자가 바람을 타고 뭍으로 비산하여 초목과 농작물을 고사시켜 실농하는 경우가 적지 않았다.

농업은 다양한 자연적 요인에 영향을 받지만, 1차적으로 기후 요인이 많이 작용한다. 기후는 농작물의 생장과 풍흉, 농민들의 농업 활동에 많은 영향을

〈표 3-2〉 재해 대응 주요 농법

재해 종류	대응 방식
강풍	방풍림 조성, 돌담 축조
가뭄	답전농법(밧볼림), 복토농법(섬피질)
폭우	시둑 축조, 가로밭갈기, 배수로 설치
지력 저하	휴경농법(쉬돌림), 바령농법, 돗거름·듬북 등 거름 시비

※ 현지답사를 토대로 작성함.

미친다. 제주도 농민들은 이상기후에 적절히 대응하면서 농업 활동을 전개했는데, 대표적인 농법을 보면 〈표 3-2〉와 같다.

1) 강풍 대응 농법

바람은 농작물의 생장과 결실에 중요한 영향을 미친다. 바람이 강하면 농작물에 낙엽, 낙화, 낙과가 발생하고, 심한 경우에는 가지와 줄기가 꺾어지거나 쓰러지는 피해를 입는다.

제주도는 바람이 강한 지역으로 풍해가 다른 재해에 비해 많이 발생했다. 풍해에 대응하여 제주도에서 이루어졌던 대표적인 방풍농법은 방풍림 조성과 돌담 축조이다.

제주도는 바다로 둘러싸여 있어서 강풍이 불 때 거센 파랑이 일면서 해수입자가 바람에 운반되어 농작물을 고사시키는 조풍해를 입히기도 했다. 김상헌의 『남사록』에는 제주도의 강한 바람에 대응한 방풍 경관에 대해 다음과 같이 기록되어 있다.

> 밭이라고 하는 것들은 반드시 돌을 가지고 둘렀으며 인가는 모두 돌을 쌓아서 높은 담을 만들고 문을 만들었다. 과원 하나는 성안의 남쪽에 있고, 하나는 성안의 북쪽에 있다. 밖으로는 돌을 쌓아 담장을 하고 대나무를 심어서 풍재를 막고 있다.[2]

---

2) 김상헌, 『남사록』.
"爲田畝者 必繚以石垣 人家皆築石 爲高墉以作門 果園一在城內南隅 其中有柚子唐柚子黃柑乳柑金橘山橘洞庭橘靑橘倭橘等樹在焉 又植梔子取實以供藥材 外築石墻圍 以竹樹以護風灾"

〈그림 3-2〉 관과원 방풍 경관

(출처: 『탐라순력도(1702)』) 제주성 안의 북과원 모습으로 돌담과 대나무의 방풍 경관을 엿볼 수 있다.

현재의 돌담 경관은 조선시대에 이미 조성되어 있었음을 알 수 있다. 밭에 돌담을 설치했고, 인가에도 높게 울담을 쌓았다. 제주인들은 바람 피해를 줄이기 위해 밭에 돌담을 축조했고, 방풍수로 대나무, 동백나무 등을 심었다. 제주도의 특산물로 유명했던 감귤은 수탈의 도구로 원망의 대상이었다. 민가에서 감귤재배를 기피했기 때문에 국가에서는 과원을 직접 조성하여 제주인들에게 과원직의 역을 부담시키며 귤을 생산했다. 숙종 때 이형상의 『탐라순력

〈사진 3-1〉 방풍용 동백림

(서귀포시 남원, 2007년 8월 촬영) 조선 말엽에 바람 피해를 줄이기 위해 농경지에 동백나무를 심어 방풍림을 조성했다.

도』를 보면, 그 당시 과원 경관이 잘 그려져 있다.

〈그림 3-2〉는 제주성 안에 있던 북과원 전경이다. 과원 안에는 귤나무가 가지런히 심어져 있고 돌담이 이를 에워싸고 있으며, 돌담 안쪽에는 대나무가 조밀하게 심어져 있다. 『탐라순력도』를 보면, 고둔과원과 월계과원에도 돌담이 축조되어 있고 대나무로 방풍림이 조성되어 있다. 관과원의 기본 구조는 돌담과 방풍수, 그리고 귤나무였다. 오늘날의 감귤원도 방풍수가 대나무에서 삼나무로 바뀌었을 뿐 기본구조는 비슷하다.

해양에서 불어오는 강한 바람과 조풍해를 방지하기 위해 해안가에도 방풍림을 조성했다. 또한 농경지, 민가 주위에 동백나무, 후박나무, 참식나무, 대나무 등으로 방풍림을 조성하여 풍해에 대비했다. 서귀포시 남원읍 위미리에는 조선시대 방풍경관이 잘 남아 있다. 조선 후기에 위미리의 한 주민은 주변보다 약간 높은 구릉지인 속칭 '버둑'의 황무지를 사들인 후 개간했다. 밭주인은 풍해를 막기 위해 밭담 안쪽 경계를 따라 동백나무를 심었다. 이곳의 동백나무 방풍림은 지금도 그 경관이 잘 보존되어 있어, 제주도기념물 제39호로 지정되어 보호받고 있다.

제주도의 돌담도 강한 바람을 막는 방풍 역할을 했다. 돌담은 제주도의 민가나 농경지, 해안가 등 어디서나 쉽게 볼 수 있는 대표적인 농업경관이다. 제주도는 현무암 돌담이 끊임없이 이어져 밭과 집, 도로와 올레, 해안가와 산록지대를 연결하는 선의 파노라마를 연출하고 있다. 돌담은 위치에 따라 밭담, 집담, 축담, 올레담, 잣담, 산담, 성담 등 여러 종류가 있다. 쌓은 모양에 따라 외담, 접담, 잣벡담, 잡굽담 등이 있다. 중국의 만리장성인 황룡만리(黃龍萬里)에 빗대어 제주도의 만리돌담을 흑룡만리(黑龍萬里)라 부르기도 한다(송성대, 2001). 농림부·제주대학교(2007)의 연구에 따르면, 제주도의 돌담 길이는 총 36,355km이고, 그중 밭담은 22,208km라고 했다.

제주도에서 돌담을 쌓게 된 계기는 고려 고종 때 판관 김구의 명에 의한 것으로 알려지고 있다. 제주도의 경작지는 원래 토지 소유의 경계를 나타내는 구획 표시가 없었다. 지역 토호들이 관리들과 결탁하여 백성의 토지를 강점하는 일이 비일비재했으며 그로 인해 토지 경계 분쟁과 토호에 대한 원성이 끊이지 않았다. 김구는 이런 실정을 파악하여 토지 경계에 돌을 모아 담을 쌓도록 했다. 그 이후 토지 분쟁이 잠잠해졌다고 한다. 그러나 밭에 지천으로 널려 있는 잡석들은 농사에 방해가 되었으므로 김구 이전 농지 개간할 때부터 경지의 가장자리나 한쪽에 모아 두었을 것이다. 집이나 움막을 지을 때도 돌담을 쌓아 바람과 눈, 비를 막았다. 따라서 제주도 돌담의 역사는 제주인들의 삶의 역사라고 할 수 있다. 김정의 『제주풍토록』에는 돌담의 방풍 기능이 잘 나타나 있다.

> 집 주위가 돌담으로 에워싸여 있고 그 높이가 열자 남짓 되며, 사슴뿔과 같은 나무를 얽어 세워놓고 출입을 못하도록 시설했다. 돌담이 높고 좁은 것은 제주의 토속으로 강풍과 몰아치는 눈을 막고 있다.[3)]

돌담은 제주도의 오래된 풍속으로 집집마다, 밭마다 축조되어 있다. 제주인들은 집 둘레에 돌담을 높게 쌓아서 집으로 불어오는 강풍과 휘몰아치는 눈보라를 막았다. 제주도는 바람이 강하고 눈이 많이 오는 지역임을 감안할 때 이에 대응했던 주민들의 지혜를 잘 알 수 있다.

제주도는 사면이 바다로 둘러싸인 섬이기 때문에 바람은 별다른 방해를 받지 않고 광활한 대양을 통과하여 불어온다. 바람은 해양을 통과하는 과정에서 풍속이 가속되어 해안지역에 도달하면 더욱 강해진다. 해안지역에서 흔히 볼 수 있는 편향수를 관찰해 보면 제주도가 바람이 강한 지역임을 알 수 있다.

제주도 해안에 도달한 강풍은 지표층의 거칠기 효과로 맴돌이(eddy) 운동에 의하여 풍속과 풍향이 무작위로 변하는 난류로 변한다. 바람은 해안에서 내륙 쪽으로 이동하는 과정에서 지표면의 영향을 받아 풍속이 감속된다. 밭에 축조된 밭담은 이러한 난류의 풍속을 경감시키는 좋은 시설이다. 밭담은 바람이 강한 해안가로 갈수록 높게 축조되어 있고, 멀어질수록 낮게 축조되어 있다. 또한 해안선에 평행하게 축조된 돌담은 내륙 쪽으로 뻗은 밭담에 비해 더 높게 쌓아서 바다에서 불어오는 강풍과 조풍해에 대응했다.

---

3) 김정, 『제주풍토록』.
"屋圍而石墻 以醜石累積 高丈餘 上施鹿角木 墻去簷僅半疋高而圍狹 奉國法也 然石墻高狹 土俗皆然 以防盲風饕雪"

〈사진 3-2〉 농경지 밭담

(제주시 구좌, 2007년 5월 촬영) 농경지의 밭담은 바람 피해를 줄이고, 유수에 의한 토양 침식을 막고, 우마 침입 방지, 경지 정리, 경계 구분 등 다양한 기능을 수행하고 있다.

밭담은 보통 외줄로 축조했지만 쉽게 무너지지 않는다. 돌과 돌 사이에 구멍이 숭숭 뚫려 있어 약하게 보인다. 그러나 이것은 돌덩이 사이를 치밀하게 막지 않고 일부러 구멍을 둔 것이다. 강풍 시 바람이 돌 틈으로 빠져나가 풍압을 덜 받게 함으로써 쉽게 무너지지 않게 했다. 밭담의 전면과 후면 사이에 풍압차를 줄임으로써 밭담이 안정감 있게 유지되도록 했다(송성대, 2001).

밭담은 기후적으로 풍해에 대응하기 위한 방풍 시설이면서도 다양한 기능을 수행했다. 경지에 산재한 돌들을 가장자리에 정리하여 토지 이용도를 증진시켰다. 잡석의 정리로 경지 면적도 넓어졌고, 심경 및 제초 등의 작업이 원활해졌다. 제주도에서는 우마의 방목이 널리 행해졌다. 밭담을 쌓음으로써 방목하는 우마의 침입을 방지하는 효과도 있었다. 경지 간 경계 역할을 하여 토지 분쟁을 방지하는 기능도 했다. 제주도 돌담은 모진 바람과 척박한 자연환경을 이겨낸 제주도 선인들의 삶의 지혜가 고스란히 담겨 있는 문화유산이다.

〈사진 3-3〉 방풍용 삼나무를 제거한 감귤원

(서귀포시 동홍동, 2004년 2월 촬영) 과도한 방풍림의 조성은 냉기류를 장시간 정체시켜 감귤에 동해를 입히므로, 최근에는 방풍림을 제거하는 모습을 많이 볼 수 있다.

제주도에서 밭갈이를 한 후 흙이 덩어리질 경우 '곰베'라는 농기구를 이용하여 잘게 부수고 파종했다. 그러나 바람이 강한 한경면 지역은 보리 씨앗을 파종할 때 곰베 작업을 하지 않았다. 흙덩어리를 파쇄하면 겨울철 북서계절풍에 의한 토양 침식으로 보리의 발아와 생육이 저하될 수 있기 때문이다. 한경면 지역의 해안가는 중산간지대에 비해 보름 정도 일찍 보리를 파종했다. 늦게 파종하면 맥아가 북서풍에 의한 피해를 입을 수 있기 때문이다. 일찍 파종하여 싹이 어느 정도 생장하고 뿌리를 내리면 동계의 풍해를 줄일 수 있다. 또한 북서풍이 강하게 내습하면 거친 파랑이 일며, 바람에 운반된 해수 입자에 의해 조풍해를 입을 수 있다. 일찍 보리를 파종하여 강한 북서풍이 불기 전에 어느 정도 생장해야 겨울철 강풍과 조풍해를 극복하는 데 유리했다.[4)]

오늘날도 방풍농법이 계승되어 감귤 과수원을 조성할 때 돌담을 축조하고 삼나무를 심어 풍해를 막고 있다. 그러나 과밀한 방풍림과 높은 돌담으로 밀폐된 과수원은 냉기류를 정체시켜 소규모의 냉기호(冷氣湖)를 만든다. 이로 인한 기온 저하는 감귤 작물에 악영향을 주어 냉해를 입히거나 과실 품질 및 생산성 저하의 원인으로 작용했다(이승호, 1995). 과도하게 밀폐된 과수원의 경우 높은 돌담을 제거하고 방풍림 하부의 가지치기를 병행하여 냉기류의 정체를 방지하는 것이 바람직하다(사진 3-3).

2) 한해 대응 농법

조선시대의 기후재해 중 한해는 풍해, 수해와 더불어 삼재를 구성하고 있다. 한해에 대응했던 제주도의 대표적인 전통농법은 밧볼림[답전(踏田)]농법이다. 밧볼림은 씨앗을 파종한 뒤 우마 등을 이용하여 땅을 단단히 진압(鎭壓)하는 농법이다. 제주도는 강수량이 많지만 기온도 높아 증발이 활발하다. 토지의 공극률이 높기 때문에 증발도 잘 되어 표토의 수분 함양에 불리하다. 그러므로 쉽게 가뭄이 들고, 농작물 파종 및 생육이 지연되었다. 태종 11년(1411) 제주목사는 밧볼림에 대해 조정에 치계를 올렸다.

> 곡식을 파종하는 자가 반드시 말과 소를 모아 그 땅을 밟아서 땅이 단단해진 뒤에 종자를 뿌리니, 공사(公私)의 소와 말이 이 때문에 피곤하고 피폐해지고 있습니다. 관가에서 이를 금하는 법령이 있으나, 몰래 목자와 짜고서 말을 병들게 합니다.[5]

---

4) 제보: 2007, 제주시 한경면 판포리, 고권수(75세)

5) 『태종실록』 22권, 태종 11년(1411) 7월 27일조.
"凡播穀者必聚馬牛 以踏其地 地必堅硬 然後播種 公私牛馬 因此困疲 公家雖有禁令 潛

〈사진 3-4〉 밧볼림 모습(홍정표, 1960년대)

(출처: 제주도(1996), 『제주 100년』) 조를 파종한 후 수십 마리의 말을 밭에 풀어 놓아 답전 작업을 하고 있다. 3명의 농부가 말을 몰면서 말이 밭을 말이 밭을 골고루 밟도록 유도하고 있다

이 기록을 통해 알 수 있듯이 밧볼림은 예로부터 전해 내려온 제주도의 전통적인 농법이다. 제주도 농민들은 밧볼림에 필요한 소나 말이 부족할 때 목마장에서 방목 중인 우마까지 몰래 빼내어 밧볼림 작업을 했다. 제주인들의 밧볼림으로 우마가 피폐해져 진상에 차질을 빚게 되자 조정은 이를 금하는 법령까지 만들었다. 당시 제주목사의 책무로 백성의 농사일보다 우마 관리가 더 중요했음을 엿볼 수 있다. 이형상의 『남환박물』을 보면 밧볼림농법에 대해 자세히 기술하고 있다.

토성이 바람에 잘 흩날리고 건조하기 때문에 경작하려면 반드시 우마로 밟아

與牧子通同 以致馬病"

> 주어야 한다. 밟아주지 않으면 파종하지 못하고, 거름을 하지 않으면 이삭이 나오지 않는다. 우마를 밭에 풀어 놓고 달리게 하여 밭을 짓밟는다. 이것을 답전(踏田)이라 한다.[6]

밧볼림은 조와 산디(밭벼), 피 등을 파종한 날에 했다. 조와 피의 종자는 가벼워 바람에 쉽게 흩날리고, 비가 오면 잘 휩쓸리며, 새나 짐승의 먹이가 될 수 있기 때문이다. 밧볼림을 하면 씨앗이 땅속에 묻혀서 가물어도 발아에 유리하고, 싹 튼 다음에 뿌리를 땅속에 단단히 내릴 수 있다. 제주도의 화산회토는 토성이 부석부석하고 입자가 크기 때문에 육지의 토양에 비해 수분 증발이 왕성하다. 이를 밧볼림하면 토양에 응집력이 생겨 땅이 단단해지면서 수분 증발이 억제된다. 또한 토양 입자간 공극을 좁게 함으로써 모세관 현상을 증진시켜 가뭄을 극복하는 데 유리했다.

밧볼림의 주목적은 가뭄에 대응하기 위한 것이지만, 강풍에 대비하는 데도 도움이 되었다. 파종 후 경지를 단단히 밟아주지 않으면 씨앗이 바람에 흩날릴 수 있다. 또한 씨앗이 발아하여 생장하는 동안 줄기가 바람에 흔들려서 곧게 자라지 못하고 뿌리가 약해진다. 제주도의 토양은 쉽게 건조해져서 강풍에 잘 날릴 수 있다. 밧볼림은 이러한 풍해에도 대응했던 농법인 것이다.

밧볼림은 농경지에 수십 필의 말떼를 밭 안에 몰아놓고, 농부가 뒤에서 말을 몰며 구석구석 밟도록 했다. 밧볼림 작업은 2~3명의 테우리[목자]들이 팀을 이루어 직업적으로 하기도 했고, 농부들끼리 서로 품앗이하기도 했다. 여러 사람이 밧볼림에 동원될 경우 한 사람은 대장격인 말을 이끌고, 다른 사람

---

6) 이형상, 『남환박물』.
"土性浮燥 墾田者 必驅牛馬以踏之 不踏則不播 不糞則不秀故 驅出牛馬 終日蹂躪 謂之踏田"

들은 뒤와 옆에서 다른 말들이 대오를 이탈하지 않도록 했다.

진압작업을 할 때는 〈밭 볼리는 소리〉 등 노동요를 부르면서 흥을 돋우었다. 대장격의 말을 밟기 원하는 곳으로 유도하면서 선창자가 선소리를 하면, 보조자들은 말떼의 뒤 혹은 옆에서 말을 몰면서 훗소리를 받는 형식으로 불렀다. 한두 마리의 마소밖에 없는 농부는 고삐를 길게 하여 사람을 중심으로 빙빙 돌게 했다. 차츰차츰 고삐를 조이며 반경을 줄여나가면서 골고루 밟도록 했다. 마소가 없을 경우는 가족이 동원되어 밭을 밟기도 했다.[7]

오늘날 밧볼림농법은 사라졌지만, 노인들은 그 경험이 풍부했다. 소나 말이 부족할 경우 진압 능률을 높이기 위해 '남테'를 사용했다. 남테는 둥근 나무토막에 굵은 나무 가지를 돌아가며 박아 붙여서 만든, 소나 말의 힘을 이용하여 굴려 밭을 진압했던 농기구이다. 남테와 비슷한 형태를 돌로 제작한 것을 '돌테'라고 하며 이를 이용하여 롤러처럼 굴려 경지를 단단하게 했다.

음력 정월 무렵에는 진압농법의 일종인 보리밟기가 행해졌다. 이때는 보리가 땅속에 있는 마디에서 가지가 나오는 분얼(分蘖) 직전으로 보리를 밟아주면 경엽에 상처가 생긴다. 이곳에서 수분 증산이 많아 건생적 생육을 하게 되고, 세포액의 농도가 높아져서 동해와 한해에 대한 대응력이 증대된다. 뿌리의 수근이 증가하여 넓고 깊게 뻗어 서릿발에 의한 들뜸과 한해, 동해를 막는 데 도움을 주었다. 보리밟기는 밤에 지온을 높여 생육을 도우며, 이삭을 충실하게 맺게 하고, 비와 바람에 쓰러지는 도복(倒伏)도 방지하였다(김희곤, 1978).

오늘날은 조, 산듸[山稻: 밭벼] 등 밧볼림이 필요한 작물 재배가 감소하고, 농가의 가축 사육이 급감하면서 밧볼림농법을 찾아보기 힘들다. 최근에는 지

---

7) 제보: 2007, 제주시 구좌읍 하도리, 손성추(78세) 외 다수.

〈사진 3-5〉 남테(상)와 돌테(하)

(제주민속촌, 돌문화공원, 2006년 4월 촬영) 나무로 만든 농기구인 '남테'와 돌로 만든 '돌테'를 이용하여 답전 작업이 행해지기도 했다.

하수를 개발하고 스프링클러 등 급수 시설을 설치하여 한해에 대응하고 있다. 또한 비닐 등으로 경지를 덮는 바닥덮기[멀칭(mulching)]가 행해지면서 한해에 대한 대응력이 향상되었다.

밧볼림 작업에는 복토[覆土: 흙덮기] 작업도 함께 행해졌다. 복토농법은 밭벼, 조, 메밀, 참깨 등의 씨앗을 파종한 후 '섬피'라는 농기구를 끌고 다니며 씨

〈사진 3-6〉 복토 작업

(제주시 구좌, 2007년 7월 촬영) 당근 씨앗을 파종한 후 '끄슬기'를 끌고 다니면서 복토 작업을 하고 있다. 복토 작업을 하면 가뭄을 덜 타고 씨앗의 발아와 작물의 생장에 유리하다.

앗이 흙 속에 잘 묻히게 하는 것이다. 섬피는 쥐똥나무, 느릅나무, 보리수나무, 소나무 등 길쭉한 나뭇가지를 부채 모양으로 엮은 농기구로 길이는 150cm 내외, 폭은 130cm 내외이다. 섬피는 지역에 따라 그 명칭이 다른데 김녕·한동 등지에서는 '끄슬기', 하효·대포 등지에서는 '선비', 조수에서는 '섬비', 창천에서는 '푸지게' 등으로 불렀다. 무게가 가벼워 복토가 잘 안될 때는 섬피에 돌을 얹어 사용하기도 했다.

섬피를 우마에 연결하여 축력을 이용하기도 했지만, 경지 규모가 작거나 우마 이용이 여의치 않을 경우 인력을 이용했다. 우마용 '섬피'는 사람이 끄는 섬피보다 크게 제작했다. 이랑을 따라서 끌지만 이랑을 가로질러서 끄는 방법도 있다.

〈사진 3-7〉 전통농법과 현대농업의 조화

(서귀포시 성산읍, 2006년 8월 촬영) 변형된 섬피로 두 농부가 복토 작업을 하고 있다. 트랙터로 밭을 갈고 두 여자는 각각 비료와 당근 씨앗을 뿌리고 있다.

섬피질을 하여 복토하면 씨앗이 흙 속에 잘 묻혀 한해를 덜 타고 바람에 흩날리거나 빗물에 휩쓸리는 것을 막을 수 있으며 새의 먹이가 되는 것을 방지할 수 있다. 또한 씨앗의 발아를 돕고 작물의 건실한 생장에 도움을 주었다. 섬피작업은 과거의 농법만이 아니라 오늘날도 행해지고 있는 농법이다. 〈사진 3-7〉을 보면 전통적인 복토 농법에서 사용했던 섬피를 현재도 변형된 모습으로 이용하고 있다. 부직포 양 끝에 각목을 매달고 줄을 연결하여 두 농부가 끌고 있다. 현대농업의 상징인 트랙터로 밭을 갈고, 두 여자는 각각 비료와 당근 씨앗을 뿌리고 있다. 전통농법과 현대농업이 조화롭게 공존하고 있음을 확인할 수 있다.

복토 작업을 하기 전에는 밭갈이를 했다. 밭에 물기가 많을 경우 '벙에(흙덩

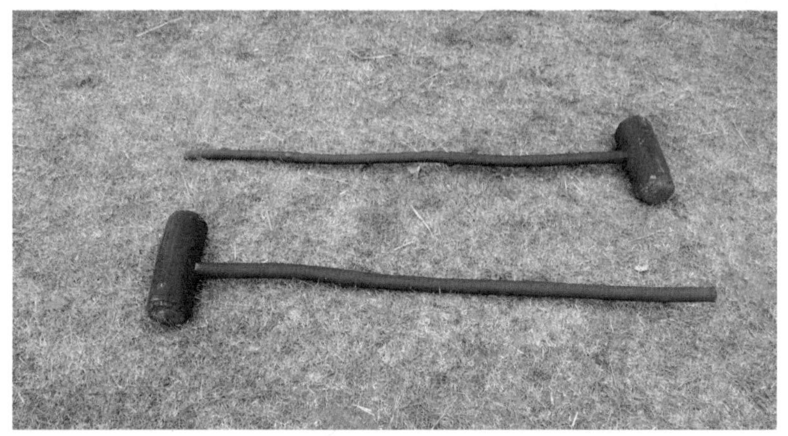

〈사진 3-8〉 곰베

(서귀포시 표선 제주민속촌, 2006년 4월 촬영) 밭을 갈 때 흙덩어리가 생기면 대형 망치처럼 생긴 '곰베'로 잘게 부수어 답전과 복토 작업을 쉽게 하도록 했다.

어리)'가 많이 생겨서 이를 잘게 부수어줘야 씨앗의 파종과 복토 작업이 수월하다. 흙덩어리에 물기가 빠지면 벙에 작업을 했는데, 이를 잘게 부술 때는 대형 망치처럼 생긴 '곰베'라는 농기구를 이용했다. 곰베는 가시나무나 느티나무 등 단단한 경목으로 만들었다. 원통형, 사각형 등이 있고 작업 용도에 따라 다양하다. 농민들은 곰베에 구멍을 내고 긴 자루를 끼워 사용했는데 그 길이는 약 1m 내외이다.

3) 폭우 대응 농법

제주도는 우리나라에서 최다우지를 이루고 있다. 집중호우로 인해 농경지가 침수되고 토양이 유실되는 등 폭우 피해가 빈번했다. 제주도는 순상화산체여서 섬 중앙의 한라산에서 해안지역으로 갈수록 고도가 완만하게 낮아진다. 폭우 시 경사 방향을 따라 흐르는 유수는 토양을 활발하게 침식시킨다. 토양

층은 지표에 존재하는 생물들의 근본적인 토대이다. 인간의 생활에 필요한 식량과 생활필수품을 제공해 주는 중요한 자연적 요소이다. 토양은 암석이 풍화와 함께 생물의 작용을 받아 흙으로 변한 것으로 1cm가 만들어지는 데 약 200년 정도의 세월이 필요하다. 제주도 지표의 대부분은 신생대 제4기 플라이스토세에 만들어졌기 때문에 토양층이 얇다.

폭우로 인한 표토의 침식은 농경에 치명적이고, 경지가 황폐화되어 버린다. 이에 대응하여 제주인들은 경사진 농경지에 '시둑[두둑]'을 축조하여 토양을 보호했다. 시둑은 계단식 경작의 하나로 경지 내에 등고선 방향으로 흙이나 돌로 둑을 쌓고 농경지의 흙이 씻겨 내려가지 않도록 하는 농법이다. 시둑을 축조하면 유속의 감소로 토양의 침식을 줄일 수 있다. 경사가 급할수록 시둑의 간격은 좁고, 완만할수록 넓다.

경작지 간 경계에 쌓은 밭담도 표토를 보호하는 좋은 시설이다. 밭담을 경계로 경작지 간에 약간의 고도 차이가 있는 경우가 많다. 상부의 밭담은 위로부터 내려오는 유수의 유속을 감소시켜 주고, 하부의 밭담은 유수에 의해 아래로 휩쓸려가는 흙들을 저지하여 토양 침식을 방지했다.

경사진 밭을 갈 때는 등고선 방향을 따라 가로로 밭을 갈았다. 경사 방향으로 밭을 갈면 고랑이 수로 역할을 하며 물살이 빨라져 토양 침식을 가속화시킬 수 있다. '가로밭갈기'는 유수의 속도를 감소시키고 토양의 유실도 막아 농경지를 보호하는 데 기여했다. 경사 방향으로 밭을 갈면 '경 밭갈앖당 비왕 끄서빌민 어떵허젠 햄서'라며 동네 사람들로부터 핀잔을 듣기도 했다.[8] '경사진 방향으로 밭을 갈았다가 빗물에 흙이 휩쓸려버리면 어떻게 하려고 그러느냐'는 충고가 담겨 있는 말이다.

8) 제보: 2007, 서귀포시 대포동, 김서복(74세) 외 다수.

〈사진 3-9〉 시둑 축조와 가로밭갈기

(제주시 조천읍, 2006년 5월 촬영) 등고선 방향을 따라 시둑을 축조하고, 밭을 갈아 토양 침식을 막고자 했다.

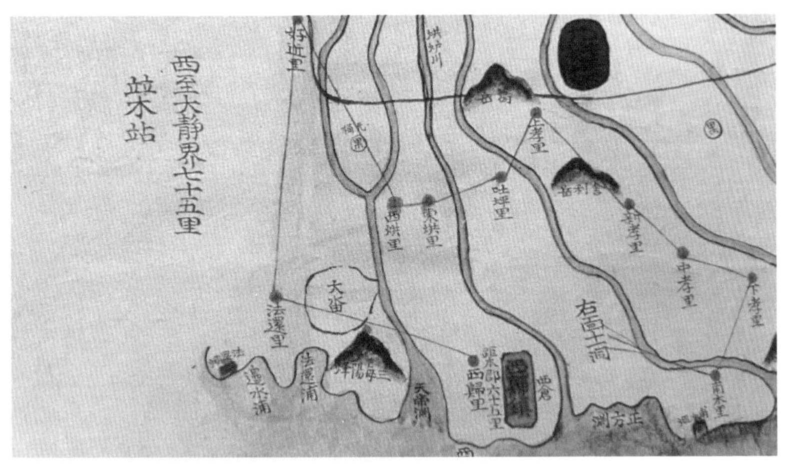

〈그림 3-3〉 고지도 속의 하논

(출처: 정의군지도, 1872) 삼매봉 뒤에 하논(大畓)이 있는데, 물은 천지연으로 흘러 들어가도록 배수시설을 했다. 지도의 천제연(天帝淵)은 천지연(天地淵)의 오기이다.

제주도는 한라산 방향에서 해안가로 경사가 이어져 유수가 바다로 잘 흘러간다. 또한 토양은 화산회토여서 물 빠짐이 양호하다. 그러나 저지대의 일부 농경지는 집중호우로 침수가 장시간 지속될 경우 작물이 죽어버리거나 생육이 불량해질 수 있다. 침수 피해가 자주 발생하는 곳에서는 배수로를 파서 물이 쉽게 빠지도록 했다. 그 대표적인 곳이 서귀포시 호근동에 있는 '하논'이다. 하논은 큰 비가 오면 상습적으로 침수되는 지역으로 토지이용은 배수 위주로 이루어졌다. 이 지역은 물이 풍부하여 예로부터 벼농사로 유명했다. 하논은 '한+논'에서 온 말로, '한'은 크다는 뜻인데 'ㄴ' 탈락하여 '하논'이 된 것이다(박용후, 1992). '큰 논이 있는 곳'이라는 의미이다. 하논은 「정의군지도」 등 여러 고지도에 '대답(大畓)'이라 표기되어 있다.

하논은 제주도에서 가장 큰 마르형 분화구로 장구한 세월동안 호수를 이루고 있었다. 조선시대에 지역 주민들이 화구를 둘러싸고 있는 화구륜의 일부를 허물어 물을 빼낸 다음 농경지로 개간했다. 가뭄이 들어야 풍년이 든다고 할 정도로 이곳은 사시사철 용수가 풍부했다.

4) 지력저하 대응 농법

제주도에서는 지력을 증진시키기 위해 정기적으로 휴경하는 농법이 행해졌으며, 이를 '쉬돌림'이라고 했다. 김성구의 『남천록』에는 쉬돌림 농법에 대해 다음과 같이 기록하고 있다.

> 제주도는 2, 3년을 연작하면 곡식이 여물지 않고, 또 새로운 밭을 개간하면 수년을 쉬게 한 후에 경작하여야 한다.9)

제주도는 화산회토가 대부분이어서 토지가 척박한 편이다. 또한 우리나라 최대의 다우지로 토양에 함유된 유기질이 과다한 용탈로 지력 소모가 심했다. 지력 소모를 완화시키고 빠르게 회복시키기 위하여 정기적인 휴경이 행해졌다. 제주도에 "땅을 못 견디게 하면 농사가 제대로 안 된다."는 속담이 있다. 매년 쉬지 않고 연작하면 땅의 기운이 빠져버려 곡식이 잘 여물지 못한다는 뜻이다. 몇 년에 한 번은 농지를 휴경해야 지력이 회복되어 농사가 잘된다는 것이다.

또한 '암쉐광 밧은 놀리민 놀린 깝 싯나(암소와 밭은 쉬게 하면 쉰 값을 한다)'란 속담이 있다. 암소는 매해 새끼 낳다 보면 허약해져서 좋은 새끼를 낳지 못한다. 밭도 마찬가지로 해마다 농사를 지으면 땅이 척박해져서 곡식이 잘되지 않는다. 제주도의 경지는 휴경기를 두지 않으면 생산성이 떨어지므로 욕심

---

9) 김성구, 『남천록』.
"本島 連耕二三年 則穀穗無實故 又墾新田 休力數年後更起之"

을 부려 해마다 농사지으면 오히려 손해라는 것이다. 땅이 휴식을 취하면 그 값을 한다는 것으로 쉬돌림농법의 중요성을 잘 표현하고 있다.

조선시대의 쉬돌림 방식에 관한 구체적인 기록이 없기 때문에 일제 강점기의 토지이용 조사 자료를 기초로 휴경의 형태를 추정해 볼 수 있다. 제주도청(濟州島廳, 1939)의 조사에 의하면 해안지대(해발 100m 이하)는 토지 이용도가 가장 높은 집약적 농업 지역으로 3년에 1~2회 정도 휴경하고 있다. 제주도는 1년에 2작이 가능하기 때문에, 3년에 4~5작이 이루어지고 있다. 매년 연작이 가능한 우등전(優等田)도 있지만 대부분 경지는 정기적으로 휴경을 하고 있음을 알 수 있다. 청대콩이나 헤아리벳치 같은 녹비를 재배하여 지력을 보

〈표 3-3〉 일제 강점기 토지이용 방식

지역	유형	1년차		2년차		3년차	
		여름	겨울	여름	겨울	여름	겨울
해안 지대	1	조	보리	조	보리	조	보리
	2	청대콩	보리	조	휴경	목화	보리
	3	목화	보리	조	헤아리벳치	목화	보리
	4	조	휴경	목화	보리	조	보리
	5	목화	보리	고구마	보리	조	완두
	6	고구마	보리	콩	보리	조	헤아리벳치
중산간 지대	1	조	휴경	고구마	보리	조	휴경
	2	밭벼	휴경	조	휴경	콩	휴경
	3	메밀	휴경	밭벼	휴경	고구마	보리
	4	휴경	보리	조	헤아리벳치	휴경	보리
	5	고구마	휴경	밭벼	휴경	콩	휴경
산간 지대	1	밭벼	휴경	휴경	보리	콩	휴경
	2	조	휴경	휴경	보리	조	휴경
	3	피	휴경	메밀	휴경	밭벼	휴경
	4	감자	휴경	휴경	휴경	메밀	휴경

※ 본 자료는 일제 강점기(1939)에 조사된 것임.
출처: 제주도청(1939).

충하는 방법도 사용하고 있다.

중산간지대(해발 100~200m)는 3년에 2~3회 정도 휴경했다. 대부분 휴경과 경작을 번갈아가며 토지가 이용되고 있다. 지력을 빠르게 회복하기 위해 녹비작물을 재배하기도 했다. 산간지대(해발 200m 이상)에서는 3년에 3~4회 정도 휴경이 이루어지고 있다. 산간지대의 토지 이용은 작물 재배보다도 휴경을 중심으로 이루어지고 있다. 해안지대에서 산간지대로 갈수록 작물 재배의 횟수가 줄어들고 휴경의 횟수가 늘어나고 있다.

15개의 토지이용 유형 중 매년 휴경 없이 연작이 가능한 유형은 2개에 불과하다. 일제강점기 때부터 근대적 농법이 보급되기 시작했는데, 1939년의 토지이용 방식을 기초로 조선시대의 쉬돌림 방식을 유추해 보면 휴경 횟수는 더욱 많았을 것이다.

성종 24년(1493) 기록에 따르면 "한 번 농사지은 다음에는 반드시 5년, 6년, 7년을 묵혀서 땅을 쉬게 하여야 경작해 먹을 수 있습니다"10)라고 했다. 한번 경작 후 5~7년간 장기휴경을 하고 있음을 알 수 있다. 제주도의 땅은 척박했기 때문에 그만큼 휴경이 중요했다.

작물 재배 방식은 윤작(輪作)을 기본으로 하고 있다. 제주도 속담에 "용시도 낫 바꾸멍 해사 헌다(농사도 낯을 바꾸면서 해야 한다)"는 말이 있다. 같은 땅에 한 작물만 계속 농사지으면 소출이 떨어지기 때문에 윤작(輪作)을 하는 것이 유리했다.

해안지대는 보리와 조, 중산간지대는 조, 밭벼, 메밀 중심의 윤작을 했다. 산간지대는 토지 이용이 가장 조방적인 지역으로 밭벼, 피, 메밀, 감자 등을 중심으로 윤작을 했다. 해안지대와 중산간지대는 지력을 빨리 회복하기 위해 녹비

---

10) 『성종실록』 281권, 성종 24年(1493) 8월 5일조.
"一耕之後須陳五, 六, 七年, 休其地力, 乃得耕食"

작물을 재배하기도 했다. 녹비작물로 청대콩은 1800년대 말부터 재배되었고, 헤아리벳치는 일제강점기 때 보급·장려되었다(제주도청, 1939).

송성대(2001)는 제주도의 전통적인 토지 이용 방식을 1년 2작 체계, 2년 3작 체계, 1년 1작 체계로 구분하고 있다. 1년 2작 체계로 갈수록 토지 이용이 집약적이고 단위면적당 토지 생산력도 높다. 1년 1작 체계로 갈수록 토지이용이 조방적이고 단위면적당 토지생산력이 낮다.

1년 2작 지역은 해안지대의 농가와 가까운 경지에서 이루어지는 작부 체계로 6월에 여름작물인 조를 심고 11월에 겨울작물인 보리를 심으면서 휴경 없이 경지를 이용하는 방식이다. 지력을 유지하기 위하여 돗거름, 인뇨, 해초 등을 거름으로 사용했다.

2년 3작 지역은 해안지대에서 주로 나타나는 작부 체계이고, 중산간지대의 우등전(優等田)에서도 나타난다. 조, 보리, 콩, 보리를 돌려지었다. 휴한기인 6~10월 사이에 재배한 콩은 녹비용이다. 콩이 자라면 베어 밭에 깔아두었다가 이를 갈아엎어 11월경에 보리농사를 지었다. 콩을 갈지 않고 휴한기를 둘 경우 돗거름에 보리 씨앗을 버무려 파종하기도 했다.

〈그림 3-4〉 전통 농지 이용 방식

출처: 송성대(2001).

1년 1작 지역은 해발 200m 이상의 지역에서 주로 나타나는 작부 체계로 조, 메밀, 산듸[밭벼] 등을 재배했다. 이 지역은 뜬땅이 분포하고 토심이 깊어 새[茅: 띠]가 잘 자란다. 새왓[새밭]을 개간하여 일정 기간 동안 작물을 재배한 후 지력이 소모되면 경작지를 이동했다가 지력이 회복되면 되돌아오는 순환식 이동경작을 주로 했다. 메밀-산듸-조 순으로 재배했으며 산듸가 중심 작물이었다. 조 재배가 끝나면 가축의 먹이로 이용되는 촐[꼴]을 재배하거나 초가집을 지을 때 이용하는 새를 재배했다. 촐은 3년, 새는 10년 정도 재배하며 휴경한 후 다시 개간했다. 식량 확보가 우선인 소농인 경우 산듸 대신 조를 선택했다. 조가 산듸보다 수확량이 많고, 제주도의 토질과 기후에 적응력이 뛰어나 위험 부담이 적은 안정적인 작물이기 때문이다. 해발 400m 이상 지역에서는 주로 조·피·팥 등을 재배하며 농사가 종료되면 경작지는 방치되었다.

〈표 3-4〉의 1909년부터 3년간 농산물의 평균 수확량을 보면 보리, 조, 두류(콩, 팥), 벼, 메밀, 고구마, 면화 순으로 많다. 보리와 조, 두류가 주식 작물임을 알 수 있다. 벼의 생산량에는 산듸(밭벼)도 포함되었다. 조선말에 제주도에 전래된 고구마는 빠른 속도로 확산되었고, 많이 재배되고 있음을 알 수 있다. 그 외의 작물은 수확량이 소량이라 기록에 없다.

'우영팟딘 놈삐 갈곡, 해벤밧딘 보리 갈곡, 드릇밧딘 산듸갈라(텃밭에는 무 갈고, 해변 밭에는 보리 갈고, 들에는 산듸[밭벼] 갈라).'는 말이 있다. 텃밭인 우영팟은 집 울타리 안에 있을 수도 있고, 울타리 밖에 있을 수도 있는데 집에서 가깝다. 무 같은 채소는 텃밭에 갈아야 비료 주기도 좋고 가꾸기도 좋다. 보리인 경우는 저지대인 해안가에 있는 밭이라야 해조류를 거름으로 사용할 수 있어서 풍작에 유리하다. 밭벼인 산듸는 높은 지대인 산야에 있는 밭이라야 가뭄도 덜 타고, 노동력도 적게 드는 이점이 있다. 적지적작을 강조하는 말이다. 중산간지대는 해발고도가 높기 때문에 해안지대보다 기온이 낮아 수분의

〈표 3-4〉 농산물 평균 수확량(1909~1911)

작물	수확량(근)	작물	수확량(근)
보리	99,602,000	팥	291,750
조	25,911,900	메밀	55,000
벼	645,000	고구마	37,450
콩	378,040	면화	8,333

※ 본 자료는 1909~1911년에 조사된 것임.
출처: 大野秋月(1911).

증발산량이 적다. 또한 지형의 영향을 받아 비도 더 많이 내려 산듸 재배에 유리하다. 해발고도가 더 높은 중산간지대의 초지대에서는 농사보다 우마의 방목이 행해졌다.

제주도의 전통농업을 보면, 과거 서양에서 정기적으로 휴경했던 삼포식 농업, 여러 작물을 윤작했던 윤재식 농업과 유사한 농법이 전개되었음을 알 수 있다. 또한 튀넨(V. Thünen)의 농업입지론에서 보는 것처럼 적지적작의 농업도 행해졌다. 다만, 시장가격과 운송비 차이에 의한 경제적인 작물 배치가 아니라 지역의 토질과 기후환경, 작물의 특성, 시비 관계 등을 고려한 적지적작의 토지이용을 전개함으로써 제주인들의 자연친화적인 지혜를 엿볼 수 있다.

제주도는 해안지대에서 산간지대로 갈수록 강수량이 많다. 〈그림 3-5〉는 한라산 북사면에서 해발고도에 따른 강수량 분포를 나타낸 것이다. 각 관측지점 해발고도는 제주 20m, 선흘 341m, 어리목 972m이다. 세 지점의 연평균강수량은 제주 1,447mm, 선흘 2,367mm, 어리목 2,503mm로 해발고도에 따라 증가하고 있다. 특히 여름철에 강수량의 차이가 심하다. 중산간지대와 산간지대의 많은 강수는 토양에 함유되어 있는 유기물질을 빠르게 용탈시켜 해안지대에 비해 지력 저하를 촉진시킨다.

해안지대로 갈수록 토지이용도가 높고, 산간지대로 갈수록 낮다. 해안지역

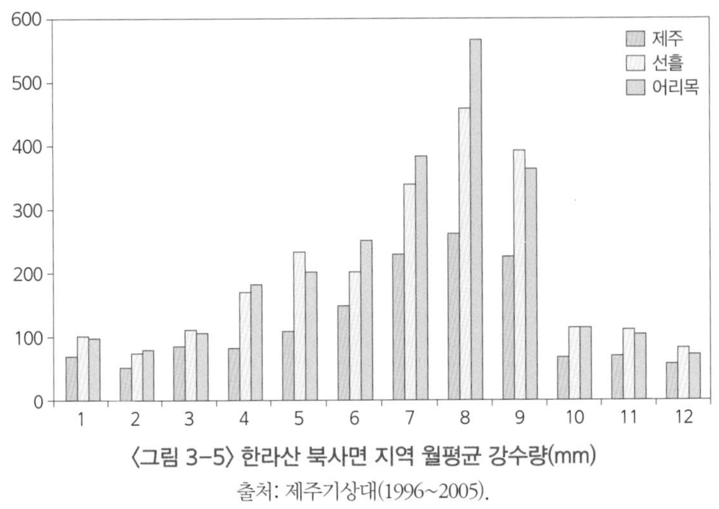

〈그림 3-5〉 한라산 북사면 지역 월평균 강수량(mm)

출처: 제주기상대(1996~2005).

은 상대적으로 비옥한 현무암 풍화토 '된땅'이 분포하고, 산간 지역은 토질이 떨어진 화산회토 '뜬땅'이 분포하기 때문이다. 또한 해안지역과 산간지역의 강수량 차이로 인한 지력 소모의 차이도 한 요인으로 작용하고 있다. 해안지대는 인가에 가깝고 해조류 시비에 유리하기 때문에 토지 이용에 유리한 측면이 있다.

휴경기에 우마를 빈 밭에 몰아넣어 그 분뇨로 유기질을 공급하여 빠르게 비옥도를 증진시키는 농법을 '바령'이라고 했다. 많은 비로 인한 과다한 용탈 현상은 유기질 결핍으로 이어질 수 있다. 이에 지력을 유지하고 농업 생산력을 확보하기 위해 정기적으로 휴경이 이루어졌고, 그 기간을 최소화하기 위해 '바령'이 행해졌다. 세종 때 고득종의 상소문을 보면 '바령'에 대한 기록이 나타난다.

> 농부들은 밭 가운데에 반드시 팔장이란 것을 만들어서 소를 기르고, 쇠똥을 채취하여 종자를 뿌린 뒤에는 반드시 소들을 모아다가 밭을 밟게 하여야 싹이

〈사진 3-10〉 바령 모습(홍정표, 1960년대)

(출처: 제주시(2000),『제주도 100년』) 말들을 휴경지에 몰아넣고 분뇨와 오줌을 배설하게 하여 유기질을 공급하고 있다.

> 살 수 있습니다. 소를 죄다 육지로 내보내라고 하여 제주의 백성들이 경농을 할 수 없습니다. 소를 육지로 내보내라는 명령을 정지시켜 백성들의 소망을 위안하게 하소서.[11]

바령농법은 목자로 하여금 소나 말을 낮에는 들판에서 풀을 뜯게 하고, 날이 저물면 휴경지 안에 몰아넣어 분뇨를 배설하게 했다. 우마분이 밭에 어느 정도 쌓이면 우마를 다른 밭으로 이동시켜 그 밭에 분뇨를 받도록 했다. 이건은『제주풍토기』에서 '바령'을 '분전지도(糞田之道)'라고 표현했으며,[12] 이형

---

11)『세종실록』45권, 세종 11년(1429) 8월 26일조.
"農夫於田內 必造八場 養牛取糞 播種後必聚牛踏田 令牛隻盡出陸 本州之民 無以耕農 請停牛隻出陸之令 以慰民望"

12) 이건,『제주풍토기』.
"日暮則驅入一田中 以聚其糞於其田中 及牛馬之糞遍滿田中 則移往他田 如是者自春至

상(1704)은 '팔양(八陽)'이라고 표현하고 있다.[13] 팔양은 '바령'의 차자표기이다.

'바령'은 봄부터 가을까지 행해졌다. 봄에 행해지는 바령을 '봄바령', 여름에는 '여름바령', 가을에는 '가을바령'으로 구분되었다. 봄바령은 겨울철에 휴경한 밭에서 이루어졌고 음력 3월부터 5월 말까지 행해졌다. 여름 바령은 음력 6월부터 8월까지 행해졌고, 가을바령은 음력 9월부터 11월까지 행해졌다(고광민, 2004).

'바령'을 한 후 밭을 갈아 곡식을 경작하면 지력이 좋아 농업 생산력이 증대되었다. 우마가 부족하여 바령을 할 능력이 없는 민가는 경지를 휴경하고, 중간에 밭을 갈아엎어 지력을 회복하게 하는 방법을 이용했다. 잉여 경지가 없을 경우에는 당장 먹을 식량을 확보하는 것이 중요하므로 휴경하기가 힘들었다. 연작하면 지력의 과다 소모로 결실과 수확이 불량했지만 최소한의 식량을 확보하기 위해 이를 감수할 수밖에 없었다. 빈농은 토지의 생산력을 확보하기 위해 돗거름, 풍태, 오줌 등 시비량을 늘렸고, 제초 작업 등 노동력을 더 투입하여 이를 해결했다.[14] 제주인들은 척박한 경지에 유기질 비료를 시비함으로써 지력을 보전하고, 양질의 농산물을 생산하려고 노력했다. 바령농법은 오늘날 유기농법으로 계승되고 있다.

돗거름[돼지거름]은 제주인들에게 중요한 천연비료였다. 보리짚과 잡초 등을 돗통[돼지우리]에 넣어 분뇨와 섞이게 하여 만든 돗거름은 제주도 농사에 최고의 거름으로 쳤다. 돗통에 보리짚을 넣고 돼지의 분뇨와 우수로 어느 정

秋 此其爲糞田之道也"

13) 이형상, 『남환박물』.

"囚其牛馬 於築場之內 晝夜糞田 爲之八陽"

14) 제보: 2007, 서귀포시 대포동, 김봉찬(80세).

〈사진 3-11〉 돗통과 돼지 사육

(서귀포시 제주도민속촌, 2017년 8월 촬영) 돼지우리는 돼지를 사육하면서 인분과 음식 찌꺼기를 처리하고, 돗거름과 돼지고기를 생산하는 공간이다.

도 썩으면 또다시 보리짚을 투입하여 썩게 만들었다. 우마 축사에서 나오는 덜 발효된 쇠거름도 돗통에 넣어 숙성시켰다. 여러 차례 넣기를 반복하여 발효시킨 후 숙성이 되면 퍼냈다. 돗거름을 퍼내는 시기는 주로 가을로 보리농사에 많이 이용했다.

돗거름과 관련된 돼지 사육에 관한 기록을 찾아보면, 『삼국지』 위지 동이전 주호편에 잘 나와 있다. "주호는 마한 서쪽 바다 한가운데 큰 섬에 있는데, 소와 돼지를 기르는 것을 좋아한다. 배에 타서 왕래하며, 한에 들어가 장사를 한다."15)고 했다. 주호는 제주도를 지칭하는 것으로 고대시대부터 제주인들은 소와 돼지를 많이 사육했음을 알 수 있다. 오오노 아키츠키[大野秋月: 1911]의 조사에 따르면 제주도에서 1909~1911년 3년간 연평균 사육 돼지수가 75,000두이다. 당시 제주도의 가구는 35,055호로 1가구당 2.1마리씩 돼지를

15) 진수, 『삼국지위지동이전』 한조 주호편.
"有州胡在馬韓之西海中大島上, 好養牛及豬, 乘船往來，市買韓中"

기르고 있는 셈이다.

돼지를 키우는 공간을 돗통[돼지우리]이라고 했다. 돼지는 집안의 음식 찌꺼기와 인분 등을 처리하여 집안의 환경을 청결케 하는 데 기여했다. 돼지고기는 훌륭한 단백질 공급원으로 기근으로 허약해진 제주인들의 건강을 회복시키는 데 기여했다. 또한 보리농사 등에 필요한 돗거름을 생산하여 농업 생산력 증대에 많은 도움을 주었다.

3. 기근 대응 활동

1) 구황작물 재배

이상기후로 재해가 발생하면 기근으로 이어지는 경우가 많았다. 제주도에서 기근이 발생하면 정부는 구휼곡을 보내는 등 기민을 구제하기 위해 노력했다. 그러나 험한 바다 때문에 곡물 수송이 수월치 않았고, 이전된 곡식의 양도 충분치 않았다. 제주인들은 자구책으로 평시에 곡식을 비축하면서 기근에 대비했다. 또한 재해로 실농했을 때 최소한의 식량을 확보하기 위해 구황작물을 재배하기도 했다.

제주인들이 구황작물로 많이 심었던 대표적 작물은 메밀이다. 메밀은 마디풀과에 속하는 일년초로 동아시아 북부 및 중앙아시아, 만주 등이 원산지이다. 폭우나 가뭄, 태풍 등으로 여름작물을 그르쳤을 때 메밀을 재배했다. 제주도 신화 중 메밀과 관련된 민담이 있다. 제주도의 농신인 자청비가 하늘 옥황에서 오곡 씨를 가지고 제주도 땅으로 내려와서 씨를 뿌리다 보니 씨앗 한 가

〈사진 3-12〉 메밀밭 전경

(제주시 구좌, 2007년 9월 촬영) 메밀은 생육기간이 짧고 기후 적응력이 뛰어나기 때문에 이상기후로 주작물을 그르쳤을 때 구황작물로 재배했다.

지를 잊어버린 것을 알았다. 다시 옥황에 올라가서 받아오고 보니 여름 파종 때가 이미 지나버렸다. 그래도 그 씨앗을 뿌리니 다른 곡식과 같이 가을에 거두어들였는데 이것이 바로 메밀이다(현용준, 1996).

메밀은 생육기간이 80일에 불과할 정도로 짧다. 생장이 매우 빨라서 먼저 재배한 작물이 흉작인 경우 구황작물로 심는 경우가 많았다. 메밀은 일조량이 적고 비교적 여름이 짧은 중산간지대에서 많이 재배했다. 입추 전후가 파종 적기지만 제주도에서는 백중 지나면 파종하였으며 처서 무렵까지도 가능했다. 서늘한 기후에 적합하여 제주도의 해안지대보다 중산간지대에서 많이 재배했다.

메밀은 버리는 것이 거의 없을 정도로 쓰임새가 많은 작물이다. 어릴 때는 나물로 식용 가능하고, 꽃피고 나면 뿌리만 잘라 죽을 쑤어 먹을 수 있다. 결실하면 이삭을 털고 도정하여 껍질은 베개 속, 줄기는 가축 사료로 이용했다. 메밀가루로 수제비, 묵, 빙떡, 범벅 등을 만들어 먹기도 했고, 간편하게 물에 타

서 허기진 배를 채우는 비상식량으로도 이용됐다.[1)]

피도 구황작물로 많이 재배했다. 피는 벼과에 속하는 1년생 작물로 거친 환경에서도 잘 자란다. 생육기간이 짧아 여름작물이 재해로 그르쳤을 때 재배하기도 했다. 환경 적응성이 뛰어나서 산지나 척박한 땅에서도 잘 자라며 토질을 별로 가리지 않는다. 조를 심을 수 없는 척박한 땅에는 피를 심었으며 비교적 토질이 나쁜 제주도 동부 중산간 마을에서 많이 심었다.

피는 식량으로 산듸나 조보다 못하다. 기운이 없거나 얼굴빛이 누런 사람을 보고 '피죽 먹었나?'라고 말하는 것도 이 때문이다. 그러나 피밥도 없어 피죽을 먹으며 기근을 견딜 때도 있었다. 특히 중산간 마을에서는 가을에 식량이 떨어지면 덜 익은 피 이삭을 따서 비상식량을 확보했다. 식량이 고갈된 산촌 사람들은 완전히 결실하지 않은 피 이삭을 따다가 정지나 마루에서 밤새도록 '피고리'에서 건조시켰다. 피고리는 네모진 대바구니인데 줄을 묶어 천장에 매달고, 그 밑에는 봉덕화로[돌화로]를 설치하여 불을 피우고 건조시켰다. 그 열기로 이삭을 몇 번 뒤엎으며 말린 다음, 둥그런 나무방망이인 '덩드렁막게'로 두드려서 알곡을 털어냈다. 피를 방아에 찧고 맷돌에 갈아서 밥, 죽, 범벅을 해먹으며 기근을 이겨내곤 했다. 피를 도정하다 나온 피 껍데기는 우마, 돼지의 사료로 사용되고, 피짚은 부드럽고 영양가가 높아서 겨울에 우마의 가축 사료로 사용했다.[2)]

콩은 1년생 초본식물로 중국의 만주가 원산지로 알려져 있고 그 종류가 다양하다. 콩은 뿌리혹박테리아가 있어서 강산성토양을 제외하면 토질을 잘 가리지 않아 적응범위가 넓고, 재배하기도 쉽다. 다른 여름작물과 혼작 및 윤작하거나 단작하면서 지력유지에 좋은 영향을 준다. 기후재해로 조가 실농되었

1) 제보: 2008, 서귀포시 표선면 성읍리, 정두욱(84세) 외 다수
2) 제보: 2008, 제주시 조천면 교래리, 고창규(74세) 외 다수

〈사진 3-13〉 피고리와 봉덕화로

(제주민속촌, 2017년 8월 촬영) 설익은 피 이삭을 베어다 천장에 매단 피고리에 넣고, 밑의 봉덕화로에 불을 떼어 서서히 건조시켰다.

을 때 구황작물로 재배되기도 했다. 콩은 단백질과 지방분이 많이 함유된 식품으로 가루로 만들어 가을부터 보리가 나오는 봄까지 채소와 함께 국을 끓이거나 죽을 쑤어 먹으면서 기근을 극복했다. 콩국은 영양가가 풍부한 음식으로 국만 먹어도 배가 부르고 영양이 보충될 정도로 기근을 견디는 데 좋은 식품이었다. 콩은 된장의 주원료이기도 하며 된장을 물에 타서 염분과 단백질을 보충하기도 했다. 제주도는 콩의 재배 조건에 알맞아 해안지대에서부터 산간지대까지 광범위하게 재배되었다. 5월 중·하순에 씨앗을 파종했으며 10월 상·중순에 수확했다.[3)]

제주도에서 많이 재배했던 구황작물 중 하나인 고구마는 1763년 조엄에 의해 우리나라에 전래되었다. 고구마가 제주도에 전해진 것은 순조 34년(1834) 목사 한응호에 의한 것으로 알려지고 있다. 김석익의 『탐라기년』에 의하면,

3) 제보: 2007, 제주시 구좌읍 행원리, 장군옥(90세) 외 다수

〈사진 3-14〉 태풍 통과 후 고구마 밭

(제주시 구좌, 2005년 9월 촬영) 태풍 '나비'가 통과한 직후 고구마 밭의 모습으로 주변의 다른 작물(벼, 콩, 조)에 비해 피해가 적었다.

한응호가 제주목사 재임 시 고구마를 구입하여 농가에 재배하도록 한 것이 재배 시초라고 했다. 그러나 제주도에 고구마가 전래된 것은 그보다 더 이른 것으로 추정된다. 정조 18년(1794) 호남위유사 서용보의 별단을 보면, 그 당시 우리나라 고구마 재배 모습과 제주도에 고구마 재배를 왕에게 건의했던 내용이 상세히 기록되어 있다.

> 양남 연해 지방에 감저(甘藷)라는 것이 있습니다. 조금만 심어도 수확이 많고, 농사에 지장을 주지 않으며, 가뭄이나 황충에도 재해를 입지 않고, 달고 맛있기가 오곡과 같으며, 힘을 들이는 만큼 보람이 있으므로 풍년이든 흉년이든 간에 이롭다고 했습니다. 제주도는 작은 섬이라 호령이 행해지기 쉬울 것이고 또 대마도와 마찬가지여서 토질에도 적합할 것입니다. 이렇게 잘 심으면 비

록 흉년을 당하더라도 배로 곡식을 실어 나르는 폐단을 제거할 수 있을 것입니다. 훗날을 위해 미리 대비하는 대책으로 이보다 더 나은 것은 없을 듯합니다.[4]

정조 재임 기간에 제주도에 기근이 연달아 발생했다. 특히 임을대기근(1792~1795) 기간에 혹독한 기근으로 많은 아사자가 발생했고 정부는 많은 양의 곡식을 이송하여 기민을 구제했다. 이때 서영보가 별단을 올려 정조에게 제주도의 기근을 해결하기 위한 방안으로 고구마의 재배를 청하고 있다.

고구마는 풍토에 대한 적응력이 뛰어나고 구황작물로 인기가 높아 제주도뿐만 아니라 한반도에서 널리 재배되었다. 아오야나기[青柳綱太郎, 1905]는 "제주도는 매년 여름, 가을의 환절기에는 태풍이 내습하기 때문에 농산물의 수확이 전무한 상태여서 그 참상을 보기에 딱할 지경이다. 그러나 고구마가 제주도에 재배되어 도민의 상식으로 널리 쓰이고 있다."고 했다. 태풍으로 타 작물은 심하게 손상되더라도 고구마는 그 피해가 적어 구황작물로 뛰어났고, 주식처럼 이용되면서 전도에 재배되었음을 알 수 있다. 고구마는 고온을 필요로 하는 농작물로 생육온도 범위는 15~38℃로, 30℃ 내외에서 생육이 왕성하다(농촌진흥청, 2006). 제주도는 7~9월의 최고기온 평균이 25℃를 상회하여 고구마 생장에 적합하다.

고구마는 재해에 강하고 풍흉의 차이가 적다. 지상부 줄기가 땅 표면을 덮고 자라므로 경사지에서 비바람에 의해 토양이 씻겨 내려가는 것을 방지하며,

4) 『정조실록』 41권, 정조 18년(1794) 12월 25일조.
"兩南沿海諸邑 有所謂甘藷者 盛言其少種而多收 不妨農功 旱蝗不能災 甘美如五穀 而功用配之 兼濟豐凶 至於濟州三邑 彈丸小島 號令易行 宜土又與對馬島一般 此而善種 雖當歉歲 庶或除船粟之弊矣 爲他日備豫之策,恐無過於此"

〈사진 3-15〉 조풍해가 발생한 벼

(제주시 구좌, 2005년 9월 촬영) 태풍 '나비'로 인해 결실 중인 벼 이삭과 잎이 조풍해를 입었다. 벼가 누렇게 된 것은 익어서가 아니라 조풍해로 고사한 것이다.

바람 피해가 거의 없고, 토양 수분증발을 막아 주어 가뭄의 피해가 다른 작물에 비해 적다. 또한 고구마는 단위면적당 부양가능 인구가 쌀보다 많고, 보리보다 약 3배의 인구를 부양할 수 있다(농촌진흥청, 2006). 따라서 고구마는 각종 이상기후에 견디는 적응력이 강하고, 인구 부양력이 높아 제주인들에게 환영받았다. 고구마는 겨울작물 수확이 끝난 후 장마 무렵에 심었다. 또한 토양 깊숙이 뿌리 내리고 지표를 따라 줄기로 뻗으며 자라기 때문에 태풍의 피해를 적게 받았다.

2005년 9월 태풍 '나비'가 제주도를 통과할 때 동부지역은 심한 조풍해를 입었다. 벼와 콩, 당근 등 많은 작물들은 조풍해로 고사했고 농사를 포기해야 했지만, 고구마는 그 피해가 매우 적었다. 고구마는 태풍 같은 이상기후에 적응력이 매우 뛰어난 작물임을 확인할 수 있었다.

2) 야생식물과 해산물 채집

"ᄉᆞ흘 굴무멍 놈이 집 담 안 넘는 ᄉᆞ름 어신다(사흘 굶고 남의 집 담 안 넘는 사람이 없다)"는 제주도 속담도 있듯이 기근은 무서운 것이다. 홍만선은 『산림경제』에서 "곡식이 잘 되지 못하는 것을 기(飢)라 했고, 채소가 잘 되지 못하는 것을 근(饉)"[5]이라 했다. 흉년으로 먹을 것이 모자라서 굶주림에 허덕이는 상태를 말하고 있는 것이다. 농사를 그르치게 되면 기근으로 이어졌다. 식량이 고갈되어 아사의 극한 상황에 도달하면 주민들은 원시적인 생존법에 의존할 수밖에 없었다. 산야와 바다에서 식용 가능한 것들은 채취하여 먹었다. 『조선왕조실록』과 『탐라기년』에는 '나뭇잎', '제주조릿대', '산열매' 등으로 기근에 대응했다는 기록들이 있다.

제주목사가 흉황 발생을 보고하자 조정에서는 구휼 방책에 대해 논의하는 중에 마침 장계를 가지고 간 제주인이 있었다. 왕은 내시를 통해 흉년 때 제주인들의 생활과 방책을 물어봤더니 나뭇잎을 따먹으며 견딘다고 대답했다.[6] 기근으로 식량이 고갈되면 산과 들판으로 나가 초근목피나 나뭇잎을 따먹으며 기근에 대응했음을 알 수 있다.

제주조릿대 열매를 따다가 죽이나 밥을 지어 먹으면서 기근에 견디었던 기록도 있다.

제주에 죽실(竹實)이 났다. 한라산에는 전부터 분죽(粉竹)이 숲을 이루고 있

---

5) 홍만선, 『산림경제』.
"穀不熟曰飢 菜不熟曰饉"

6) 『영조실록』 46권, 영조 13년(1737) 11월 7일조.
"濟州告凶 令備局預講賙救之策 時濟民有持啓來者 上使黃門問之 濟民揣知其意 以爲摘食木葉云"

〈사진 3-16〉 한라산 제주조릿대

(제주시 한라산, 2007년 11월 촬영) 한라산 산록지대에서 백록담 부근까지 넓게 분포하고 있다. 큰 가뭄이 들 때 꽃이 피고 열매를 맺기도 한다.

으며, 잎은 크고 줄기는 뾰족하여 노죽이라 했다. 씨를 맺지 않았으나 4월 이후로 온 산의 대나무가 갑자기 다 열매를 맺어 모양이 구맥(瞿麥: 패랭이꽃)과 같았다. 이때 제주도의 세 고을이 몹시 가물어 보리농사가 흉작이었으므로 백성들이 굶주림에 시달리고 있었다. 이것을 따서 진하게 쑨 죽을 만들어 먹고 살아난 자가 많았다.7)

한라산 고지대에는 벼과 식물인 제주조릿대가 많이 자생하고 있다. 제주조릿대는 60~70년에 한번 열매를 맺는다고 한다. 조릿대가 열매를 맺으면 그 이듬해에는 죽어버리는데, 원상으로 소생하는 데는 5~10년이 걸린다고 한

7)『경종실록』13권, 경종 3년(1723) 7월 4일조.
"濟州生竹實 漢拏山 舊有粉竹成藪 葉大莖尖 名曰蘆竹 自古無結子 四月以後 遍山之竹 忽皆結實 狀如瞿麥 時本島三邑亢旱 來牟失稔 民方阻飢 至是摘取 作饘粥食 而賴活者多"

다. 심한 가뭄으로 흉년이 들 때 열매를 맺는다는 전설이 있다(제주도민속자연사박물관, 1995). 조릿대 열매로 기근을 견디었다는 기록은 이밖에도 여러 차례 있다.

제주도의 해안저지대는 열대성 식물의 북한계를 이룬다. 또한 한라산 아고산지대와 고산지대는 한대성 식물의 남한계를 이룬다. 제주도는 열대성 식물과 한대성 식물의 점이지대인 것이다. 때문에 식물종이 다양하여 '식물의 보고'를 이루고 있으며 식용 가능한 열매와 풀들이 많다.

김성구의 『남천록』을 보면 "제주인들은 산에서 밤(栗)을 주어다가 아침저녁으로 먹으며 목숨을 연명하고 있다"[8]고 했다. 제주도는 밤이 많지 않기 때문에 이 표현은 한라산에 있는 상수리나무, 가시나무, 구실잣밤나무, 모람, 으름, 꾸지뽕나무, 산딸나무, 팽나무, 보리수나무 등 야생 열매를 통칭하는 것으로 보인다.

현종 11년(1670)에는 계정대기근이 발생하여 심각한 기아 상태에 빠졌다. 주민들은 산에 올라가 열매를 주워 먹으며 목숨을 겨우 유지했는데 산열매마저 다 떨어질 지경이었다. 들판의 나물과 풀뿌리마저 떨어져 생명보다 귀히 여기는 마소까지 잡아먹으며 배를 채우기도 했다. 어떤 자들은 국영목장의 마소를 훔쳐서 잡아먹는 일도 발생했다.[9] 이런 상황에서 한라산에 나무 열매를 구하러 갔다가 갑작스런 폭설로 주민들이 고립되어 91명이나 되는 많은 인명이 동사하는 사고가 발생하기도 했다.[10]

---

8) 김성구, 『남천록』.
"拾山栗 以延 朝夕之命"

9) 『현종실록』 19권, 현종 12년(1671) 1월 30일조.
"大小人民 上山拾木實 木實殆盡 下取野菜 草根已乏 殺牛馬以充腹 無賴之徒 處處結黨 公私牛馬 偸取屠殺 不知其幾 相食之患 迫在朝夕 愁慘之象 有不忍言"

10) 『현종실록』 19권, 현종 12년(1671) 2월 3일조.
"大風大雪 一時暴作, 積雪盈丈 飢民上山拾實者 未及歸巢 路塞凍死者九十一人"

기근이 발생하여 비축했던 식량이 고갈되면 산야에서 나는 풀들을 채취하여 소량의 잡곡과 혼합하여 죽을 쑤어 먹었다. 쑥, 비름, 냉이, 달래, 명아주 등 어린 순을 채취하여 이용했다. 풀을 솥에 넣고 거기에 보리, 메밀, 좁쌀 등 잡곡을 조금 넣어 죽을 쑤어 먹으며 기근을 견디어냈다. 잡곡 대신 콩가루, 메밀가루, 보릿가루 등을 넣기도 했다. 고사리, 양하, 갯방풍, 미나리 등 야생 식물을 캐어다 데쳐 먹거나 죽에 섞어 먹으면서 흉년이 지나가길 기다렸다.11)

제주도 속담에 "삼사월엔 ᄆᆞᆯ가죽도 버짝ᄒᆞᆫ다(삼사월엔 말가죽도 바짝 마른다)"는 속담이 있다. 삼사월에는 사람은 물론이고 말조차도 바싹 마른다는 것이다. 만물이 소생하는 봄이지만 춘궁기에 해당하여 먹고 사는 문제가 심각했다. 이때 구황음식으로 많이 먹었던 것이 '섯보리밥'이다. 성종 24년(1493)의 기록을 보면 섯보리밥에 대해 잘 기록되어 있다.

> 봄철에 곡식이 다할 때에 이르면 백성들이 굶주려서 얼굴빛이 짙게 검어서 사람 모양과 같지 아니합니다. 보리가 처음 패자 성숙하기를 기다리지 못하고 이삭을 뽑아다가 죽을 만들어 먹으나 얼굴빛은 여전합니다. 이는 오로지 토지가 척박한 소치로 그러한 것입니다.12)

보리 이삭 패는 시기가 되면 대부분의 집에서는 묵은 곡식이 고갈되어 식량 확보가 큰 걱정거리였다. 연례행사처럼 다가오는 보릿고개의 시작이다. 이삭에 여물이 들어서긴 했지만 설익은 보리를 제주도에서는 '섯보리'라 했다. 제

11) 제보: 2007, 제주시 한경면 판포리, 김봉조(93세) 외 다수

12)『성종실록』281권, 성종 24년(1493) 8月 5일조.
"至於春節乏穀之時, 黎民餓莩, 面色深黑, 不似人形, 兩麥始出, 不待成熟, 捋穗作粥啜之, 形色如舊, 專是土地瘠薄之致然也"

주 출신 고태필은 고향 제주도의 섯보리 구황음식을 잘 표현하고 있다. 춘궁기에는 지난해 가을에 수확하여 저장해 두었던 곡식이 바닥나 버린다. 이때쯤 제주인들의 형상은 굶주림에 지친 나머지 사람 몰골이 아니었다. 보리 익기를 기다리지 못하고 설익은 보리 이삭을 잘라 죽을 쑤어 먹으면서 기근에 대응했던 것이다.

노인들의 경험에 따르면 초록빛 보리 이삭을 따서 끓는 물에 나물 데치듯이 살짝 삶은 후 건져냈다. 이것을 손으로 비비면 푸른 보리쌀이 생겼다. 이렇게 덜 익은 보리쌀로 지은 밥을 '섯보리밥' 이라 하는데 보리를 수확하기 전에 먹었다. 섯보리 이삭을 불에 익힌 다음 손으로 비벼 껍질은 입으로 불어 날린 후 먹기도 했다.[13)]

제주도는 사면이 바다이기 때문에 해산물이 풍부하다. 연안의 각종 어류와 패류, 미역 등의 해산물은 주민들에게 보통 때도 좋은 식재료였지만 기근 시에는 좋은 구황식품이었다. 해조류 중 미역은 진상품으로도 유명했지만 구황식품으로도 이용되었다. 당시 관리들과 육지 사람들은 미역을 탐냈기 때문에 이를 채취하는 잠녀의 고역은 이루 말할 수 없었다. 이건은 『제주풍토기』에서 잠녀가 미역을 채취하는 모습을 잘 기록하고 있다.

> 미역을 캐는 여자를 잠녀라고 한다. 그들은 2월부터 5월까지 바다에 들어가서 미역을 채취한다. 그 미역을 캐낼 때에는 잠녀가 발가벗은 몸으로 낫을 갖고 바다에 떠다니며 바다 밑에 있는 미역을 캐고, 어부가 끌어 올린다. 남녀가 서로 어울려 작업하고 있으나 이를 부끄러이 생각하지 않는 것을 볼 때 놀라지 않을 수 없다. 전복을 잡을 때도 이와 같이 하는 것이다. 그들은 미역과 전복을

13) 제보: 2007, 제주시 구좌읍 월정리, 장군옥(90세) 외 다수

〈사진 3-17〉 우뭇가사리 채취 작업

(제주시 구좌, 2007년 5월 촬영) 썰물 때 조간대에서 우뭇가사리를 채취하고 있다. 건조시킨 우뭇가사리를 물에 넣어 끓이면 응고 물질이 나와 우무를 만들 수 있다.

> 잡아다가 관가의 역에 응하고 나머지를 팔아서 의식(衣食)을 하고 있다. 1년간의 작업으로도 그 역에 응하기가 부족하다. 만약 탐관이나 만나기라도 하면 잠녀는 거지가 되어 얻어먹으러 돌아다닌다고 한다.[14]

미역을 캐는 작업은 여자가 담당했는데 이를 '잠녀[潛女, 해녀]'라고 했다. 잠녀는 어부와 어울려 미역 채취 작업을 했다. 잠녀가 물속에 들어가 미역을 채취하면 어부가 이를 받아 끌어 올렸다. 선조의 손자로 제주도에 유배 왔던

14) 이건, 『제주풍토기』.
"採藿之女 謂之潛女 自二月以後 至五月以前 入海採藿 其採藿之時 則所謂潛女 赤身露體 遍滿海汀 持鎌浮海 倒入海底 採藿曳出 男女相雜 不以爲恥 所見可駭 生鰒之捉 亦如之 如是採取 應官家所徵之役 以其所餘 典賣 衣食 一年所業 不足以應其役 若値貪官 則所謂潛女輩 未有不丐乞者"

이건의 눈에는 이러한 모습이 괴이하게 보였다. 남녀유별의 유교사상에 젖어 있던 그는 잠녀가 반라의 상태로 어부와 함께 작업하는 모습을 상스럽게 여겼다. 잠녀의 역은 힘들어서 1년 내내 물질을 해도 관가에 낼 양을 채우기 힘들었다.

제주도에 기근이 들면 정부에서는 구휼곡을 보냈다. 그것은 무상지원이 아니라 유상지원이었다. 구휼곡을 먹고 살아남은 제주인들은 그 대가로 미역과 해산물을 채취하여 갚았다. 정부는 제주인들이 납부한 해산물과 특산물을 육지로 운반하여 판매한 후, 그 대금으로 구휼곡을 사들여 제주 전담 구제창에 비축해 두었다. 제주도에 기근이 다시 발생하면 저장해 두었던 곡식을 수송하여 제주인들을 구제했다.15)

우리나라 사람처럼 미역을 좋아하는 민족도 드물 것이다. 산후 조리에 미역국이 필히 등장했고, 미역냉국, 미역무침, 미역볶음, 미역쌈 등 그 음식이 다양하다. 채취한 미역은 상시에도 자주 먹었지만 기근 때도 구황식품으로 활용했다. 미역은 저조선 부근 조간대 하부의 바위나 여(礖)에 잘 자라며 주로 봄에 채취했다.16)

제주인들은 우뭇가사리도 구황 해조류로 널리 이용했다. 정약전의 『자산어보』에는 우뭇가사리를 물에 끓인 다음 식히면 얼음처럼 굳는다 하여 '해동초(海東草)'라고 기록되어 있다. 우뭇가사리는 제주도 연안 대부분 해역에서 잘 자라며 제주도 동쪽 해안에 가장 많았다. 특히 우도는 생산량과 품질에서 뛰

---

15)『승정원일기』 423책, 숙종 31년(1705) 2월 10일조.
"康津 海南等處 設倉儲穀 以備濟州移轉事 旣有所定奪 而兩邑之去濟州 水路之便順, 皆不如葛頭山 倉舍林木 亦難辦出云 自賑廳 爲先分付於下去別將 以其蟲損之木 造作倉舍 而穀物每每推移入送 似爲未易 上年濟州移轉穀中 數千石 使本 從民願 以魚藿代捧 出送于葛頭山 而換穀儲置 値凶歲輸送"

16) 제보: 2007, 제주시 구좌읍 행원리, 이순아 (86세) 외 다수

어났다(조선총독부농상공부편, 1910). 조간대의 암초에서 자라며 조류가 잘 흐르고 해수가 맑은 곳에 많다. 우뭇가사리는 주로 봄에 채취했다. 우무는 재해로 기아에 직면한 주민들에게 훌륭한 구황식품이었다. 우뭇가사리는 끈끈한 응고 물질이 있기 때문에 끓인 후 식히면 반투명체인 우무가 만들어지며, 굳어진 우무를 적당히 잘라서 먹기도 했고 채처럼 썰어 미숫가루나 콩가루와 섞어서 먹기도 했다.

제주도 해안에서 많이 생산되는 '톳'도 구황음식으로 이용했다. 톳은 조간대의 암초나 바위에 군락을 이루며 서식하는 해조류로 주민들은 평시 톳을 채취하여 건조시킨 후 찬거리로 이용했다. 재해로 인한 기근이 장기화되면 톳을 조나 보리 등 잡곡과 섞어 밥을 지어 먹었는데 이를 '톳밥'이라 했다. 톳에 보릿가루를 버무려 '범벅'을 만들어 먹기도 했다. 잡곡이나 곡식 가루가 없을 경우는 톳을 끓는 물에 넣어 부드럽게 익힌 후 된장을 넣어 국으로 만들어 먹기도 했다.[17]

해조류인 '너패'도 구황음식으로 활용했다. 너패를 이용하여 춘궁기나 기근 시 조와 보리 등 잡곡과 섞어 밥을 지어 먹었는데 이를 '너패밥'이라 했다. 너패는 조간대에서 잘 자라는 해조류로 주로 봄에 채취하여 말렸다가 이용했다. 곡식이 없을 경우 국으로 끓여 먹기도 했다.

제주도 연안 어디에든 몸[모자반]이 풍부하다. '몸국'은 몸과 돼지고기 육수를 이용하여 만든 음식으로 구황식품으로 널리 활용되었다. 오늘날도 관광객이 많이 찾는 향토음식으로 유명하다. 몸은 조간대 하부의 암반지대에서 잘 자란다. 쟁반처럼 생긴 뿌리로 바위에 단단하게 붙어 성장한다. 몸은 식용으로도 이용되었고, 농사지을 때 거름으로도 많이 활용되었다.

---

17) 제보: 2007, 제주시 한경면 고산리, 조수생(75세) 외 다수

3) 주민구호 활동과 조냥 생활

이상기후로 극심한 기근이 발생하면 정부에서 구휼에 나섰지만 당시의 제도와 경제력의 미비로 한계가 있었다. 제주인들이 기근으로 집단적 아사 상태에 직면해 있을 때 부호나 토착 관리가 사재를 털어 구제 사업을 펼치기도 했다. 이상기후로 인한 기근에 대응하여 지역 주민이 적극적으로 구호 활동을 펼쳤던 대표적인 시기가 '임을대기근(1792~1795)' 때이다. 4년간 대기근의 절정기는 '갑인년(1794)'이다. 갑인년과 관련된 속담이 지금도 주민들 사이에 많이 오르내린다. "갭인년 숭년에도 먹당 남은 게 물이여(갑인년 흉년에도 먹다가 남은 것이 물이다)"라는 속담이 전해진다. 갑인년 대기근 당시 많이 굶어 죽었는데 이때 굶주린 배를 물로 채우면서 기근에 견디었다. 식량 고갈로 극

〈사진 3-18〉 의녀반수 김만덕의인묘(醫女班首 金萬德義人墓)

(제주시 건입동, 2007년 6월 촬영) 임을대기근 때 제주의 여성 거상 김만덕은 전 재산을 내놓아 주민들을 구제했다. 제주시 사라봉에 그녀의 묘탑과 기념관을 만들어 기리고 있고, 매해 '만덕제'를 거행하고 있다.

한 상황에 처했던 제주인들은 차마 물이야 동이 나겠냐고 자위하면서 기근을 견뎌냈다. "갭인년에 콩 보까먹은 소리 허지말라(갑인년에 콩 볶아 먹은 소리 하지말라)"는 속담도 있다. 이때의 갑인년은 특정한 어느 시기를 지칭하지는 않는다. 무익한 과거의 일들을 꺼내어 이야기하면 이를 나무라는 뜻에서 하는 말이다. 1794년 갑인년은 제주인들에게 그만큼 강렬하게 각인되어 있다.

1794년은 봄부터 여름까지 강수가 적당하고 큰 바람이 없어 풍년이 예상되었다. 1792년부터 극심했던 기근이 어느 정도 해결될 기미를 보였다. 그러나 8월 27~28일에 태풍이 강타하여 제주도를 초토화시켰다. 농작물 피해가 극심했고, 조풍해로 말미암아 들판의 초목이 소금물에 절인 것처럼 말라죽었다.[18] 조정에서는 2만여 섬의 식량을 수차례에 걸쳐 수송했고, 구휼 사업은 다음 해까지 이어졌다. 1795년 윤 2월에 구휼곡을 실은 배 5척이 강풍으로 침몰하면서 구휼 사업에 차질을 빚었다. 구휼곡을 실어오던 선박이 풍랑에 침몰했다는 소식에 굶주림에 허덕이던 제주인들은 실의에 빠졌다. 1792년부터 계속된 가뭄으로 도내의 식량은 바닥이 동났다. 제주도의 여러 고을에서 아사자도 많이 발생하면서 죽음의 재앙이 온 섬을 뒤덮었다.

이때 제주도의 여성 거상이었던 김만덕은 사재를 털어 제주인들을 구제했다. 그는 평생 모은 전 재산을 동원하여 식량 구입 자금과 선원 및 선박을 마련하고, 육지로 건너가 곡물을 사오게 했다. 곡식을 살 돈과 배 삯을 받은 선원들은 육지의 연해 고을에 가서 닥치는 대로 곡물을 사고 10여 일 만에 만선이 되어 돌아왔다. 김만덕은 구입해 온 500석을 구호식량으로 기부하여 아사 직전의 제주인들을 구제하는 데 헌신했다.[19]

정부의 구휼곡 수송이 늦어져 애를 태우고 있을 때 김만덕의 기부는 제주인

18) 『정조실록』 41권, 정조 18년(1794) 9월 17일조.
19) 『정조실록』 46권, 정조 20년(1796) 11월 25일조.

들의 생명을 구하는 데 크게 기여했다. 제주인들은 김만덕의 선행을 칭찬하면서 생명의 은인으로 받들었다. 제주목사는 김만덕을 비롯하여 토착 관리 고한록, 홍삼필, 양성범의 구제사실을 조정에 보고했고, 정조는 이들에게 상을 내렸다.

제주인들은 흉년에 대비하여 근검절약하는 '조냥'을 생활화했고, 평상시에도 식량을 아껴 먹었다. 제주도에는 '누룽지 버리면 죄 짓는다'는 속담이 전해온다. 하찮은 누룽지라도 함부로 버리면 벌을 받는다는 뜻이다. 조냥은 이상기후 및 흉년에 항시 대비했던 제주인의 독특한 생활방식이었다.

제주인들의 조냥정신은 곡식 저장고인 '고팡(庫房)'에서 시작되었다. 곡식을 저장해 둔 큰 항아리 옆에는 작은 항아리 하나를 두었다. 밥을 짓기 위해 곡식을 퍼갈 때마다 한 줌씩 덜어 작은 항아리에 비축해 두었다. 언제 닥칠지 모르는 이상기후와 흉년에 대비하여 절량(絶糧)생활을 실천했던 것이다.

제주인들은 '고팡'을 큰구들(안방)에 접하여 배치했다. 비축해 둔 식량을 집안의 가장이 머무는 큰구들 가까운 곳에 둠으로써 안전하게 관리하려고 노력을 기울였다. 예기치 않은 기후재해로 흉년이 발생했을 때를 대비하여 식량관리에 만전을 기했던 것이다. 고팡은 주로 상방을 통하여 출입이 가능하게 했으며, 환기와 채광을 위한 작은 창문을 한두 개 내었다. 고팡의 배치는 기근대응 과정에서 식량을 안정적으로 관리할 필요성에서 기인한 가옥배치 구조였다.

제주인들은 고팡에 곡물을 지켜주는 신(神)인 '안칠성'을 모셨다. 집 밖 마당 뒤쪽에는 칠성눌을 두어 '밧칠성[바깥칠성]'을 모셨다. 칠성(七星)은 곡물을 수호하고 풍요를 가져다주는 뱀신이다. 김정의 『제주풍토록』을 보면 "풍속에 뱀을 신이라 해서 받든다. 이것을 보면 술(酒)을 주고 주문을 외우며 거룩

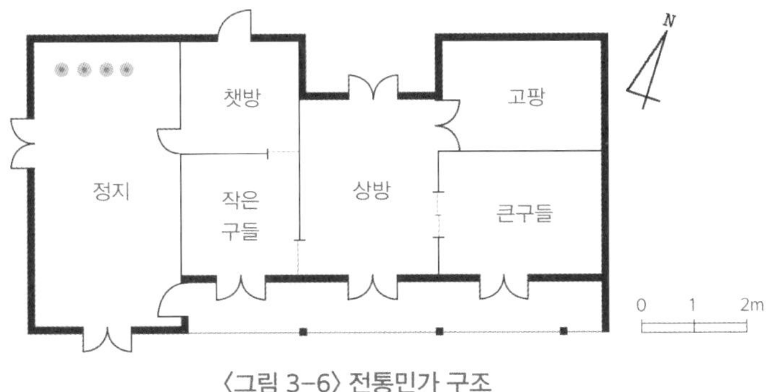

〈그림 3-6〉 전통민가 구조

(출처: 제주시 조천 부길득 가) 제주인들은 곡식 저장고인 '고팡'을 큰구들 가까이에 배치하여 식량 관리에 각별한 노력을 기울였다.

한 신으로 하여 쫓아내거나 죽이지 않는다."[20]고 했다. 김정이나 육지에서 내려온 사람들은 뱀[구렁이]을 모시는 사신(蛇神)신앙을 의아하게 여기고 있다.

고팡에 저장해 둔 곡식을 약탈해가는 최악의 침입자는 쥐(鼠)였다. 구렁이는 식량을 두고서 인간과 적대적 관계인 쥐를 잡아먹음으로써 고팡의 식량을 지켜주었다. 쥐의 천적인 고양이를 이용할 수도 있지만, 고양이는 인간의 식량을 빼어먹는 경쟁 관계이다. 인간이 먹을 식량도 모자라는 상황에서 고양이에게 먹거리를 나눠주면서 키우는 것은 부담스러웠을 것이다. 그러나 구렁이는 제주인들이 먹는 음식을 빼어먹지 않으면서도 쥐를 제압하고, 고팡의 식량을 지켜주는 고마운 존재였기에 신으로 모셨던 것이다. 송성대(2001)는 "제주도에서 구렁이야말로 저비용 고효율로 식량을 지킬 수 있는 최상의 이로운 동물"이라고 하고 있다.

이건은 『제주풍토기』에서 "8년의 유배 기간 동안 죽인 구렁이 숫자가 수백 마리이고 작은 뱀은 부지기수이지만, 앙화를 당하지 않고, 오히려 천은을 입

20) 김정, 『제주풍토록』.
"俗甚忌蛇 奉以爲神 見卽呪酒 不敢驅殺"

〈사진 3-19〉 칠성눌

(서귀포시 제주민속촌, 2017년 8월 촬영) 칠성은 뱀신으로 고팡에는 안칠성, 집 밖 한쪽에는 눌을 만들어 밧칠성을 모셨다.

어 유배에서 풀려나 생환했다"[21]고 기록했다. 성리학적 세계관에 젖어있던 당시 지배층들은 제주인들의 문화와 신앙을 이해하기 힘들었던 것 같다.

제주도 곳곳에 산재해 있는 방사탑(防邪塔)도 이상기후와 관련 있다. 방사탑은 마을의 안녕과 풍년을 염원하고 재해, 전염병, 화재 등 나쁜 액운이 마을로 들어오는 것을 막고자 설치한 것이다. 과거 제주인들을 괴롭혔던 재해는 대부분 이상기후에서 비롯되었다. 이상기후가 마을을 엄습하면 기근이 뒤따랐고 죽음의 공포가 드리웠다. 기근이 극심해지면 전염병도 기승을 부렸다. 전염병이 마을을 휩쓸고 지나가면 떼죽음으로 매장하지 못한 주검이 여기저기서 비바람을 맞으며 방치되었다. 화재도 기후 조건과 밀접하다. 가뭄이 길어지고 대기가 건조해지면 화재가 쉽게 발생한다. 이러한 나쁜 액을 막고자 마을 주변 허한 곳에 이것을 설치했다.

---

21) 이건, 『제주풍토기』.
"余在八年之間 所殺大蟒 無慮數百 小蛇則不可勝記 而未見其殃 終蒙天恩而生還"

〈사진 3-20〉 방사탑

(제주시 이호동, 2007년 1월 촬영) 방사탑은 재해와 나쁜 액이 마을로 들어오지 못하도록 마을 주변의 허한 곳에 세워졌다.

방사탑은 풍수지리에서 비롯되었다. 풍수지리는 장풍득수(藏風得水)에서 온 말이다. 인간에게 해로운 바람을 피하고 인간 생활에 필수적인 물을 구하는 데 이용된 조상들의 지혜이다. 제주도는 단조로운 지형 때문에 풍수로 봤을 때 길지의 조건을 갖추기 힘들었다. 제주인들은 풍수적으로 결함이 있는 땅을 보(補)하기 위해 방사탑을 만든 것이다.

방사탑은 최근에 불러진 명칭이고 '답[塔]', '거욱', '거욱대' 등으로 불렀다. 답은 마을 어느 곳이 허(虛)하거나 어느 방위에서 불길한 징조가 비친다면, 그러한 허한 곳을 보충해야 마을이 재난이나 재해가 발생하지 않고 평안하게 된다는 비보적 풍수에서 비롯된 것이다. 제주시 '골왓마을'을 비롯하여 도내 대부분 마을의 답들은 원통형으로 쌓아 올렸다. 일부 마을은 견고한 사다리꼴 모양의 성담 형태로 쌓기도 했다.

〈사진 3-21〉 돌하르방

(서귀포시 표선, 2006년 1월 촬영) 돌하르방은 재해를 막고 주민의 안녕을 지키기 위해 삼읍 성문 앞에 세운 것이다.

답의 꼭대기에는 새 또는 사람 모양의 돌이나 나무를 세워 재해와 액운이 마을로 들어오는 것을 감시하고 방어하도록 했다. 답 내부에는 방사용(防邪用)으로 솥, 밥주걱, 보습, 멍에 따위를 넣는다. 솥은 아무리 뜨거워도 불에 끄떡하지 않으니 어떤 무서운 재앙도 잘 견딘다는 것이다. 결국 제주도의 방사탑은 기후재해로 인해 발생할 수 있는 마을의 재앙과 손실을 막고 평화를 추구하는 제주인들의 공동체적 삶을 보여 주는 유산이다.

제주도의 돌하르방도 이상기후와 관련이 있다. '돌하르방'은 돌로 만든 할아버지라는 뜻으로 근래에 붙여진 이름이다. 과거에는 '우석목(우성목), 무성목, 옹중석, 돌영감, 영감, 수호석, 수문장, 돌부처' 등으로 불렀다.

돌하르방은 영조 30년(1754)에 제주목사 김몽규가 세웠다. 영조 연간에 기후재해로 흉년이 자주 들어 굶어 죽는 사람이 많이 발생했고, 전염병마저 번져 병사자가 많았다. 그중에는 원귀가 되어 살아 있는 자를 괴롭히는 경우도 있다고 생각하여 이를 막고자 세웠던 것이다. 돌하르방은 성의 입구에 쌍쌍이 마주하여 설치함으로써 성내 주민의 안녕과 평화를 지켜주는 수호신적 기능을 수행했다.

4. 해양 부문

1) 해양 환경과 해상 교통

(1) 해양 환경

제주도는 해안선의 길이가 약 303km에 달하고, 주변에 수심 100m 내외의 대륙붕이 넓게 펼쳐져 있다. 연해는 주로 용암류로 구성되어 있고, 이것이 해저 심부까지 길게 뻗어 있어 해조류와 어패류 서식에 유리한 환경을 제공하고 있다. 제주도 연근해는 난류의 영향으로 수온이 따뜻하여 해조류 번식과 생장에 유리하고, 어패류가 풍부하여 수산자원의 보고를 이루고 있다. 제주인은 육전(陸田)과 해전(海田)을 구분하지 않았다. 미역이 많이 나는 바다를 '미역밭', 자리돔이 많이 나는 바다를 '자리밭', 소라가 많이 나는 바다를 '구쟁기밭[소라밭]'이라고 했다.

제주도의 바다는 크게 갯곳, 걸바다, 펄바다의 3지대로 구분할 수 있다. '갯곳(갯가)'은 고조위와 저조위 사이의 조간대로 밀물 때 잠기고 썰물 때 드러나는 해역이다. 갯곳을 지나 해저가 암반이나 돌, 역질, 사질로 이루어진 곳이 걸바다이다. 걸바다를 지나면 '펄바다'이며 해저에 펄이나 모래가 퇴적되어 있는 깊은 바다이다. 펄바다는 제주도 주변 대륙붕의 대부분을 차지하는 해역이다(고광민, 2004).

갯곳에서 이루어지는 어로 시설 중에 '갯담'이 있다. 갯담은 만입을 이루고 있는 조간대인 '개'에 돌담을 쌓아 물고기를 잡는 시설로 '원(垣)'이라고도 했다. 갯담은 이상기후에 취약한 어로 시설로 강한 파도에 자주 허물어졌다. 태풍이나 강풍이 불 때 거센 해일과 파랑에 의해 파손되면 운영 주체들이 공동으로 개·보수했다. 갯담은 돌로 담을 쌓았기 때문에 많은 노동력이 필요하여 마을 주민이나 계원들이 공동으로 축조했다.[1)] 갯담의 길이는 대략 50~100m이고, 밑 부분은 거석으로 쌓았고 상부로 갈수록 작은 돌로 쌓았다. 파랑이 거

〈사진 3-22〉 전통 어로시설 갯담

(제주시 한림, 2008년 4월 촬영) 갯담은 만입을 이루고 있는 곳에 돌담을 쌓아 고기를 잡는 전통 어로시설로 '원'이라고도 한다.

세게 일 때 돌들이 쉽게 허물어지지 않도록 여러 겹으로 축조했다. 큰 돌 사이에는 작은 돌로 틈을 메워 단단하게 쌓았다. 갯담의 높이는 간조 시 드러날 정도이다.

제주도 주변 바다는 기상 변화가 심하고, 약간만 바람이 불어도 파랑이 거세다. 해저에는 용암류가 넓게 펼쳐져 있기 때문에 그물질이 불리했다. 그물을 드리웠다 갑작스런 풍랑으로 걷어 올리지 못하면 잃어버릴 수도 있다. 따라서 제주인들의 고기잡이는 위험부담이 적은 낚시가 주된 어법이었다. 제주도 연근해의 옥돔, 조기, 갈치, 돔 등은 낚시를 이용하여 잡았다. 고기를 낚을 때는 배를 이용해 연근해의 수심 30발(尋) 내지 80발의 바다에 이르러 감물들인 무명실로 만든 낚시 줄로 낚았다. 사리 때에는 조류가 강하여 배가 빨리 움직이기 때문에 낚시질이 힘들어 이 시기는 피했다. 강풍으로 고기잡이가 힘들 때에는 어구를 손질하거나 농사일을 했다.[2)]

제주도에서는 어로, 교역, 진상품의 수송 등 해상 활동 중에 태풍과 돌풍 등 이상기후로 해난 사고가 빈번했다. 잦은 해난 사고는 성비 불균형을 야기하여 심할 때는 여자가 남자의 3배나 되었다. 제주도 속담에 '딸 나면 돼지 잡아 잔치하고, 아들 나면 발길질로 차버린다'는 속담이 있다. 또한 '딸을 낳으면 우리를 섬길 자이고, 아들을 낳으면 우리 애가 아니고 고래의 밥이다.'라는 속담도 있다. 아들은 바다 일을 하다 언제 죽을지 모르는 운명이지만, 딸은 평생 의지할 수 있다. 때문에 딸을 낳으면 기뻐서 돼지를 잡고 잔치를 했다는 것이다. 이상기후로 인한 잦은 조난은 여다도의 형성에 큰 영향을 끼쳤음을 알 수 있다.

조선 조정은 제주도의 적은 인구 규모에 비해 역과 조세, 공납을 많이 부과했다. 우마, 귤, 약재, 옥돔, 전복, 미역, 목재, 열매, 산짐승 등의 진상 공물은

---

1) 제보: 2007, 서귀포시 대포동, 김서복(74세) 외 다수
2) 제보: 2007, 서귀포시 대포동, 변영호(78세) 외 다수

물론이고 지방 관아에 음식을 바치는 지공(支供)이 있었다. 또한 6고역이라 부르는 역이 있었다. 시기에 따라 다소 다르지만 목자역(牧子役), 답한역(畓漢役), 과직역(果直役), 포작역(鮑作役), 잠녀역(潛女役), 선격역(船格役)이 바로 그것이다. 관영 목장의 마소를 돌보는 목자역, 관과원의 귤나무를 키우고 돌보는 과직역, 제주도에서만 있는 관답(官畓)을 경작하는 답한역이 있다. 이것들도 힘들었지만 더 무섭고 가혹했던 역은 해상활동과 관련된 포작역, 잠녀역, 선격역이다. 바다에서 생산되는 진상품인 전복, 해삼, 미역, 옥돔 등을 생산하는 임무는 잠녀와 포작인들이 맡았다. 포작인[어부]은 관아 선박의 사공[선격]으로 차출되어 진상품을 수송하는 선격역도 맡는 등 고역의 연속이었다. 이들은 언제 익사할지 모르는 위험한 역이었다. 포작인 열 명이면 살아남는 자는 두세 명에 불과했다. 제주도는 여자가 많아 거지라도 첩을 거느렸지만 포작인은 홀아비가 많았다. 여자들은 혼자 사는 한이 있더라도 힘든 역을 평생 지고 사는 포작인과 결혼을 기피했던 것이다(김상헌, 1602). 포작인들은 이에 견디다 못하여 도외로 도망하는 일이 자주 발생했다.

거기에다 군역도 부담해야 했기 때문에 제주인들은 1인 다역을 겸하는 상황이었다. 60세 이상의 노인도 역을 면하기 어려웠다. 심지어는 어린아이도 역을 부담해야 했다. 남정이 모자라면 여자 역시 군역까지 져야 했다.

(2) 해상 교통

김정호의 『대동지지』에는 남해안과 제주도를 왕래하는 3개의 해로가 기록되어 있다. 나주에서 출발하여 무안 대굴포, 해남 어란양을 거쳐 추자도에 이르는 길이 있다. 해남에서 출발하여 삼촌포, 거요량, 삼내도를 거쳐 추자도에 이르는 길도 있다. 강진에서 출발하여 군영포, 삼내도를 지나 추자도에 이르는 길도 있다. 추자도를 경유하여 사서도, 대·소화탈도를 지나 조천관 및 애

월포에 정박했다.[3]

이 해로들은『고려사지리지』에도 기록되어 있고,『세종실록지리지』,『신증동국여지승람』 등의 여러 기록에도 나타나 있어 조선시대에 많이 이용되었던 해로임을 알 수 있다. 강진과 해남 해로가 주로 이용되었으며 나주 해로는 다른 항로에 비해 거리가 멀고 시간도 많이 걸렸기 때문에 공행 외에는 별로 이용되지 않았다. 그러나 조선 후기에 제주도의 기근을 구제하기 위해 영산포의 제민창을 활용하면서 나주 해로는 구휼곡 운송에 많이 이용되었다.

관리 및 진상선 등의 공행에 많이 이용되었던 남해안의 주요 출입항은 이진포, 남당포, 관두포이다. 제주도에서는 화북포와 조천포가 육지를 연결하는 주요 출입항이었고, 도근포, 애월포, 어등포, 산지포 등도 출입항으로 이용되었다. 남해안과 제주도를 왕래할 때 중간 목표지점으로 추자도를 설정하여 항해했다. 순풍을 만나면 해남, 영암, 강진에서 반나절이면 추자도 해역에 도착했다. 추자도 앞바다를 바로 통과하여 관탈섬을 지나 제주도의 조천포, 화북포로 입항했고 때로는 애월포, 도근포, 어등포로도 입항했다.

강진, 해남, 영암 삼읍은 윤번으로 도회관(都會官)을 정하여 각각 1년씩 돌아가면서 제주도를 출입하는 수령과 관리 및 감색[監色: 진상품 운반 감독 관리], 선격[船格: 뱃사공] 등을 접대하고 입출항에 따른 공무를 처리했다.

제주도의 진상선은 제주목사가 공물을 검사, 봉인한 후 제주를 출발하여 제주해협을 건넜다. 육지의 강진, 해남, 영암 중 그 해의 도회관에 입항하여 검사를 받은 후 서해안을 따라 북진하여 한강을 거슬러 올라가 한양에 도착했다.

3) 김정호,『대동지지』.
"凡入濟州者發羅州則歷務 安大掘浦靈岩火無只島瓦島海南於蘭梁巨要梁至楸子島 發海南則從三寸浦歷巨要梁三內島至楸子島 發康津則從軍營浦歷高子黃魚露島三內島至楸子島 由楸子過斜鼠島大小火脫島泊于涯月浦及朝天館風利則一日可泊"

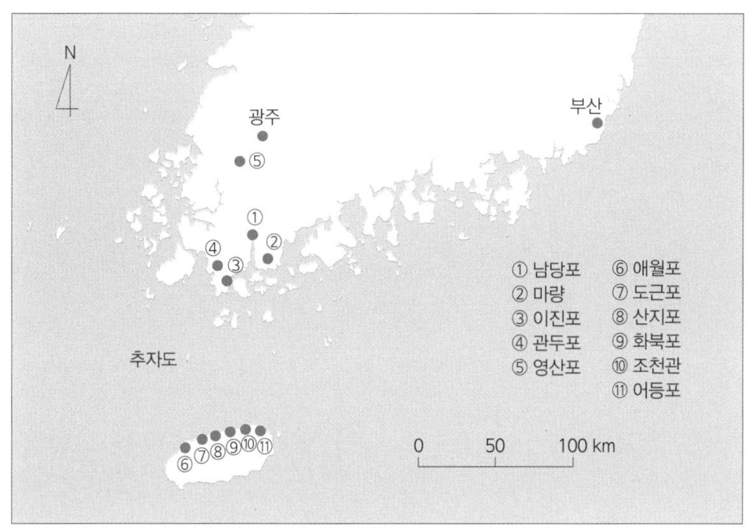

〈그림 3-7〉 제주도-남해안 주요 출입항

도회관에 하선한 후 육로를 따라 한양까지 운반되기도 했다. 세종 때 공물을 한양까지 해로로 운송하는 상황이 다음과 같이 기록되어 있다.

> ① 제주에서 공물을 운반하는 배가 매년 3척이 내왕한다. 한 척마다 영선천호 1명, 압령천호 1명, 두목 1명, 사관 4명이고, 격군은 큰 배에 43명, 중간 배에 37명, 작은 배에 34명이다. 생명을 물에 걸고 바다를 건너 내왕하니 논공할 만하다. 공물 배가 5차례를 무사하게 경강(京江)에 도착하면, 사관 이상은 각각 전직으로 인하여 해령으로 제수했다.[4]

---

4) 『세종실록』 29권, 세종 7년(1425) 7월 15일조.
"濟州貢船每年三隻來往 每一隻領船千戶一 押領千戶一 頭目一 射官四 格軍大船四十三名 中船三十七名 小船三十四名 寄命水上 涉海往還 亦可論功 請貢船五次無事到京江 其射官已上 各因前職 海領授職"

② 진헌(進獻)은 육로로 운반하는 것이 사실 가장 좋은 방법인데 연로의 각 읍에서 제때에 전달하지 않아서 매번 썩었다. 대체로 배로 운반하는 경우 다행히 순풍을 만나면 한 달 안에 도착할 수 있지만 혹 바람에 막히면 지체되어 썩는 것은 마찬가지였다. 그러나 백성들과 나라의 비용은 육지로 운반하는 것보다 훨씬 덜 들기 때문에 배로 운반하는 것으로 정했다. 배 두 척에 분배하면 비용이 800냥이다.[5)]

제주에서 한양까지 공물을 5회 무사고로 수송하면 품계를 올려주는 등 상을 내렸다. 육로로 운반하는 것이 안전한 방법이었지만 각 읍에서 제때 운반하지 않아 지체되어 썩어버리는 경우가 많았다. 노력과 비용 면에서 배를 이용하는 것이 유리했기 때문에 주로 해로를 이용하여 진상품을 수송했음을 알 수 있다.

육지에서 제주도로 오는 선박은 북풍이나 북서풍을 이용했고, 제주도에서 육지로 가는 배는 동풍, 남동풍, 남풍을 이용하는 것이 일반적이다. 제주의 동쪽인 조천관, 별도포[화북], 어등포[행원]는 동풍을 이용하여 육지로 나갔고, 남당포, 관두포에 다다랐다. 제주의 서쪽인 도근포[외도], 애월포에서는 서풍을 이용하여 육지로 나가면 관두포, 난포[영암] 등에 다다랐다. 풍향에 따라 출발지와 입항지가 달랐던 것이다. 순풍을 만나면 아침에 남해안과 제주도에서 각각 출발하여 저녁에 목적지인 제주도와 남해안에 도달할 수 있었다. 바람이 없거나 도중에 역풍을 만나면 아무리 뛰어난 배라도 제주해협을 건널 수

---

5) 『고종실록』 21권, 고종 21년(1884) 6월 27일조.
"進獻 陸運 誠爲萬全之策 而沿路各邑 不節替傳 每至腐傷 蓋船運則幸値利颷 可期一朔抵泊 設若阻風遲滯 腐傷則一也 而民國之冗費 大減於陸運 故定以船運 分排兩隻 則所費爲八百兩"

가 없었다.

파도는 남동풍에는 낮고 북서풍에는 높았다. 제주도로 들어갈 때는 조류를 따라 내려가는 것 같아서 배 가기가 쉬웠으나, 나올 때는 조류를 거스르게 되므로 배가 항해하는 데 힘들었다. 풍력을 이용한 조선시대의 제주도-육지간의 항해는 공간 거리보다도 풍향과 풍속이 중요하게 작용했다. 항해의 성패는 바람에 의해 좌우되었던 것이다.

제주해협을 횡단하는 항해의 중간 목표지는 추자도였다. 육지-제주도를 왕래하는 배는 추자도를 지나쳐 목적지로 갔다. 추자군도의 상추자에는 당포라는 포구가 있다. 당포는 북서풍을 등진 곳에 만입을 이루고 있어 바람을 피할 수 있는 천혜의 포구이다. 순풍이 불면 추자도에 기착하지 않고 곧바로 남해안으로 항해했지만, 출항 후 예기치 않은 강풍이나 역풍이 불면 회항하거나

〈사진 3-23〉 추자도 당포 전경

(제주시 추자, 2008년 4월 촬영) 추자면 대서리와 영흥리로 둘러싸인 당포는 북서풍을 등진 곳에 만입을 이루고 있어 역풍을 피하고 순풍을 기다리는 후풍처로 적격이다.

추자도에 피항했다.

제주해협에서 가장 파도와 물살이 거친 바다는 관탈도 일대이다. 추자도 북쪽에는 섬들이 많이 있기 때문에 폭풍이 불더라도 섬에 의지하여 정박할 수 있다. 그러나 추자도와 제주도 사이에는 배를 댈만한 섬이 없기 때문에 돌풍이 불면 자주 침몰하거나 표류했다.

추자도를 경계로 이북을 육지해라 했다. 바다 물빛이 혼탁하고 파도가 높지 않은 특성을 보였다. 추자 이남은 제주해라 했으며 바다 물빛이 짙게 푸르고 바람이 없어도 파도가 거칠었다. 제주와 남해안 사이의 바다는 하나이지만 바다의 성질이 추자도를 경계로 서로 달랐던 것이다.

대한제국 시대에 근대적인 기선 항로가 개설되었다. 1895년 6월 16일 관보에 일본 우선회사 준하호(駿河號)의 제주도 및 우리나라 연안항로와 항구 간 정기항로가 〈표 3-5〉처럼 고시되어 있다.

항로는 인천을 출발하여 군산→목포→제주→좌수영(여수)을 거쳐 부산에 도착하는 남동항로가 있었고, 부산을 출발하여 좌수영(여수)→제주→목포→군산을 거쳐 인천에 이르는 서북항로가 있다. 제주는 종착지가 아니고 인천과 부산으로 가는 중간 기착지였다. 제주에서 뱃길로 목포와 좌수영(여

〈표 3-5〉 준하호 항해 정기항로

항구	인천 발	군산	목포	제주	좌수영	부산 착
날짜	6월 25일 7월 17일 8월 8일	6월 26일 7월 18일 8월 9일	6월 27일 7월 19일 8월 10일	6월 28일 7월 20일 8월 11일	6월 29일 7월 21일 8월 12일	7월 1일 7월 22일 8월 13일
항구	부산 발	좌수영	제주	목포	군산	인천 착
날짜	7월 2일 7월 23일 8월 14일	7월 3일 7월 24일 8월 15일	7월 4일 7월 25일 8월 16일	7월 5일 7월 26일 8월 17일	7월 7일 7월 28일 8월 19일	7월 8일 7월 29일 8월 20일

출처: 대한제국관보(1895. 6. 16.)

수)까지는 1일 소요되었고, 군산과 부산, 인천은 다른 기착지를 경유해서 운항했기 때문에 2~3일 소요되었다. 기선은 증기기관을 이용한 근대적 선박이기 때문에 바람을 이용한 범선과는 달리 정기운항이 가능했던 것이다.

2) 해난사고

(1) 해난사고 현황

조선은 제주도를 중앙통치 조직에 완전 편입시켜 제주인들의 해상 활동을 통제했다. 조정에서 필요로 하는 진상품의 공급지로 부각되면서 진공선의 출입이 빈번했다. 중앙에서 파견된 관리의 출입도 잦았고, 절해고도라는 위치 특성 때문에 특급 유형지로 활용되면서 유배인들의 유입도 많았다. 제주도를 출입하는 과정에서 예기치 않은 태풍과 폭풍을 만나 수많은 표류인이 발생했다. 또한 제주도 연해에서 어로 작업을 하거나 주변 지역과 교역 활동을 하던 제주인들도 빈번하게 해난사고를 당했다.

『조선왕조실록』 및 『비변사등록』, 『탐라기년』 등을 분석해 보면, 조선시대에 제주인들과 제주도 기점 왕래자들의 해난사고 기록 건수는 총 152건이다. 그중 18세기에 58건으로 가장 많았고, 15세기 31건, 19세기 26건, 16세기 23건, 17세기 14건 순이다. 17세기는 제주도에서 이상기후가 가장 빈번했던 시기임에도 불구하고 해난사고 기록 건수는 가장 적다.

17세기에 해난사고가 적었던 것은 해양활동이 위축되었기 때문으로 보인다. 정부의 가혹한 수탈과 빈번한 기근으로 민생이 어려워지자 제주인들은 대거 육지와 주변국으로 도망갔다. 정부에서는 이를 막고자 1629년에 제주인들이 도외 출륙과 해상활동을 통제하는 '출륙금지령'을 내렸다. 정부의 통제에도 불구하고 해상활동에 나섰다가 이상기후를 만나 타지에 표류하면 출신지를 육지 지역으로 사칭하는 관습까지 생겼다. 송환 후에 국법을 어긴 처벌을 받을까 두려워서 제주인임을 숨겼기 때문이다.

더구나 출륙금지령이 내려지기 18년 전인 광해 3년(1611)에 안남왕세자 등 수백 명을 태운 상선이 구풍(颶風)에 떠밀려 제주읍성 죽서루 밑에 표도했던 적이 있다. 제주목사와 판관은 그 배의 재화가 탐나서 그들을 살해하고 빼앗아 버렸다.[6] 이 사건으로 탐라[제주]에 표류하면 죽여 버린다는 소문이 주변국 사람들에게 퍼져 버렸다. 그로 인해 제주인들은 타지에 표류하면 그 보복을 받을까봐 출신지를 속이는 일도 발생했다(정운경, 『탐라견문록』; 장한철, 『표해록』).

이러한 연유로 17세기에 해난사고의 기록이 감소했던 것으로 보인다. 18세기에도 출륙금지령은 계속 유지되었지만, 세월이 지남에 따라 17세기에 비해 정부의 통제가 느슨해졌다. 해상활동도 점차 활발해지면서 해난사고가 증가했다. 제주도 연근해에서 해난 사고의 대표적 사례를 보면 다음과 같다.

> 1640년에는 진공선 5척이 바람을 만나 난파되었는데, 물에 빠져 죽은 자가 100여 명이나 되었다. 왕은 그들의 처자들을 구휼하게 하고, 배에 실었던 공물을 모두 탕감해 주었다.[7]

인조 18년에 진상품을 실은 선박 5척이 육지로 가다가 돌풍을 만나 침몰했다. 이때 물에 빠져 죽은 사람이 100여 명이나 되었다. 17세기 이상기후의 위력을 엿볼 수 있는 대형 해난 사고였다. 인조는 그 가족들에게 구휼을 베풀었

---

6) 김석익, 『탐라기년』; 『광해군일기』 50권, 광해 4년(1612) 2월 10일조.

7) 『인조실록』 40권, 인조 18년(1640) 2월 3일조.
"濟州進貢舡五艘 遭風敗沒 渰死者百餘人 上聞之 令本道優恤其妻子 所載貢物 竝許蕩滌"

고 침몰된 공물은 모두 탕감해 주었다.

제주도 인근 해역에서 이상기후로 표류하다 주변국에 도착하여 극적으로 돌아오는 사례가 많았다. 『조선왕조실록』, 『탐라기년』, 『비변사등록』 등을 바탕으로 귀환 건수를 분석해 보면 총 63건이다. 그중 중국에서의 귀환이 31건으로 가장 많고, 일본에서 22건, 유구[琉球: 오키나와]에서 9건, 안남[安南: 베트남]에서 1건이다. 이를 비율로 보면, 중국에서 귀환은 49%로 절반 가까이 차지하고 있고, 일본에서 35%, 유구에서 14%이다.

제주도는 중국·일본·한반도를 연결하는 해상 교통로의 중앙에 위치해 있고, 태풍의 길목에 있다. 한라산은 대양 상에 높이 솟아 있기 때문에 원거리에서 관측할 수 있는 인지거리가 길다. 제주 주변 해역에서 표류하던 사람들은 멀리서 한라산이 보이면 제주도를 향해 배를 몰았을 것이다.

『조선왕조실록』, 『탐라기년』, 『비변사등록』, 『승정원일기』 등의 기록에 따르면, 외국인이 제주도에 표착한 기록은 총 99건이다. 19세기에 37건으로 가장 많고, 18세기에 29건, 17세기에 19건, 15세기에 7건, 16세기에 7건이다. 표착한 외국인을 국적별로 보면 중국인이 53건으로 가장 많고 일본인 21건, 유구인 14건, 유럽인 3건, 안남인 1건, 여송인[呂宋: 필리핀] 1건이며 국적 불명은 6건이다. 외국인의 표착 건수를 비율을 보면, 중국인이 54%로 가장 많고, 일본인 21%, 유구인 14%이다. 외국인들은 제주도 근해를 통과하다 태풍이나 폭풍을 만나 제주도에 표착한 경우가 대부분이다.

(2) 바람과 표류

제주도는 육지와 단절된 닫힌 공간이라기보다 바다를 통해 세계로 뻗어나갈 수 있는 열린 공간이다. 특히 동북아시아 해상 교통로의 중앙에 위치해 있기 때문에 제주인들은 일찍부터 해양으로 진출했고, 또한 외지인들도 제주도 주변을 자주 통과했다. 그런 과정에서 제주도를 중심으로 표류 사건이 빈번하게 발생했다.

제주도 해역을 항해하던 중 뜻하지 않은 사고와 급변한 이상기후로 표류하는 사례가 빈번했다. 제주도를 기점으로 하는 표류인은 제주도를 출항하여 항해 및 조업 중에 폭풍이나 역풍을 만나 타지에 표류했다가 돌아온 사람이다. 외지를 기점으로 제주도 주변 해역을 통과하다 표착한 외국인들은 조선 조정의 지시에 따라 처리되었다. 표류인들을 송환할 때는 일정한 루트가 있었다. 즉 조선·중국·일본 간에는 표류인 송환체제가 작동하고 있었다. 조선과 중국 간에는 기본적으로 육로를 통한 송환 체제가 성립되어 양국을 왕래하는 사신편에 송환되었다. 조선과 일본 간에는 대마도를 통해 송환되었다. 표류한 조선인이나 일본인을 대마도로 이송하면 대마도주가 각국으로 송환하는 업무를 수행했다.

일본인이 제주도에 표착할 경우 가급적 해로를 이용해 대마도로 보냈다. 한

〈사진 3-24〉 화북포 전경

(제주시 화북동, 2017년 8월 촬영) 조선시대 조천관과 더불어 제주의 주요 관문으로, 진상선과 관리들의 출입이 잦았다.

반도의 내륙을 통과하면 국가 정보가 유출될 것을 우려했기 때문이다. 유구인들은 본인들의 소원에 따라 중국이나 일본을 경유하여 송환했다. 유구인들은 일본을 경유하여 송환되기보다 중국으로 가서 자국의 상인이나 사신 편에 귀환하는 경로를 선호했다. 표류인들이 탔던 선박이 양호할 경우에는 문정(問情)을 받고 난 후 해당 국가의 지시에 따라 선박과 함께 해로로 송환되기도 했다. 표류인들은 표착지 주민들에게 약탈의 대상이 되어 해를 입기도 했고, 양국 간의 관계가 악화되면 송환되지 못하는 경우도 있었다.

제주도를 출항하여 타지로 가는 도중 예기치 못한 폭풍과 역풍으로 표류하다가 타국에 구사일생으로 표착하여 돌아온 사례들이 비일비재하다. 그중 중국에 표류했다가 돌아온 대표적인 사례가 최부 일행이다.

최부 일행이 화북포를 출항한 날은 1488년 윤정월 3일이다. 이때는 제주도에 강풍과 추위를 가져왔던 시베리아 고기압이 서서히 약화될 때이다. 늦겨울이나 봄에는 시베리아 고기압이 화북지방에서 이동성 고기압으로 자주 변질된다. 변질된 기단이 편서풍을 타고 우리나라 북쪽을 통과하여 동진하게 되면 제주도에는 북동풍이 불어오곤 한다. 약해지던 시베리아 고기압이 일시적으로 강해지면서 겨울 못지않은 꽃샘추위가 기승을 부리기도 한다. 또한 이 시기는 이동성 저기압이 제주도 주변을 자주 통과하면서 폭풍우가 몰아치기도 한다.

당시 제주인들은 이를 경험적으로 잘 인식하고 있었기에 이 무렵을 '영등절'이라 하여 배를 띄우는 것을 삼갔다. 영등절은 음력 2월 초하루부터 보름까지로 돌풍이 많고 일기변화가 심하다. 한겨울은 북서풍이 지속적으로 불어와 날씨를 예측하기 쉽지만, 영등절에는 바람과 날씨가 어떻게 변할지 예측하기가 힘든 시기이다. 최부가 출발한 날은 윤정월 3일로 윤1월이지만 윤달이라서 한 달 더하면 2월이나 마찬가지다. 영등절 무렵에 배를 띄웠다가 표류했던 것

〈사진 3-25〉 최부가 들렀던 자금성

(중국 북경, 2005년 1월 촬영) 최부는 1488년 윤정월 17일에 중국 임해현에 표착하고, 영파·소흥·항주·소주·양주·산동·천진 등을 거쳐 북경에 도착한 후 자금성에 들어가서 명 효종을 알현했다.

이다.

제주도에서 육지로 나갈 때는 보통 동풍이나 남풍을 이용했다. 영등절임에도 불구하고 때마침 동풍이 불자 경차관 최부는 배를 띄우도록 명령했다. 부친상을 당한 급한 마음에 출항했다가 변을 당한 것이다. 풍세를 볼 줄 아는 제주인들은 출항을 적극 만류했다. 최부의 15일간 표류 중에도 풍향은 자주 바뀌었다. 그 만큼 이 시기의 날씨는 변화가 심했다.

최부는 동풍에 의지하여 3일 화북포를 출항했고, 추자도 근해에서 강한 북동풍을 만나 표류하기 시작했다. 4일은 흑산도 남쪽을 통과하여 서쪽으로 표류했다. 7일에는 바다 색깔이 하얀 해역에 닿았는데 북풍으로 바람이 바뀌면서 강풍에 남쪽으로 표류했다. 8일은 북서풍을 만나 남동쪽으로 떠내려갔다. 9일에는 멀리서 섬이 나타나고 인가가 어렴풋이 보여 유구국이라 생각하고 상륙 준비 하던 중 바람이 갑자기 동풍으로 바뀌었다. 바람이 더욱 강해져 서쪽으로 배가 떠내려가면서 섬은 사라졌다. 14일 어느 섬에 닿아 임시 정박을 했고, 15일에는 동풍이 불자 서쪽으로 키를 잡고 항해하여 한밤중에 어느 섬에 도착했다. 16일은 동풍을 타고 갔더니 많은 섬들이 보였고, 명나라 사람들을 만나 태주부 임해현임을 알게 되었다. 윤정월 17일에 배를 버리고 육지에 상륙함으로써 15일 동안의 표류는 끝을 맺었다. 육로로 이동하여 북경에서 명 임금을 알현하고 압록강을 건너 6개월 만에 우리나라로 돌아왔다. 최부는 귀국 후 『표해록』을 저술하여 당시 중국의 정치, 군사, 경제, 사회, 풍속, 문화 등의 정보를 조선에 알려주었다.

유구왕국에 표류했다가 돌아온 대표적인 예는 김비의 일행이다. 성종 8년(1477) 2월 김비의 일행 8명은 진상용 감귤을 싣고 출항했다가 역풍을 만나 표류했다. 14일 동안 표류하다 유구국에 표착한 후 일본과 대마도를 거쳐 돌아왔다.

김비의 일행이 제주도를 출항한 날은 1477년 2월 1일로, 앞의 최부 일행의 표류 사례에서 살펴봤던 것처럼 영등절 시기이다. 제주인들은 이때의 변덕스런 날씨 특성을 인식하고 있었기 때문에 출항을 삼갔다. 그러나 관의 명령으로 오가는 관선(官船)은 진상품 수송과 공무 수행 같은 일 때문에 위험을 감수하면서 배를 띄우곤 했다. 김비의 일행 역시 배를 띄우기 적당하지 않은 시기임에도 무리하게 출항했다. 왜냐하면 감귤은 조선시대 제주도의 대표적 진상품이기 때문이다. 이것이 상하여 조정에 도착하면 제주목사는 책임을 추궁 당했고 처벌까지 받았다. 감귤을 빨리 진상하기 위해 위험을 무릅쓰고 출항했던 것이다.

김비의 일행이 추자도 부근에 이르렀을 때 강한 동풍이 불어 배가 서쪽으로 표류했다. 동풍이 불면 제주에서 육지로 배를 항해하기 어렵지 않다. 오히려

〈사진 3-26 〉 유구국 왕궁 슈리성 정전

(오키나와 나하시, 2006년 1월 촬영) 슈리성은 유구 왕궁으로 김비의 일행이 유구 왕을 만난 곳이기도 하다. 세계문화유산으로 지정되어 보호받고 있다.

이 바람을 기다리기까지 했다. 그러나 이때의 동풍은 워낙 강했기 때문에 배를 조종하기 힘들었다. 7일 정도 서쪽으로 표류하니 바다 색깔이 쌀뜨물처럼 혼탁했다고 했다.

9일째 되는 날부터는 서풍이 강하게 불어 배가 표류했다. 기록에는 서풍이지만 유구에 표류한 것으로 보아 북서풍으로 보인다. 약화되던 시베리아 고기압 세력이 강해지면서 북서풍이 거세게 불었던 것이다. 6일 동안 강한 북서풍에 배는 남동쪽으로 표류하여 유구의 한 섬에 표착했다. 김비의 일행의 표류 상황을 보면 추자도 근해에서 동풍을 만나 서진하여 중국 연안 가까이 갔다가 북서풍으로 남동진하여 유구열도의 윤이섬에 표착했다.

윤이섬에서 반년 정도 지내다 유구인들에 의해 7개 섬을 거쳐 왕이 사는 유구 본섬까지 이동했다. 윤이섬에서 유구 본섬까지 이동할 때 항해에 이용한 바람은 계속 남풍이었다. 이로 미루어 보아 윤이섬은 유구 본섬에서 남서쪽으로 멀리 떨어져 있는 섬으로 보인다. 대만에 가까운 유구열도의 끝 부분 지역에 표류했던 것으로 추정된다.

유구국의 도읍인 나하에서 일본 일기도로 이동할 때도 남풍을 이용했고, 일기도에서 대마도로 이동할 때도 남풍을 이용했다. 대마도에서 도주의 보호를 받으며 2개월 동안 머물렀다. 제주도나 우리나라 사람들이 일본에 표류하면 문정을 받은 후 대마도를 통해 송환되었다. 대마도에는 표류민들이 자국으로 송환되기 전 임시 거주하는 표류민 거류지가 있었다. 김비의 일행은 대마도에 머물다 남풍이 불자 이즈하라항을 출항하여 우리나라의 염포[울산]로 2년 4개월 만에 귀환했다.

표류는 타국에 대한 정보를 본국에 전하기도 했다. 김비의의 「유구 표류기」는 김비의 등이 구술한 것을 홍문관에서 기록했다. 필자는 2006년 1월 오키나와교육위원회 방문 시 「유구 표류기」가 중학교 사회과 지역교과서에 실려 있음을 확인했다. 표착지인 윤이섬에서부터 국왕이 사는 나하까지 이동하는 과정, 우리나라로 귀환하는 과정이 자세히 기록되어 있다. 또한 유구의 9개 섬에서 각각 한 달에서부터 길게는 6개월 정도 머물면서 체험한 지리와 풍속 등이 상세히 기록되어 있다. 당시 유구 왕국의 모습과 유구인들의 생업과 문화를 살펴볼 수 있는 중요한 자료이다.

제주도에서 안남[베트남]까지 표류했다가 돌아온 사례도 있다. 김대황 등 24명은 진상마 3필을 싣고 육지로 가다가 추자도 앞에서 표류하기 시작하여 31일 만에 베트남 회안부에 표착했다.

김대황 일행이 제주의 화북포를 출발한 날은 1687년 9월 3일이다. 이를 양력으로 환산하면 10월 8일이다. 이때는 북태평양 고기압이 물러가고 시베리아 고기압이 영향을 미치는 시기이다. 한겨울에 비해 강하지 않지만 북서풍

〈사진 3-27〉 대마도 표류민 집단 거류지 터
(일본 쓰시마 이즈하라, 2013년 1월 촬영) 조선인, 일본인 등 표류인들이 본국으로 송환되기 전 잠시 머물렀던 곳이다. 지금은 현대식 건물을 지어 사무실로 이용하고 있다.

계열의 바람이 많이 불 때다. 조선시대에 말을 진상하는 진마선은 보통 여름에 띄웠다. 바다에서 장시간 허비하다 보면 말이 상해버리기 때문에 빠르게 남해안으로 운반해야 한다. 남풍 계열의 바람이 약간 세게 불 때가 적기인데 이때는 여름이다. 바람이 강해야 풍압을 많이 받아 배의 속도를 빠르게 할 수 있기 때문이다. 가을과 겨울에는 역풍을 만날 가능성이 있기 때문에 쉽게 진마선을 띄우지 못했다.

김대황 일행의 출항은 가을이 깊은 시기에 이루어졌다. 목사가 새로 부임하여 특별히 진상하는 말이었기 때문이다. 출발할 때는 바람 형세가 좋았다. 추자도 주변을 통과할 때 바람이 갑자기 북동풍으로 바뀌고 비까지 심하게 내렸다. 풍랑도 크게 일어 배를 조종할 수 없는 지경에 이르렀다. 배의 침몰을 막기 위해 초둔(草芚)을 배의 꼬리에 길게 늘어놓았다. 4일 동안 서쪽으로 표류했는데 9월 8일부터 13일까지는 바람이 북서풍으로 바뀌면서 남쪽으로 표류했

〈사진 3-28〉 호이안 투본강 주변 모습
(베트남 호이안, 2011년 1월 촬영) 호이안은 투본강과 태평양을 끼고 발달한 국제무역 도시였다. 김대황 일행은 호이안에서 약 9개월 정도 머물렀다.

다. 9월 14일에서 18일까지는 동풍이 심하게 불어 배는 서쪽으로 표류했다. 9월 19일부터 9월 25일까지는 북서풍이 불었다. 이렇게 변화무쌍한 날씨에 김대황 일행은 남서쪽과 남동쪽으로 번갈아가며 표류하여 10월 4일 안남의 회안부에 닿았다. 회안부는 지금의 '호이안'으로 베트남 중부의 다낭 시에서 남쪽으로 약 30km 정도 떨어져 있다.8)

그들은 10월 18일 관리들의 인솔하에 도읍으로 이동하여 베트남 국왕을 알현했다. 10월 28일 회안부에 다시 보내져 약 9개월 정도 지내다가 1688년 7월 28일 베트남을 떠났다. 중국의 광동성, 절강성을 거쳐 12월 17일 대정현 지경인 진모살에 도착했다. 표류한 지 1년 3개월 만에 귀환했다.

제주도는 동아시아 해상의 중심에 있기 때문에 외국인들도 많이 표착했다.

8) 제보: 2007, Tran Van Hieu(주한베트남대사관 참사관)

외국인들이 제주도 근해를 항해하다 표착하여 잘 알려진 대표적인 사례가 하멜 일행이다. 하멜 일행을 태운 스페르웨르(Sperwer) 호가 제주도에 표착한 날은 1653년 8월 16일 새벽이었고, 표착지는 대정현의 대야수(大也水) 해안이었다(이익태, 1696).

스페르웨르 호는 네덜란드 연합동인도회사의 소속으로 아시아 지역을 왕래하며 무역하는 상선이었다. 1653년 8월 11일 스페르웨르 호는 타이완을 지나 일본으로 향하고 있었다. 이때 스페르웨르 호는 태풍을 만나 표류했는데 3일 동안 폭풍우가 심해 배가 어디로 가는지 방향조차 가늠하기 힘들 정도였다. 태풍은 북태평양 고기압의 연변을 따라 진행하는 경향이 있다. 하멜 일행이 타이완을 거쳐 제주도 주변을 지나갈 때 한여름 강력하게 세력을 떨쳤던 북태평양 고기압은 약화되었고 기압골이 발달했던 것 같다. 그 틈을 타서 태풍이 제주도 주변으로 북상했던 것으로 보인다.

태풍은 선박의 항해에 치명적인 영향을 준다. 8월 15에는 바람이 강해 선원들끼리 서로의 말을 알아들을 수 없을 정도였고, 파도가 높아 배가 전복될 지경이었다. 한밤중에 제주도에 닿았는데 거센 풍랑으로 배가 부서져 버렸다. 배안에 있던 사람들은 거센 파도를 헤치며 해안가에 가까스로 상륙했다. 8월 16일 날이 밝자 확인해 보니 배는 산산이 부서졌고 승선 인원 64명 중에 36명만 살아남았다. 하멜 일행은 대정현감과 판관이 이끄는 병사들에게 사로잡혀 대정현으로 끌려갔다가 제주목으로 이동했다. 그들은 1년 9개월 동안 제주에 머물다가 서울로 이동했다. 서울에서 탈출을 시도하다 실패로 돌아갔고, 전라도 병영으로 유배되어 강진, 남원, 순천, 여수 등을 옮겨 다녔다.

13년 동안 조선에서 고초를 겪다 1666년 9월 4일 한밤중에 그들은 전라좌수영 성담을 넘어 배에 탔다. 하멜 일행의 탈출을 도운 것은 바람이었다. 그날 밤에는 그들이 가고자 하는 방향으로 순풍이 불었다. 9월 초는 북태평양 고기

〈사진 3-29〉 이나사 산에서 본 나가사키 항과 시가지

(일본 나가사키, 2006년 1월 촬영) 하멜 일행은 나가사키를 향해 가다가 제주에 표류했고, 조선을 탈출하여 나가사키로 간 다음 네덜란드로 돌아갔다.

압이 약화되면서 남서, 남동 기류가 약해진다. 이때 해안 지방은 바다와 육지 간 비열차로 인해 해륙풍이 발달한다. 해륙풍은 탁월풍이나 계절풍이 약하고 일사가 강한 여름과 초가을에 잘 나타난다. 해풍은 해가 뜬 후 불기 시작하고 육풍은 해가 진 후 불기 시작한다. 하멜 일행이 탈출했던 밤은 육풍이 불었다. 풍향으로 보면 북풍이었다. 바깥바다 쪽으로 부는 북풍에 의지하여 돛을 올리고 한밤중에 여수 바다를 몰래 빠져나갔다. 그러나 아침에는 바람이 그쳐 버렸다. 해 뜰 무렵에는 해륙풍이 교대하면서 잠시 무풍시간[morning calm]이 나타난다. 오전에는 해풍이 북쪽으로 불어 돛을 이용할 수 없었다. 돛을 올리면 배가 다시 여수 쪽으로 가버리기 때문이다. 노를 사용하는 수밖에 없었다. 낮이라 그들이 탄 배 주변으로 어선들이 오갔고 어떤 배에서는 그들에게 멀리서 소리쳐 부르기도 했다. 잡히면 모든 것이 수포로 돌아가기 때문에 그들은 힘을 다해 여수 반대쪽인 외해를 향해 노를 저었다.

오후에 풍향이 바뀌어 북서풍이 불자 그들은 돛을 올렸다. 순풍에 돛을 단 하멜 일행의 배는 남동쪽으로 빠져나갔고, 밤에는 그 바람이 더욱 강했다. 하멜 일행은 육풍에 의지하여 남해안 다도해를 빠져나갔고, 이틀째 되는 날은 조선 수군의 추격권에서 완전히 벗어났다. 순풍이 아니라 역풍이 계속 불었다면 그들은 탈출에 실패했을지도 모른다.

그들은 탈출에 성공하여 일본의 나가사키로 갔다. 당시 나가사키는 일본에서 가장 먼저 서양의 문물과 문화를 받아들인 국제무역 도시였다. 네덜란드를 비롯한 유럽 및 중국과 활발하게 무역했던 곳이다. 하멜은 네덜란드로 돌아간 후 보고서를 작성하여 회사에 제출했다. 조선에서 억류되었던 기간 동안 밀린 임금을 청구하기 위한 것이었다. 후에 그 보고서가 『하멜 표류기』로 출판되자 선풍적인 인기를 끌었다. 이로써 은둔의 나라 조선과 제주도가 유럽에 널리 알려지는 계기가 되었다.

3) 바람과 제주인의 활동

(1) 연근해 활동과 바람

바람은 범선 시대의 항해에 절대적인 영향을 끼쳤다. 특히 시베리아 기단에 의한 겨울계절풍과 북태평양 기단에 의한 여름계절풍이 제주인의 생활과 선박의 항해에 큰 영향을 끼쳤다. 시베리아 기단에 의한 북서풍의 최성기는 12월에서 2월로 풍속이 강하여 선박의 항해에 많은 어려움을 주었다. 북태평양 기단에 의한 남풍 계열의 바람은 여름철에 영향을 주었다. 여름계절풍은 겨울계절풍에 비해 풍속이 약하여 항해에 많이 이용되었다.

풍향과 풍속은 시시각각 달라지며, 예기치 않은 폭풍이 발생하기도 한다. 폭풍은 주로 저기압의 이동과 관련이 있다. 특히 저위도의 열대 해상에서 발생하여 중위도로 이동하는 열대성 저기압인 태풍은 제주도 연근해의 가장 강력한 바람으로 해상 활동 및 선박에 극심한 피해를 야기했다.

제주도는 태풍의 길목이기 때문에 우리나라에서도 그 피해가 가장 크다. 제주도는 태풍의 직접적인 영향을 받거나 간접 영향권에 들 때 많은 피해를 입는다. 바람은 범선 시대의 항해에 도움을 주었지만 예기치 못한 태풍과 같은 폭풍은 선박의 항해에 심각한 악영향을 주었다.

김상헌의 『남사록』을 보면, 기상정보를 적절히 활용하며 항해했던 사례가 잘 나타나 있다.

> 김상헌은 안무어사의 임무를 완수한 후 육지로 가기 위해 한 달 가까이 조천관에서 순풍이 불기를 기다렸다. 순풍을 기다릴 때 후망인은 김상헌에게 해상 상황과 기상 정보를 보고했다. 풍세를 관측하여 날씨를 볼 줄 아는 조천 사람 점풍가는 동풍이 불자 출항을 권고했고, 김상헌 일행은 출항했다. 추자도 부근에서 역풍이 불자 초란도와 당포에 피항하여 6일 동안 바람을 기다렸고, 북풍에서 서풍으로 바뀌자 출항하여 해남의 어란포로 입항했다.

이러한 일련의 출항 과정을 보면, 기상 정보를 적절히 이용하며 항해하는 모습을 엿볼 수 있다. 출항에 바람이 맞지 않으면 순풍이 불 때까지 대기했다. 기상 전문가라 할 수 있는 점풍가와, 기상관측과 해상 감시를 하는 후망인이 기상정보를 제공했다. 선박에는 풍향을 인지할 수 있는 상풍기가 설치되어 있었다. 또한 제주의 포작인[어부]으로 구성된 격군들은 돌발적인 악천후와 캄캄한 한밤중에도 추자도의 당포로 안전하게 배를 접안시킬 수 있는 능력을 갖

추고 있었음을 알 수 있다. 임제는 『남명소승』에서 제주인들이 배를 다루는 기술을 다음과 같이 표현하고 있다.

> 배가 항해 중 강풍으로 심히 빨리 가다가 돛이 찢겨졌지만 한 사공이 돛노 위로 기어 올라가 13척이나 되는 돛 머리에서 이를 보완했다. 빠르기가 나는 원숭이 같았다. 제주인들은 배를 다루는 게 마치 말을 다루듯한다.

항해 중에 돛이 상하자 재빠르게 수리하고 있다. 항해 중 악천후에 대응하는 제주인들의 위기관리 능력을 엿볼 수 있다.

〈그림 3-7〉은 이형상의 『탐라순력도』에 그려진 제주도 전통배의 모습이다. 바람을 이용하여 배가 전진할 수 있도록 돛대와 돛을 설치했다. 돛대는 돛을 다는 데 필요한 기둥으로 중간에 세운 허릿대, 선수에 세운 야홋대 2개로

〈그림 3-8〉 제주선 모습

(출처: 『탐라순력도(1702)』, 「호연금서」) 배의 모양이 날렵하게 생겼고 돛대가 2개이며, 풍향을 관측할 수 있도록 상풍기가 설치되어 있다.

구성되어 있다. 돛은 돛대에 매어 펴 올리고 내리게 할 수 있도록 만든 넓은 천으로 면포와 마포를 사용했다. 돛의 모양은 주로 사각형이며, 양 현 방향으로 다는 가로돛이었다. 돛면은 바람을 잘 받게 하기 위해 적당히 만곡을 이루었다. 배에는 풍향을 감지할 수 있도록 상풍기가 설치되어 있다.

『정조실록』에 보면, 주교사(舟橋司)가 주교절목을 올린 내용 중에 "모든 배에는 각기 바람을 살필 수 있는 깃발을 한 개씩 세워 바람을 점칠 수 있게 한다."[9]는 내용이 있다. 『탐라순력도』의 「호연금서」에도 선수와 선로에 상풍기가 설치되어 있는 모습을 확인할 수 있다.

제주인들은 파선에 대비하여 별도의 구조선을 준비했고, 혼탈피모(渾脫皮毛)와 표주박, 미숫가루, 떡 등을 준비했다(이원진, 『탐라지』). 혼탈피모는 털이 없는 가죽옷을 의미한다. 표류 시 구명대 혹은 구명복으로 사용하기도 했고, 장시간 표류 중 바닷물에 부풀어지면 뜯어 먹을 수도 있기 때문에 비상식량으로도 가능하다. 배가 파선되면 혼탈피모를 몸에 두르고, 표주박에 의지하여 장시간 표류했다. 비상식량으로 미숫가루와 떡을 준비했다. 새(茅)로 거적처럼 엮어 만든 초둔[草芚: 뜸]을 선미에 묶어 길게 늘어뜨려 배가 침몰되는 것을 막기도 했고, 배에 실은 물건들을 바다에 던지기도 했다(이익태, 『지영록』).

제주도의 국영목장에서 마소를 방목하다 어느 정도 성장하면 취합하여 음력 5, 6월에 조정에 진상했다. 이때는 북태평양 고기압이 확장되면서 남풍계열의 기류가 발달하는 시기로 이를 이용하여 제주해협을 건넜다. 김성구의 『남천록』에 보면 다음과 같이 기록되어 있다.

---

9) 『정조실록』 37권, 정조 17년(1793) 1월 11일조.
"每船又各竪相風旗一面 以爲占風之地"

> 매년 5, 6월 사이에 감영에서 삼읍의 말을 골라 봉진한다. 조천관에서 바람을 기다리게 하고, 삼읍의 수령들이 윤번으로 차원을 정하여 그로 하여금 실어 보내는 일을 맡게 한다. 금년은 대정현감이다. 말을 실은 배는 다른 배와는 달라서 반드시 강한 바람이 있은 연후에 비로소 배를 출발시킨다. 대개 실은 것이 무거울 뿐 아니라 만약 하루 만에 도달하지 못하면 여러 섬에서 머물러야 하므로 말이 많이 상하기 때문이다.[10)]

제주도에서 진상마 헌상은 동풍, 남풍이 발달하는 5, 6월에 행해졌다. 음력 5, 6월이면 여름철에 해당한다. 여름철은 남동, 남서기류가 발달하는 시기이다. 남풍계열의 바람을 이용하여 제주해협을 건넜다. 진마선은 수십 마리의 말을 적재하므로 배가 무거워 바람이 약하면 속력이 늦어졌다. 또한 운송시간이 길어지면 말이 해상에서 상할 우려가 있기 때문에 최단시간에 바다를 건너야 했다. 운송시간의 최소화를 위해 보통 때보다 바람이 센 날 출항했다. 바람이 세면 풍랑이 거칠어 선박의 전복 위험도가 높아진다. 이에 대비하여 진마선에는 안전 항해용 돌덩이를 배의 밑바닥에 바닥짐으로 적재했다. 강한 바람과 풍랑으로 배가 요동칠 때 무게 중심을 잡기 위한 것이었다. 강풍 시 진마선은 전복 위험도가 높기 때문에 배의 안정성과 복원성을 확보하기 위해 선박 중앙의 하부에 무게 중심을 확보할 필요가 있다. 선박 중앙의 선저에 돌덩이들을 적재함으로써 중앙 하부를 무겁게 하여 전복 위험도를 감소시켰던 것이다. 선박의 전복을 막기 위해 바닥에 돌과 모래 등을 싣는 것을 '바닥짐[밸러스트(ballast)]'

---

10) 김성구, 『남천록』.
"每年五六月間 自營擇封三邑馬 待風于朝天館 以三邑守令輪足差員 使之次知載送今年則大靜倅也 載馬船與他船不同 必健風然後 始放船 盡非但載重 若不得達於一日 則留滯諸島 馬多致傷故也"

〈사진 3-30〉 안전항해용 바닥짐 현무암 돌덩이

(전남 해남군 북평, 2007년 8월 촬영) 진상마의 하역지였던 이진리 해안가에서 조선시대 때 버려진 안전항해용 제주현무암 돌덩이들을 볼 수 있다.

이라고 한다. 오늘날 대형 철선들도 선박의 복원성을 확보하기 위하여 선박의 양현 측에 바닷물을 담아두는 '밸러스트 탱크(ballast tank)'를 둔다.

제주도의 진마선은 육지로 출항할 때 안전 항해용 제주현무암 돌덩이를 적재했고, 귀항 때는 빠르게 항해하기 위해서 이를 버리고 왔다. 진상마를 실은 배가 제주도를 출발하면 기착지는 해남의 이진포와 관두포, 강진의 마량 등이다. 해남 이진리에 가면 그 지역의 기반암과 확연히 구별되는 제주현무암 돌덩이들이 곳곳에 널려 있다. 방파제 축항, 민가의 돌담 중에 섞여 있기도 하고, 갯벌에 박혀 있는 것을 볼 수 있다. 진상마를 하역한 다음 버리고 온 것이다. 최근에 조경용 석재로 가치가 높아 다른 지역으로 반출되면서 그 양이 많이 줄었다.[11)]

강진의 마량(馬良)은 제주마와 관련된 지명이다. 제주마가 도착했던 곳을 '신마(新馬)', 육지의 풍토에 잠시 적응시켰던 곳을 '숙마(宿馬)'라고 했다. 현재도 그 지명이 마을 이름으로 남아 있다. 해남 관두포 앞의 해상에 있는 '삼마도(三馬島: 상마도, 중마도, 하마도)'도 제주도의 진상마와 관련된 지명이다. 삼마도 해역을 통해 관두포로 들어온 진상마는 화원 일대의 목장에서 적응 기간을 거친 뒤 한양으로 보내졌다.[12)]

제주도와 육지 간 항해에 가장 큰 영향을 끼친 바람은 북풍과 동풍이다. 김성구의『남천록』과 이건의『제주풍토기』에는 다음과 같이 기록되어 있다.

> ① 육지에서 제주도로 들어갈 때는 북풍을 이용했고, 제주도에서 육지로 나갈 때는 동풍을 이용했다.[13)]
>
> ② 제주도에 들어가는 데는 서북풍이 필요하고 나오는 데는 동남풍이 필요하다. 만일 순풍을 얻을 수 있다면 일편고범이라도 아침에 출발하여 저녁에 도달할 수 있다. 순풍이 아니면 아무리 빠르고 억센 송골매의 날개가 있다 하더라도 건널 수 없다.[14)]

풍선(風船)은 선미 방향에서 바람 불어오는 것이 항해에 유리했기 때문에 육지에서 제주도로 항해할 때는 북풍과 북서풍을 이용했고, 제주도에서 육지로 항해할 때는 동풍, 남동풍을 이용했다. 조선시대 풍선의 항해는 바람에 의

---

11) 제보: 2007, 전라남도 해남군 북평면 이진리, 박도귀(80세) 외 다수

12) 제보: 2008, 전라남도 해남군 송지면 관동리, 김영민(50세) 외 다수

13) 김성구,『남천록』.
"遇北風而入 遇東風而出"

14) 이건,『제주풍토기』.
"其入也 必以西北風 其出也 必以東南風 若得順風 一片孤帆 朝發夕渡 不得順風 有鷹鸇之翼星霜之變 無以可渡"

해 성패가 좌우되었다. 역풍이나 돌풍이 불면 표류하거나 침몰하는 경우가 많았다. 순풍을 만나면 제주도에서 남해안 간 아침에 출발하여 저녁에 남해안에 도달할 수 있었으나, 바람이 없으면 아무리 뛰어난 배라도 제주해협을 건너기가 쉽지 않았다.

바람을 이용한 항해는 공간거리보다도 풍향과 풍속이 중요하게 작용했다. 바람은 뱃사람에게 벗과도 같았다. 바람이 없으면 원거리 항해가 불가능했다. 서양의 뱃사람들에게 가장 두려운 곳으로 '말의 위도'가 잘 알려져 있다. 이곳은 회귀선 부근의 무풍대로 고기압이 연속적으로 발달하여 바람이 별로 없다. 이곳에 갇히면 바람을 이용하는 범선은 오도 가도 못했다. 고기압권이라 비도 오지 않기 때문에 식수마저 떨어져 죽음의 바다를 이룬다. 목이 타서 죽은 말들을 바다에 던지면서 이곳을 빠져나오려고 사력을 다했다. 아시아에서는 계절풍이 불기 때문에 북회귀선 주변에 무풍대 발달이 덜하다. 제주도는 북회귀선에서 멀리 떨어져 있는 데다 계절풍의 영향을 받고, 열과잉 지역인 저위도와 열부족 지역인 고위도 사이에 위치해 있어 열순환 과정에서 바람이 많다.

제주도는 대양상에 위치해 있기 때문에 해륙풍이 자주 분다. 낮에는 해양에서 한라산 방향으로 해풍이 불고, 밤에는 육지에서 바다로 육풍이 분다. 계절과 지역에 따라 다르지만 제주도의 해풍은 오전 9시쯤에 시작되어 오후 1~3시에 최고조에 달하고 그 후 차차 약해진다. 육풍은 오후 7~8시 경에 발생하기 시작하여 새벽 2~5시에 최고조에 달하고 그 후 점차 약해진다.

외해에서는 해륙풍의 영향이 적으나 연안 부근에서는 선박의 입출항과 항해에 그 영향이 컸다. 제주인들은 이를 이용하여 육풍의 영향을 받는 이른 새벽에 출항했고, 해풍이 발달하는 오후에 입항했다.[15] 〈표 3-6〉에서 볼 수 있

15) 제보: 2007, 서귀포시 대포동, 김서복(74세) 외 다수

〈표 3-6〉 월별 해륙풍 발생 일수(1977~1986)

월	1	2	3	4	5	6	7	8	9	10	11	12	합계
해풍	11	10	21	23	25	6	19	37	27	26	22	13	240
육풍	11	15	23	27	28	7	24	44	31	28	28	16	282

출처: 김유근(1988), p.5.

듯이 제주도의 해륙풍은 태양 고도가 낮고, 북서계절풍이 강한 겨울철에는 발생 빈도가 낮다. 또한 일사량이 적은 장마철에는 발생 빈도가 가장 낮다. 반면 일사가 강하고 바람이 적은 여름과 봄·가을에 해륙풍 발생 빈도가 높다.

제주인들의 어로 활동은 바람에 의해 좌우되었다. 서귀포시 대포 마을의 경우 주어기는 음력 9월에서부터 섣달까지인데, 이 시기에는 북풍 계열의 바람이 강하여 포구에서 멀리 떨어진 어장까지 출어하기 힘들었다. 어로 작업 후 바람을 정면으로 맞으며 귀항해야 했기 때문이다. 북서풍이 불면 대포 어부들은 포구에서 서쪽으로 치우쳐 출항했다. 입항할 때 북서풍을 비껴 받으며 포구로 귀항하려면 동쪽으로 치우칠 수밖에 없기 때문이다.

풍선(風船)은 정면인 이물[뱃머리] 쪽에서 바람이 불어오면 그 방향으로 운항할 수 없다. 그러나 제주인들은 바람이 오는 방향으로 배를 운항하는 항해술이 있었다. 곧바로 직진하는 것이 아니라 바람을 비껴 받으며 '갈지(之) 자'로 지그재그식 항해를 했던 것이다. 이와 같은 항해술을 '환치기[環轉]' 혹은 '맞배질'이라고 했다.

〈그림 3-9〉는 풍향에 따라 풍선이 항해할 수 있는 범위를 나타낸 것이다. 풍선(風船)을 몰았던 제주인들의 경험에 의하면, 이물(뱃머리)에서 바람이 불어올 경우 배는 정면 방향으로 갈 수 없고, 60° 혹은 300° 방향까지 바람을 비껴 받으며 항해할 수 있다. 위험을 감수하고 무리하게 운항하면 45°와 315°까지 가능하지만 배가 한쪽으로 심하게 기울어 항해하기가 쉽지 않다. 정면이나

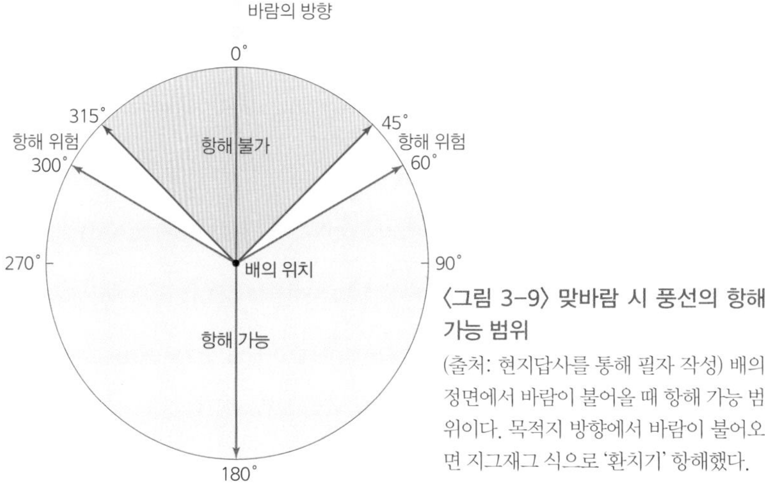

〈그림 3-9〉 맞바람 시 풍선의 항해 가능 범위

(출처: 현지답사를 통해 필자 작성) 배의 정면에서 바람이 불어올 때 항해 가능 범위이다. 목적지 방향에서 바람이 불어오면 지그재그 식으로 '환치기' 항해했다.

정면에 가까운 0°~45°, 315°~0° 범위의 방향으로 항해하는 것은 바람과 마주보다시피 하면서 전진해야하기 때문에 돛을 달고 항해하기는 불가능했다. 돛을 내리고 노를 이용하여 항해할 수 있지만 바람을 받으며 전진하기가 쉽지 않다. 배의 속도가 매우 느리고 노를 젓는 체력 소모가 심하기 때문에 환치기[맞배질] 하는 것이 오히려 유리했다.

바람을 비껴 받으며 항해할 경우 풍향 반대쪽으로 배가 기울어질 수 있다. 키를 잡고 조종하는 사람을 제외하고 나머지 사람들은 기울어진 반대쪽으로 가 풍선의 균형을 잡도록 했다. 바람을 비껴 받으며 계속 항해하다 보면 목적지와 점점 멀어지기 때문에 일정 거리를 항해한 다음에 반대 방향으로 풍선을 틀어 항해했다. 일정 거리를 다시 항해한 후 또 방향을 반대로 틀어 바람을 비껴 받으며 지그재그식으로 전진하여 항해했다. 이를 반복하면서 목적지로 항해했다. 환치기[맞배질]하여 해안가로 접근한 후 입항에 바람이 적절치 않으면 돛을 내리고 노를 저어 입항했다. 바람이 너무 강해 환치기[맞배질]하기 어려울 경우 인근의 다른 포구로 입항하기도 했다. 대포마을의 어민들은 맞바람

이 심할 경우 동으로는 서귀포까지, 서로는 화순까지 가서 배를 대곤 했다.[16]

고물[선미] 방향에서 순풍이 불 경우 항해에 유리하지만 강하게 불면 오히려 위험했다. 키를 조정하기 힘들 뿐만 아니라 강한 풍압에 의한 과속으로 선체가 물속으로 곤두박질할 위험이 있었다. 돛이 여러 개일 경우 돛을 내려 한두 개로만 항해하거나, 펼쳐진 돛의 일부를 접어 풍압을 덜 받게 하는 항해술을 이용하여 감속 운항을 했다.[17]

제주인들은 이처럼 기상과 바람을 적절히 이용하며 해상 활동을 전개했다. 악천후로 해양 활동이 힘들면 어구를 손질하거나 농사일을 하곤 했다. 태풍이나 폭풍이 엄습할 때는 거센 파랑과 해일로 배가 파손되거나 떠내려갈 우려가 있었다. 이에 대비하여 배를 뭍으로 끌어올렸는데, 이때는 마을 주민의 노동력도 동원되었다.[18]

해녀들의 작업은 바람과 조류를 적절히 이용하여 썰물 때 주로 이루어졌다. 바람이 강할 경우 코지(곶)를 경계로 바람의지 쪽에서 작업을 했다. 대포 마을의 해녀들은 하늬바람(북풍)이 불 때는 바람의지인 '배튼개' 어장에서 작업을 했다. 샛바람(동풍)이 불 때는 바람의지인 '코지' 서쪽이나 '연디밋디' 어장에서 물질을 했다. 구좌읍 행원리 해녀들은 샛바람이 불 경우 행원마을 앞바다에서 물질을 했고, 하늬바람이 불 때는 행원코지 동쪽의 '더뱅이물'에서 물질을 했다. 바람받이 어장을 피해 바람의지 어장에서 전복과 소라 등 해산물을 채취했다.[19]

제주인들은 제주도의 기후 특성을 잘 인식하고 있었으며, 이를 적절히 활용

16) 제보: 2007, 서귀포시 대포동, 김서복(74세) 외 다수
17) 제보: 2008, 서귀포시 하효동, 김평오(71세) 외 다수
18) 제보: 2007, 서귀포시 대포동, 변영호(78세)
19) 제보: 2007, 제주시 구좌읍 행원리, 이순아(86세)

〈사진 3-31〉 해녀가 물질하러 가는 모습

(제주시 우도, 2014년 7월 촬영) 오늘날 해녀들은 고무옷을 입고 납덩어리를 허리에 두른 다음, 태왁과 망사리, 빗창, 오리발, 수경 등을 이용하여 물질을 하고 있다.

〈사진 3-32〉 거름용 풍태 채취

(제주시 조천, 2007년 6월 촬영) 폭풍에 해초류가 밀려오자 농부가 이를 채취하고 있다. 거름용 해초류를 풍태라고 하며 농업용 비료로 요긴하게 쓰인다.

하며 수산업에 종사했다. 제주도에는 '보재기[어부]는 사흘 정도 날씨는 안다'는 속담이 있다. 제주인들은 오랫동안의 해양활동 경험에서 기상변화에 대응하는 기술을 체득하여 항해 및 해양활동에 활용했음을 보여 준다.

태풍이나 폭풍 후에 파도와 바람에 의해 해안가로 떠밀려온 해조류를 채취하기도 했다. 제주인들은 이를 '풍태' 혹은 '듬북'이라 하여 건조 시킨 후 거름으로 사용했다. 풍태의 채취는 강풍이 지나간 다음 행해졌고, 마을 사람들끼리 일정 구역을 배분했다. 같은 바다를 할당 받은 사람끼리 동아리를 구성하여 공동으로 풍태를 채취했으며, 해안가에 풍태가 밀려왔는지 망을 보는 사람도 있었다. 망보는 사람은 폭풍이 불고 바다가 거칠어 풍태가 밀려올만한 날씨면 바닷가에 가서 이를 살피다가 해조류가 떠밀려오면 동아리 회원들에게 알렸다. 동아리 회원들은 갯가의 풍태를 뭍으로 올려 건조시켰다. 공동 작업 후 망본 사람에게는 좀 더 많이 배분해 주었다. 풍태를 건조시킨 후 나눠 가졌고, 이것을 쌓아둔 노적을 '듬북눌'이라고 했다. 중산간 마을은 바다가 없기 때문에 해조류를 거름으로 사용하기 어려웠지만 해안가 마을은 중요한 천연비료였다.

성장 중인 해조류를 채취하여 건조시킨 후 거름으로 이용하는 경우도 있다. 대표적인 해초가 'ᄆᆞᆷ(모자반)'이다. 해녀가 물속에 들어가서 호미로 베어내면 어부는 그것을 긴 나무로 걷어 올려 배에 싣고 뭍으로 운반하여 말린 다음 공동 분배했다.

(2) 바람과 주민 생활

조선 후기 실학자 이익은 『성호사설』에서 다음과 같이 팔방풍을 기록하고 있다.

"동풍은 사(沙), 북동풍은 고사(高沙), 남풍은 마(麻), 동남풍은 긴마(緊麻), 서풍은 한의(寒意), 남서풍은 완한의(緩寒意), 북서풍은 긴한의(緊寒意), 북풍은 후명(後鳴)이라 한다."20)

하늬바람, 샛바람, 마바람 등의 명칭을 기록하고 있는데, 조선시대에도 사용했음을 알 수 있다. 이익의 기록은 조선 후기 경기도 지역의 풍향 명칭이다. 조선시대의 제주도 관련 사료에는 풍향에 따른 바람의 명칭을 기록으로 남긴 것이 없다. 그러나 제주도 노인들은 이익의 기록에 나와 있는 풍향을 지금도 사용하고 있다. 제주도 여러 지역의 노인들과 면담 조사를 통해 확인할 수 있었다. 제주시 지역에서 풍향에 따른 바람의 명칭은 〈그림 3-10〉과 같다. 그러나 제주도 내에서도 바람의 명칭은 〈표 3-7〉에서 보는 바와 같이 지역에 따라 약간의 차이가 있다.

북쪽에서 불어오는 바람을 '하늬ᄇᆞ름'이라 했고, 북두칠성과 북극성을 좌표로 삼아 판별했다. 대정 지역에서는 북풍을 '하늬ᄇᆞ름'이라 했지만 일부에서는 '고든하늬ᄇᆞ름[곧은하늬ᄇᆞ름]'이라고도 했다. 하늬ᄇᆞ름은 북풍과 북서풍 사이에 부는 바람으로 구별하기도 했다. 우도(牛島)에서는 북풍을 '높ᄇᆞ름'이라 불렀다. 서귀포 지역에서는 북쪽인 한라산 방향에서 불어온다고 하여 '상산ᄇᆞ름'이라고도 했다. 북동풍은 보통 '높새ᄇᆞ름'이라 했는데, '동하늬ᄇᆞ름'이라고도 했다. 제주시 지역에서는 '높하늬ᄇᆞ름'이라고도 했는데, 이것은 '높새ᄇᆞ름'과 비슷한 풍향이나 높새바람보다 약간 하늬바람으로 치우쳐 불어오는 바람이다.

---

20) 이익, 『성호사설』.
"東風謂之沙 東北風謂之高沙 南風謂之麻 南東風謂之緊麻 西風謂之寒意 西南風謂之緩寒意 或謂之緩麻 西北風謂之緊寒意 北風謂之後鳴"

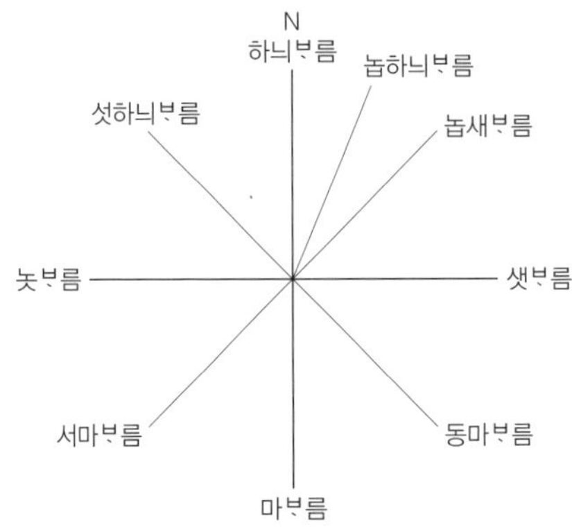

〈그림 3-10〉 풍향에 따른 바람 명칭
(출처: 현지답사를 통해 필자 작성) 제주시 건입동과 화북동을 중심으로 조사한 전통적인 풍향이다.

〈표 3-7〉 지역별 바람 명칭

풍향 지역	북	북동	동	남동	남	남서	서	북서
제주	하늬ᄇᆞ름	높하늬ᄇᆞ름 높새ᄇᆞ름	샛ᄇᆞ름	동마ᄇᆞ름	마ᄇᆞ름	서마ᄇᆞ름	놋ᄇᆞ름 갈ᄇᆞ름	섯하늬ᄇᆞ름 된하늬ᄇᆞ름
서귀포	하늬ᄇᆞ름 상산ᄇᆞ름	동하늬ᄇᆞ름 높새ᄇᆞ름	샛ᄇᆞ름	동마ᄇᆞ름	마ᄇᆞ름	서갈ᄇᆞ름	갈ᄇᆞ름	섯하늬ᄇᆞ름 갈하늬ᄇᆞ름
대정	하늬ᄇᆞ름	높새ᄇᆞ름	샛ᄇᆞ름	동마ᄇᆞ름	마ᄇᆞ름	서갈ᄇᆞ름	갈ᄇᆞ름 놋보름	섯하늬ᄇᆞ름
우도	높ᄇᆞ름	높새ᄇᆞ름 정새ᄇᆞ름	샛ᄇᆞ름	을진풍 동마ᄇᆞ름	마ᄇᆞ름	골마ᄇᆞ름 늦하늬ᄇᆞ름 갈ᄇᆞ름	하늬ᄇᆞ름	높하늬ᄇᆞ름

출처: 현지답사를 통해 필자 작성.

동풍은 'ᄉᆡᆺᄇᆞ름'이고 동남풍은 '동마ᄇᆞ름'이라고 했으며 '동마ᄇᆞ름'과 '샛ᄇᆞ름' 사이로 부는 바람을 제주도 동부지역에서는 '을진풍(乙辰風)'이라고도 했다. 24방위에서 을진은 동남쪽을 의미한다. 남풍은 '마ᄇᆞ름'이라 했으며, 남서풍을 '서마ᄇᆞ름', '서갈ᄇᆞ름', '늦하늬', '골마ᄇᆞ름' 등으로 불렀다. 서풍을 '갈ᄇᆞ름', '놋ᄇᆞ름'이라 했으며, 우도에서는 '하늬ᄇᆞ름'이 서풍이다. 북서풍을 '섯하늬ᄇᆞ름', '갈하늬ᄇᆞ름', '높하늬ᄇᆞ름' 등으로 부르기도 했다. 북서풍을 애월읍 지역에서는 '도지'라고도 했지만, 일반적으로 '도지'는 갑자기 폭우와 함께 몰아치는 바람을 일컬었다. 제주인들은 '하늬바람'보다 돌풍인 '도지'바람을 더 두려워했다. 도지바람 부는 것을 '도지 올린다.'라고 했는데, 12월에서 3월까지 간헐적으로 불었다.

시베리아 고기압은 한겨울에 한파와 강풍을 가져왔지만 봄이 되면 세력이 급속히 약화되었다. 청명이 지나면 시베리아 고기압은 그 세력이 미약해져 제주도에 큰 영향을 미치지 못하므로 바람이 약해져 어로 작업하기에 알맞은 날씨가 되었다. 여름과 초가을에는 태풍이 내습하여 풍수해를 입혔다. 제주도에서는 태풍을 '놀ᄇᆞ름' 혹은 '노대ᄇᆞ름'이라고 불렀다. 제주도에서는 한라산을 예로부터 '진산(鎭山)'이라고도 했다. 남양에서 올라오는 놀ᄇᆞ름을 약화시키거나 진로를 바뀌게 하여 한반도를 보호한다는 의미가 내포되어 있다.

제주도에는 "6월에 태풍 오면 그 해에는 여섯 번 온다"는 속담이 있다. 첫 태풍이 일찍 내습하면 그만큼 태풍이 발달할 수 있는 기상조건이 북서태평양과 제주도 주변에 일찍 형성되기 때문에 내습 빈도가 높다는 것이다. 〈표 3-8〉은 6월에 태풍이 통과한 연도의 태풍 횟수이다. 1971~2000년에 제주도에 영향을 미친 태풍의 횟수는 102개로 연평균 3.4회 통과했다. 그러나 6월에 태풍이 통과한 7개 연도의 태풍 내습 횟수는 28회로 연평균 4.0회 통과했다. 특히 1981년, 1985년, 1997년은 5개의 태풍이 제주도에 영향을 미쳤다. 6월에 태풍이 통과한 해는 평년에 비해 더 많은 태풍이 통과했다. 이를 통해 제주인들은 태풍에 대한 관심이 컸음을 알 수 있다.

제주도의 국지풍으로 'ᄂᆞ롯[노롯]'이 있다. ᄂᆞ롯은 '한라산 정상에서 저지대

〈표 3-8〉 6월 태풍 통과 연도의 월별 태풍 빈도(1971~2000)

월 / 연도	6	7	8	9	10	합계
1978	1	0	2	1	0	4
1981	2	1	0	2	0	5
1985	1	0	3	0	1	5
1986	1	0	1	1	0	3
1989	1	1	0	0	0	2
1990	1	1	1	1	0	4
1997	1	1	2	1	0	5
평균	1.14	0.57	1.29	0.86	0.14	4.00

출처: 국가태풍센터 자료를 토대로 작성함.

로 흐르는 차가운 공기'를 지칭하는 것으로 가을에서 봄까지 발달한다. 느롯은 새벽에 한라산 쪽에서 불어오는 일종의 산풍이기 때문에 풍속이 강한 바람이라기보다 기온이 낮고 차가운 바람이다. 한라산 남·북사면은 동·서사면에 비해 느롯이 많이 발생하고 강도가 강하다. 한라산 남사면은 겨울에도 느롯이 자주 발생하지만 북사면 지역은 겨울에 북서계열의 계절풍 때문에 느롯이 발생하는 경우가 드물고, 봄이나 가을에 발달하는 경우가 많다. 남사면의 서귀포 지역은 중문이나 남원 등 인근 지역보다 한라산정에서 가깝기 때문에 느롯의 강도가 강하다. 특히 서귀포시 호근동의 하논은 느롯이 심하다. 한라산 남사면의 급사면을 타고 강하한 느롯이 하논 화구원에 갇히면 냉기호가 형성되어 냉기류가 빠져나가기 힘들기 때문이다. 하논은 주변 지역에 비해 서리가 자주 발생하며, 서릿발도 타 지역에 비해 잘 생긴다. 감귤 재배에도 영향을 미쳐 주변 지역에 비해 봄순 발아 및 개화 시기가 일주일 정도 늦다.[21) 느릇은

21) 제보: 2006, 서귀포시 서홍동, 강제욱(76)

내려오는 길이 있다. ᄂᆞ롯은 냉기류이기 때문에 공기가 무거워져 아래로 가라앉는다. 축적된 냉기류가 한라산 산정에서 해안 지대로 강하할 때 ᄂᆞ롯 길을 따라 내려온다. ᄂᆞ롯이 내려오는 길은 주변보다 낮은 저지대가 연속되는 곳으로 이 일대는 기온이 차고 서리도 잘 끼며 서릿발이 주변에 비해 잘 자란다.

'ᄂᆞ롯'이 발달하는 날은 이동성 고기압의 영향으로 대기가 안정되고 고요하기 때문에 바람이 약하다. 그래서 '아침 ᄂᆞ롯 쎄민 날씨 좋다(아침에 ᄂᆞ롯이 강하면 날씨 좋다)'는 속담이 전해진다. 'ᄂᆞ롯'이 부는 아침에는 몹시 춥지만 낮에는 날씨가 맑고 화창하여 겉옷을 얇게 입어도 될 정도로 일교차가 컸다. 'ᄂᆞ롯'이 불면 어부들은 날씨가 좋아질 것을 예감하며 안심하고 출항했다.[22)]

한경면 해안은 제주도에서 바람이 강한 곳으로 알려져 있다. 용수리 주민들은 북풍보다도 서풍을 더 강한 바람으로 인식하고 있다. 북풍은 해안에서 비스듬하게 불어오지만 서풍은 정면으로 불어오기 때문에 더 강하다. 용수리 주민들은 특히 '산방낙이'를 무서운 바람으로 인식하고 있다.[23)] 이 바람은 산방산 방향에서 용수리 일대로 불어오는 동풍이다. 태풍이 통과할 때 불어오는 산방낙이가 특히 강하다. 태풍이 불 때 동풍인 산방낙이가 발달하려면 제주도 서쪽으로 통과해야 한다. 태풍의 진행방향에서 오른쪽은 위험반원으로 바람이 세고, 왼쪽은 가항반원으로 바람이 약하다. 제주도 서쪽으로 태풍이 진행하면 제주도 전체가 위험반원에 들어 바람이 강하고 그 피해가 크다. 이때의 바람은 북동풍, 동풍, 남동풍 순으로 풍향이 바뀌고, 용수리 지역은 산방산 쪽에서 바람이 불어오는 경우가 많다.

한경면 해안지역은 어느 방향에서 바람이 불어오더라도 바람이 강하다. 사방이 트여서 바람을 막아줄 지형이 거의 없기 때문이다. 2003년 태풍 '매미'가

---

22) 제보: 2008, 서귀포시 하효동, 김평오(71세) 외 다수
23) 제보: 2007, 제주시 한경면 용수리, 홍인삼(80세) 외 다수

통과할 때 고산에서 기록한 최대 순간 풍속 60m/s는 1904년 우리나라의 기상 관측 이래 최고 기록이다. 제주에서도 같은 측정치를 기록했지만 10분 동안 바람 세기의 평균값인 최대 풍속은 고산 51.1m/s, 제주 39.5m/s를 기록하여 고산이 제주보다 바람이 지속적으로 더 강했음을 알 수 있다.

고산 지역은 강한 바람 때문에 서리일수가 적다. 고산의 연평균 서리일수(1971~2000년)는 0.5일에 불과하다. 제주의 9.8일, 서귀포의 3.3일, 성산포의 25.5일에 비하면 현저히 적다. 고산은 연중 8.0m/sec 이상 강풍 일수가 185.5일로 제주 141.9일, 서귀포 74.2일, 성산포 54.5일에 비해 월등히 많아 강풍 지역임을 알 수 있다.

(3) 기후와 민간신앙

제주도는 1만 8천여 신들이 모여 사는 '신들의 천국'이라 불린다. 제주도는 바람이 강한 지역이기 때문에 이와 관련된 문화가 발달했다. 제주도에 불어오는 바람을 환영하고 환송하는 대표적인 민간 풍습이 '영등제'이다. 영등제는 음력 2월 초하루부터 열나흘까지 바람의 신인 '영등할망'과 '영등신'을 맞이하고 보내는 축제이다. '영등신'은 겨울에서 봄으로 바뀌는 시기에 찾아오는 풍신(風神)이다. 영등할망은 '영등하르방, 영등대왕, 영등호장, 영등유장, 영등별감, 영등좌수' 등을 거느리고 제주도 서쪽으로 들어와서 동쪽으로 나간다고 한다. 북서풍이 불어올 때 제주도를 통과하는 바람의 진로와 일치한다.

'영등신'이 제주도에 오는 달인 음력 2월을 '영등달'이라 하고, 이때 부는 바람을 '영등바람'이라 하며, 이 바람을 맞이하며 벌이는 굿을 '영등굿'이라 한다. 영등굿은 주로 제주도 해안마을에서 행해졌는데, 제주시 사라봉 기슭에서 행해지는 '칠머리당굿'이 대표적이다. 과거 제주인들은 영등신이 한림읍 귀덕리 '복덕개'로 들어와서 제주도 곳곳의 경작지에 곡식 씨를 뿌려주고, 바닷가에는 해초 씨를 뿌려준 후 우도의 '질진깍'으로 나가 제주도를 떠난다고 믿었다. 영등신이 제주 섬을 두루 살피고 지나간 후에야 본격적인 봄이 시작되고 해전(海田)과 육전(陸田)의 농사가 잘된다고 여겼다.[24)] 『신증동국여지승람』이나 『남사록』 등에는 영등제를 '연등(燃燈)'이라고 표기하고 있다. 『신증동국여지승람』의 영등제에 대한 기록을 보면 다음과 같다.

> 2월 초하루에 귀덕·김녕 등지에서는 나뭇대 열둘을 세우고 신을 맞이하여 제사를 지냈다. 애월에 사는 사람들은 떼 모양을 말머리와 같이 하여 비단으로 꾸미고 떼몰이 놀이를 하여 신을 즐겁게 했다. 보름에 이르러 이를 끝맺었으며 이를 연등(燃燈)이라 했다. 이 달에는 배타는 것을 금했다.[25)]

제주인들은 2월 초하루부터 보름까지는 배를 띄우지 않았다. 공선은 관의 명령으로 출항하기도 했지만 파선되는 경우가 많았다. 2월은 바람이 고르지 않은 때이다. 이때는 동지섣달에 비해 날씨가 따뜻하지만 바닷바람은 한겨울 못지않게 사납고, 풍향이 변화무쌍하기 때문에 출항을 자제했다.

음력 2월은 한겨울에 강력했던 대륙 고기압이 서서히 약화되는 시기이다. 그러나 약해지던 대륙 고기압이 일시적으로 강화되면 다시 겨울로 되돌아간 것과 같은 꽃샘추위가 나타난다. '정이월 바람에 검은 암소 뿔 오그라진다'는 제주도 속담이 있다. 검은 암소의 뿔은 단단하여 쉽게 오그라지지 않지만 봄철 문턱에 접어든 영등철에 강한 바람과 꽃샘추위에 뿔이 오그라져 버린다는

---

24) 제보: 2007, 제주시 한림읍 한수리, 박호순(67세) 외 다수

25) 『신증동국여지승람』.
"二月朔日歸德金寧等地立木芋十二迎神祭 之居涯月者稈槎形如馬頭自飾以彩錦作躍馬戲以娛神 至望日乃罷謂之然燈 是月禁乘船"

〈사진 3-33〉 칠머리당굿 영등제

(제주시 건입동, 2008년 3월 촬영) 바람이 강한 제주도에서는 매년 음력 2월에 풍신인 '영등신'을 환영하고 송별하는 축제가 행해졌다.

〈표 3-9〉 제주의 월평균 최대풍속(1999~2008; m/sec)

월	1	2	3	4	5	6	7	8	9	10	11	12
평균	13.0	12.5	13.3	12.5	10.4	10.8	11.6	11.7	13.9	8.8	10.3	14.4

※ 출처: 기상월보(1999~2008).

뜻이다.

선박의 해난사고는 악천후 시 강풍이 불 때 발생하는 경향이 높다. 〈표 3-9〉는 1999~2008년 제주의 월평균 최대풍속이다. 10년간 최대풍속 평균값을 보면, 12월이 14.4m/sec로 가장 높고, 9월이 13.9m/sec, 3월이 13.3m/sec이다. 9월은 가을 태풍이 통과하는 시기이기 때문에 최대풍속이 높다. 3월은 대륙 고기압이 점차 약화되는 시기임에도 최대풍속이 높은 편이다. 대륙 고기압에 의한 강풍이 12월에 최고조에 도달했다가 1월과 2월에 점차 약화되는 모습을 보인다. 그러나 3월이 되면 강풍의 강도가 1월과 2월에 비해 오히려 높고 12월 못지않게 강함을 알 수 있다. 영등철인 음력 2월은 대체로 양력 3월이다. 영등철에 바람이 강함을 확인할 수 있다.

바람을 이용한 범선의 항해는 바람이 일정한 방향으로 불 때 유리하다. 풍향이 자주 바뀌어 역풍이 불면 표류 및 침몰 상황에 직면한다. 4월부터 8월까지는 남서, 남동 계열의 바람이 많다. 3월은 겨울과 봄의 교체기이고, 또한 풍향의 교체기이다. 북서 계열에서 남서 계열의 바람으로 바뀌는 시기로 풍향의 변화가 심할 때이다. 3월은 강풍이 심하게 불고, 풍향이 일정하지 않기 때문에 바람을 이용하여 범선을 운항하는 데에는 불리하다. 일기변화가 심한 기후환경을 반영하여 영등달이 나타난 것이고, 이에 대처하기 위해 영등축제가 행해졌던 것이다.

영등철은 꽃샘추위가 빈번하여 강풍과 한파가 엄습하고 풍향이 자주 바뀌는 시기이다. 이때를 무사히 넘기면 바람이 점차 약해지고 풍향이 고르면서 해상 환경이 개선되기 때문에 해민(海民)들은 안전하게 항해 및 조업을 할 수 있다. 제주인들은 악천후로 해상 활동이 위험한 시기에 조업 및 항해를 삼가하고 풍신인 영등신이 무사히 지나가길 기원하는 대동축제를 벌였다. 영등제 기간은 해민들의 축제 기간이기도 했지만 어로 작업의 준비기이면서 휴식기이기도 했다. 영등 기간이 지나면 바람이 수그러지고 날씨가 따뜻해져 해상 환경이 개선되면서 본격적인 해양 활동이 시작된다. 이때를 대비하여 선박을 정비하고, 어구를 손질하며, 휴식도 취했다. 제주인들은 주로 어업과 농업을 겸하는 반농반어 생활을 했는데, 새봄을 맞아 농사일을 준비하는 시기로도 활용했다. 이처럼 영등제는 겨울에서 봄으로 전환하는 시기에 강풍과 꽃샘추위, 심한 일기 변화 현상을 극복하고, 풍농과 풍어를 기원하는 제주인들의 기후문

〈사진 3-34〉 화북포 해신사

(제주시 화북동, 2017년 8월 촬영) 해난사고를 막기 위해 세워졌고, 지금도 주민들은 이곳에서 마을의 안녕과 생업의 풍요를 비는 마을제를 지내고 있다.

화를 잘 보여 준다.

제주인들은 어로 작업 시 순풍과 해상 안전 및 풍어를 기원하는 신당을 포구 인근에 만들기도 했다. 어부와 해녀가 공동으로 이용하기도 했으나, 어부는 어부당을, 해녀는 해녀당을 별도로 만들어 해신과 풍신에게 소원을 빌기도 했다. 유교 문화의 영향으로 해상 안전을 기원하는 사당이 세워지기도 했다. 제주시 화북포에 있는 해신사는 1820년에 해상 활동 시 어부들의 안전을 기원하기 위해 만든 사당으로 해신지위를 모셔 놓고 해상 안전과 수복 안녕을 기원하는 제사를 지냈던 곳이다.

제주에는 탐라시대 때 쌓은 칠성대[七星坮; 칠성단; 칠성도]가 있었다. 이원진의 『탐라지』에 의하면 "제주성 안에 돌로 쌓은 옛터가 있다. 삼성(三姓)이 처음 나와서 삼도(三徒)로 나누어 차지하였고, 북두칠성 형상을 모방하여 대(臺)를 쌓고 나누어 살았기 때문에 칠성도(七星圖)라 하였다"[26]고 기록되어 있다. 칠성대에 관한 내용은 『신증동국여지승람』, 『제주읍지』, 『탐라지초본』,

『노봉문집』 등에도 기록되어 있다. 김석익(1923)의 『심재집』 중 「파한록」을 보면 "칠성도는 성내에 있다. 삼을나(三乙那)가 개국할 때 삼도로 나누어 거처하고, 북두칠성 모양을 본떠 쌓았다. 대의 터는 지금도 질서정연하게 남아 있다. 향교전, 향후동, 외전동, 두목동에는 각각 하나씩 있고, 칠성동에는 세 개가 있다"고 하여 북두칠성 형상의 단의 위치를 밝히고 있다.

북두칠성을 본뜬 칠성대의 배치와 연관시켜 봤을 때, 북극성 자리에는 탐라 개국신화가 깃든 삼성혈이 있다. 삼성혈은 지형적으로 언덕 위에 있어 신성한 공간이다. 거주공간인 대촌[大村: 제주시의 옛 별칭]과 칠성대를 한눈에 조망할 수 있는 곳이다. 고·양·부 삼신인(三神人)이 활쏘기로 터전을 정도(定都)했다는 삼사석 전설로 미루어 보아 탐라국의 중심지인 대촌은 북극성과 북두칠성을 본떠서 만든 계획도시였음을 짐작케 한다. 제주인들에게 북극성과 북두칠성은 우주의 중심이었고, 천상과 지상의 조화와 일치를 염원하는 정신세계의 상징이었다.

제주인들은 칠성단에서 탐라의 안녕과 번영을 기원하는 제천의식을 올리면서 이상기후와 기근, 전염병과 화재 등 각종 재해와 재난을 극복하고자 했다. 또한 다산과 장수를 빌었고, 생업의 풍요 등을 기원했다. 동북아시아의 거친 바다를 누비면서 해양 활동을 전개했던 제주인들의 해상 안전을 빌기도 했다. 해상왕국인 탐라국 사람들은 주변국과 교역할 때 북두칠성과 북극성을 좌표로 삼아 항해를 했고, 바람의 방향을 가늠할 때도 이를 보고 판별했다.

〈사진 3-35〉는 1926년 순종 승하 시 칠성단(七星壇)에 제주인들이 운집하여 망곡식을 거행하고 있는 모습이다. 이로 미루어 보아 칠성단은 1920년대 중반까지 중요한 행사가 있을 때마다 제사를 지냈던 성소였음을 알 수 있다.

---

26) 이원진, 『탐라지』.
"七星壇 在州城內 石築有遺址 三性初出 分占三都 倣北斗形 築臺分據之 因名七星圖"

〈사진 3-35〉 칠성단의 모습

(출처: 『매일신보(1926. 5. 11.)』) 순종 승하 시에 제주인들이 칠성단에 모여 망곡식을 거행하는 모습이다. 칠성단 옛터는 탐라국 이래로 중요한 의식을 치렀던 성소였음을 보여 준다.

지금은 단이 허물어져 그 흔적을 찾기 힘들지만, 최근 제주시는 1도부터 7도까지 표지석을 세워 과거의 위치를 재현하고 있다. 지금도 삼성혈에서 해마다 제주특별자치도지사를 초헌관으로 삼아 제사를 지내면서 탐라의 전통을 계승하고 있다.

IV.

조선의 기후재해 대응

과거에 이상기후로 심각한 기후재해가 발생하면 기근으로 이어지는 경우가 많았다. 조정은 민심의 동요를 막고, 통치력을 유지하기 위해 기근 문제 해결을 중요한 과제로 삼았다. 기근의 대비책으로 평시에 곡물을 비축하는 한편, 아사자 및 기병자의 진제와 구료를 위한 대책 수립을 게을리 하지 않았다.

홍만선은 『산림경제』에서 "기황(飢荒)은 상고 시대에도 있었던 것이고 보면, 말세에야 말할 것이 있겠는가? 가뭄이 들어 농토에 수확이 줄면 굶주려 부황으로 죽어서 구렁에 뒹구는 신세가 되지 않을 사람이 드물 것이다. 그러니 어떻게 구제할 방책을 세우지 않고, 앉아서 죽기만을 기다릴 수 있겠는가?"*라고 하면서 구황의 방법을 제시하고 있다. 이를 위해 주거, 경작, 양잠, 구황, 건강과 의료에 관한 부분까지 상세하게 기술하고 있다.

중국 명대에 편찬된 『구황전법』에는 재해로 인한 기근이 발생했을 때 왕으로부터 재상, 수령에 이르기까지 지위에 따라 해야 할 책무가 기술되어 있다. 또한 청대에 편찬한 『강제록』에는 재해가 발생하기 전과 재해가 진행될 때, 재해 발생 후에 해야 될 황정책(荒政策)이 제시되어 있다. 김석우(2006)는 『강제록』에서 제시하는 주요 황정 항목을 다음과 같이 정리하고 있다.

> 재해에 대비하여 농상(農桑)을 가르치고, 수리시설을 정비하고, 사창을 세워 진대하고, 상평창에 곡식을 비축해 둔다. 재해가 발생하면 기도를 올리고, 조목별로 상주하고 이재민 실태를 명확히 판별한다. 죄수 실태 조사하여 억울한 사람은 석방하고, 창고에 비축된 곡식으로 백성을 구제하고, 부호에게 구휼정책에 조력하도록 한다. 또한 질병에 걸린 환자와 사망자에게 조치를 취하고, 경우(耕牛)와 종자를 대여하여 농사에 급히 나서도록 한다. 재해가 지나간 후에는 기근으로 매매된 사람을 속면해 주고, 불쌍히 여겨 위무해 준다. 재해 시 리민(吏民)의 활동에 상벌을 가하고, 결핍한 항목을 헤아려 재발에 대비한다. 절검의 풍조를 유지하고, 풍속을 교화하여 나라를 안정시켜야 한다.

이러한 항목들은 유교적 정치 이념과 깊은 관련이 있다. 조선은 유교적 왕도정치를 목표로 삼았기 때문에 이러한 황정책을 펼치고자 노력했다. 그러나 제주도는 중앙과 멀리 떨어져 있고, 정부의 무관심과 지방관의 탐학으로 평상시에도 어려움을 겪었다. 기근 때는 식량의 고갈로 굶주림에 시달렸고 아사자가 속출했다.

---

* 홍만선, 『산림경제』.
"飢荒上古之所時有以叔世乎一遇水旱田畝"

1. 기근 대응책

1) 구휼시설 설치와 구휼곡 이동

기근에 대응한 조정의 대책 중에 큰 비중을 차지하고 있는 것이 피해 지역에 대한 민심의 안정이다. 이를 위해 조정에서는 구휼곡을 사전에 확보하고, 재해지역의 피해 정도에 따라 이를 분급해 줌으로써 민심을 안정시키는 조치를 취했다.

조정은 제주도의 만성적인 기근에 대비하여 도내에 창고를 설치했다. 창고는 구휼곡 확보와 군량미 비축을 위해 설치한 시설이다. 또한 이를 통해 춘궁기에 대여하고 추수 후에 회수하던 환곡도 운영했다.

이원진의 『탐라지』에 의하면 제주도에 설치되어 있는 창고는 제주목에 사창과 동별창, 서별창이 있었다. 정의현에는 사창과 서별창이 있었고, 대정현에는 사창이 있었다. 그가 제주목사로 재임할 때 여기에 비축되어 있는 곡물의 양을 보면, 제주목 성내의 사창에 속해 있던 의창에는 8,487석, 군자창에는

〈사진 4-1〉 제주성내 사창 터

(제주시 삼도1동, 2017년 7월 촬영) 제주성내 관덕정 서쪽에 사창이 있었다. 호남원병의 양곡 및 환곡 등을 저장해 두었고, 기근 시 기민을 구제하기도 했다.

54,271석이 있었다. 김녕창(동별창)에는 5,472석, 명월창(서별창)에는 4,069석이 있었다. 정의현 성내에 있는 사창에는 잡곡 1,409석이 있었고, 서귀창(서별창)에는 보유량 기록이 없다. 대정현 성내에 있는 사창에는 잡곡 452석이 있었다.

여기에 비축된 곡물들은 제주도 자체적으로 거둬들인 조세에다 호남에서 이전되는 곡식으로 충당되었다. 이원진 목사가 재임할 당시 해마다 호남에서 제주도로 이전되는 곡물은 1,000석으로 기록되어 있다. 이것을 제주목 사창에 600석, 동별창에 100석, 서별창에 100석을 보관했고, 정의창에 100석, 대정창에 100석을 보관했다. 제주목 사창의 곡물은 영광, 무안, 함평, 무장, 부안, 강진, 해남, 장흥, 옥구에서 이전되었다. 동별창은 흥양, 서별창은 부안, 정의창은 함평, 대정창은 순창에서 곡물을 거두어 들어왔다. 호남의 이전미는 육지에서 내려온 원병(援兵)의 군량미로 사용했고, 경우에 따라서는 구휼곡으로 활용되기도 했다. 대기근이 들어 제주도의 각 창고에 보관된 곡식으로 구휼하는 데 부족할 것으로 예상되면 목사는 장계를 올려 조정에 구휼곡을 보내주도록 요청했다.

제주도의 수령들은 지방관의 재량으로 도민으로부터 자비곡을 마련하고, 그것을 본전으로 하여 민고(民庫)를 설치해 운영하기도 했다. 구휼창과 보민창이 그 예이다. 이원조의 『탐라지초본』에 의하면, 구휼창은 관덕정 서쪽에 있었고, 보민창은 구휼창 동쪽에 있었다. 민고는 구휼을 목적으로 환곡의 대여와 수취를 통해서 운영되었다. 그러나 제주도는 중앙에서 멀리 떨어진 변방이라 지방 관리들의 횡포가 심했다. 규정을 어기고 마음대로 환곡을 분급하고 세금을 과중하게 거둬들이는 폐단이 발생하면서 제주인들은 고통을 겪기도 했다.

제주 성내의 사창 내에 상평창을 함께 두어 평시에는 국법에 의하여 물가를 조절하고, 흉년일 때는 기민을 구제했다. 상평창에 귀후소가 부속되어 있었다. 귀후소는 관곽(棺槨)을 만들고 장례에 필요한 물품을 공급하는 일을 맡아보던 기관으로 관곽색, 귀후서, 시혜소 등으로 불리기도 한다.

기근으로 백성들의 영양상태가 나빠지면 역병이 발생하기도 했다. 이를 치료하기 위하여 의료시설을 설치하여 전염병을 구제하기도 했다. 이원진의 『탐라지』에 보면, 성내에 약국(藥局)이 있었다. 감관은 2인인데 1인은 심약을 겸했고, 의생은 14인, 약한(藥漢)은 20인 있었다. 약포(藥圃)는 성내에 있었고 토질에 부적합한 것은 광양단, 소림과원, 상아, 이아, 향교, 존자암 등에 심었다. 숲, 산, 들, 바다, 못에서 생산되는 약은 월령을 고려해서 수확했다.

기후재해로 흉황이 발생하여 집단적 아사 상태가 예상되거나 직면하면 제주도의 수령은 구휼곡 이송을 청하는 계를 조정에 신속하게 올렸다. 조정에서는 구휼곡의 양과 동원 지역을 선정하여 이전곡을 확보한 다음, 제주도로 보내면 제주도 수령들은 그것으로 진제를 실시했던 것이 제주도 구황정책의 기

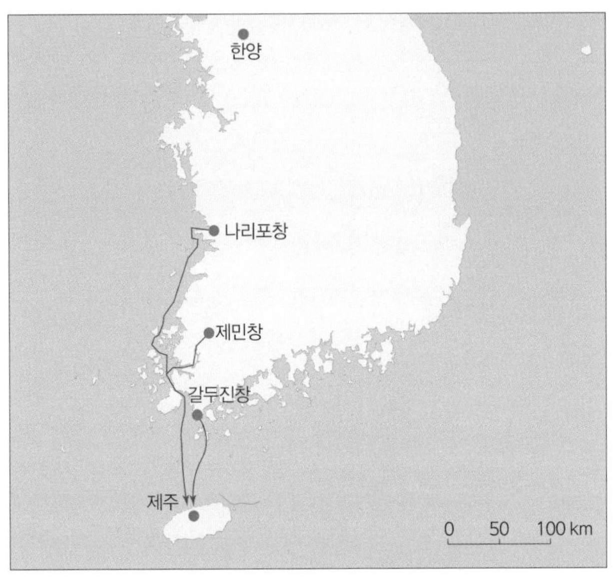

〈그림 4-1〉 제주도 전담 구제창
(출처: 현지답사를 통해 필자 작성)

본 구조였다.

제주도에 구휼곡을 안전하고 신속하게 수송할 수 있는 곳은 지리적 접근성이 뛰어난 호남의 연해 지역이다. 이 지역에서도 흉년이 들거나 비축미가 모자랄 경우에는 영남, 호서, 경기, 해서 지방의 비축미를 동원하여 수송하기도 했다. 각 지방의 비축미가 모자랄 경우 군사적 목적으로 사용할 비상식량인 군자곡을 동원하여 이전하기도 했다.

제주인을 구휼하기 위해 한반도에 설치한 대표적인 구제창은 갈두진창과 나리포창과 제민창이다. 갈두진창은 숙종 때 영암 지역에 설치되어 제주도에 기근이 들면 구휼곡을 이송했다. 후에 금강 하류에 있었던 나리포창으로 그 기능이 이전되었고, 정조 때는 나주에 있는 제민창으로 바뀌었다.

숙종 30년(1704)에 "제주도에 흉년이 발생했을 때 이전해 주는 곡식을 양남

〈사진 4-2〉 갈두진창 소재지 땅끝마을

(전라남도 해남, 2008년 8월 촬영) 숙종 때 갈두진에 제주 전담 구제창을 설치하여 기근에 대비했다. 제주인이 구휼곡 대가로 특산물을 바치면 그것을 팔아 구휼곡을 준비했다.

의 바다에서 멀리 떨어진 고을에 배정하기 때문에 폐단이 있습니다. 강진이나 해남 등지에 창고를 짓고 미리 비축해 두어 염려가 없도록 해야 할 것입니다."[1]라고 아뢰니 왕은 이를 허락했다. 제주도와 지리적으로 인접한 호남의 해안지역에 제주도의 기근에 대비한 창고를 운영하고자 했다.

이 시기에 소나무 충해가 극성을 부려 영암의 갈두산을 비롯한 남해안 일대뿐만 아니라 경기지방까지 번졌다. 갈두산 일대는 한반도의 남쪽 끝[땅끝]에 해당하는 군사적 요충지로 임진왜란 때 이순신이 군병을 주둔시켰던 곳이기도 했다. 후에 국가의 선박을 건조하는 데 쓰이는 목재를 공급하는 곳으로 지정해서 진보를 설치할 수 없었다. 숙종 때에 해충으로 소나무가 고사하는 충

---

1) 『비변사등록』, 숙종 30년(1704) 2월 25일조.
"濟州移轉分定於兩南遠邑 其弊亦多 宜於康津·海南等處 設倉預儲 俾無臨時窘迫之歎"

해를 입자 나라에서는 이를 벌목하여 발매하고 구휼에 보태기로 했다. 고사된 소나무를 베어버리니 갈두산 일대는 공한지나 다름없게 되었다. 이에 산지에는 전처럼 나무를 심고, 낮은 곳에는 진보를 설치하기로 했다.[2] 이것이 바로 갈두진[3]이다. 숙종 연간에 조정에서 논의되었던 제주인 구제 전담 창고를 이곳에 두기로 하고, 갈두진창(葛頭鎭倉)을 설치했다. 1705년 조정은 기근 때 제주도로 이전했던 곡물 수천 석의 값을 생선과 미역 등으로 대납하도록 했다. 이것을 갈두진창으로 수송하여 육지의 곡물과 교환한 후 이곳에 저장했다가 흉년이 되면 제주도로 수송하도록 했다.[4]

1716년에 조정은 통영창에서 구휼곡으로 보낸 1만 석의 값도 생선과 미역으로 갚도록 했다. 갈두진창으로 보내어 이것을 팔고, 병영곡 원곡을 갚도록 경상, 전라감사와 통제사, 제주목사에게 지시하기도 했다.[5] 이러한 사실로 미루어 보아 갈두진창의 비축미가 고갈되면 통영창의 군자곡도 제주도로 이전

---

2)『비변사등록』, 숙종 30년(1704) 6월 27일조.
"葛頭山蟲損木發賣補賑事, 海防要害之處, 皆稱可合設鎭, 而今爲宮家所折受, 葛頭山之形勢, 流傳李舜臣, 駐兵於此云, 在前則以其船材禁養之地, 設鎭一款, 雖無擧論之事, 卽今松木盡被蟲損, 將爲斫去, 便作空曠之土, 因此時設鎭, 高處則依前護養船材, 低處則募入土卒"

3) 현재 해남군 송지면 땅끝리이다. 조선시대 때 이 지역은 해남현이 아니라 영암군에 속해 있었다. 해남현의 땅을 넘어 있는 월경지(越境地)이다. 땅끝리는 우리나라 육지 중에서 최남단에 위치해 있기 때문에 '땅끝'으로 잘 알려져 있다. 과거 '갈두리'라 불렀는데 최근 '땅끝'의 이미지를 높이고자 마을 이름을 '땅끝리'로 변경했다.

4)『승정원일기』, 숙종 31년(1705) 2월 10일조.
"康津·海南等處, 設倉儲穀, 以備濟州移轉事, 既有所定奪, 而兩邑之去濟州, 水路之便順, 皆不如葛頭山, 倉舍林木, 亦難辦出云自賑廳, 爲先分付於下去別將, 以其蟲損之木, 造作倉舍, 而穀物每每推移入送, 似爲未易上年濟州移轉穀中, 數千石, 使本州, 從民願, 以魚藿代捧, 出送于葛頭山, 而換穀儲置, 値凶歲輸送"

5)『승정원일기』, 숙종 42년(1716) 10월 18일조.
"統營會外穀 合爲一萬石, 以本州附近各邑所在雜穀, 道臣句管, 使之待明春入送, 其代, 以所産魚藿, 出送萬頭鎭, 料理立本之意, 兩道監司·統制使, 及濟州牧使處, 分付, 何如傳曰允"

했고, 제주도에서는 이전된 구휼곡의 값을 해산물로 갚았음을 알 수 있다.

갈두진창에 인접한 영암, 해남 등 연해지역은 식량이 넉넉지 않은 지역이다. 제주도에 흉년이 발생했을 때 곡식을 이전하다보면 똑같이 어려움에 봉착하는 문제가 발생했다. 이러한 폐단을 없애기 위해 곡물 확보에 비교적 유리한 금강 유역의 나리포로 제주도 구제 전담 창고를 옮기게 되었다.

나리포창은 경종 2년에 전라도 임피현에 설치했던 구휼곡 저장 창고이다. 평시에 곡식을 비축해 두었다가 제주도에 흉년이 들면 구휼곡을 제주도에 보내 기민들을 구제했다. 나리포창은 금강 하구에 인접한 곳으로 배후지에는 만경·김제평야, 내포평야 등 우리나라 제일의 곡창지대가 펼쳐져 있어 구휼곡 확보에 유리했다. 또한 조선시대 우리나라의 2대 포구의 하나이자 3대 장시의 하나였던 강경과도 지척에 있어 구휼곡의 대물로 들어온 제주도 특산물을 매

〈사진 4-3〉 나리포창 소재지 원나포리

(군산시 임피, 2007년 7월 촬영) 나리포창은 금강 수운의 길목에 있어 제주인들이 바친 어곽을 매매하기에 유리했고, 주변은 우리나라 제일의 곡창지대라 구휼곡 확보에도 유리했다.

매하기에 유리했다. 나리포창은 구제창이 설치된 곳이지만, 제주도 특산물을 교역하는 장시가 열리기도 했다.

경종 2년(1722)과 경종 3년, 그리고 영조 1년(1725), 영조 2년에 제주도에서 이상기후로 기근이 발생하자, 조선 조정은 나리포창의 곡식과 경창미를 이전하여 진제했다. 나리포창의 이전곡에 대한 값을 제주도에서는 미역 등 특산물로 갚았다. 영조 3년(1727)에 제주에서는 미역마저 흉년들어 생산량이 격감했다. 제주목사는 미역 대신에 가을에 곡식으로 갚겠다고 장계를 올렸다. 이에 조정의 대신들은 "나리포창은 제주도의 기근에 대처하기 위해서 만들어진 것입니다. 제주도에 이전한 곡식의 값을 어곽(魚藿)으로 받아 곡물로 바꾸어 나리포창에 보관했다가 제주도의 구휼 밑천으로 쓰기로 한 것입니다. 곡식으로 받으면 어물과 미역으로 대신 받기로 한 뜻에 어긋납니다. 미역 생산이 격감했다면 양대[凉臺: 갓양태] 같은 특산물로 대신 받아 곡물로 바꾸어 이전하도록 하는 것이 좋겠습니다."[6]고 하니 영조는 이를 윤허했다.

그 후 어곽, 양대 등의 제주도 특산물로 나리포창의 구휼곡에 대한 값을 지불했다. 영조는 "나리포창을 설치한 목적은 전적으로 제주도를 구제하기 위해 설치한 것으로 창고에 곡식이 떨어져 텅 비게 만든다면 도신은 중죄로 다스리고, 해당 현령에게는 금고의 형률을 내리겠다."[7]고 엄명하면서 항시 제주도의

---

6) 『비변사등록』, 영조 3년(1727) 6월 11일조.

"全羅道羅里浦倉, 蓋爲接濟濟州而設也, 濟州移轉米以魚藿代捧, 轉貿穀物, 儲置本倉, 以作濟州賙賑之資, 而今若以穀捧上, 留置濟州, 則實非當初代捧懋遷之意, 且羅里倉穀物, 亦將減縮, 無以爲前頭接應之道矣, 藿産如果稀貴, 山村民, 難於備納, 則以土産涼臺等物, 代藿計捧, 以爲轉貿穀物之地"

7) 『영조실록』 101권, 영조 39년(1763) 4월 28일조.

"羅里鋪, 專爲耽羅濟州, 涼藿等物出來, 然後可以備穀 若有接濟本州之事, 則自可酬應, 雖設置法美, 綱頹不遵, 本鋪無穀, 致有他官運穀之弊 此後嚴飭本鋪, 其若枵然, 道臣重繩, 該縣令施以禁錮之律"

기근에 대비하도록 했다.

정조 때에 제주도 기민을 구휼하기 위한 구제창이 금강 유역의 나리포창에서 영산강 유역의 제민창(濟民倉)으로 옮겼다. 제민창은 원래 영조 39년(1763)에 삼남 지방에 설치했던 구제창으로 기근이 발생했을 때 백성을 구제하기 위해 만들었다. 전라도에는 나주와 순천에 두었고, 경상도에는 사천, 충청도에는 비인에 두었다.

그 당시 조정은 재해가 발생할 경우 비재해지역의 곡물을 거두어 재해지역으로 이전하여 구제하는 방식을 취했다. 남쪽 지방이 흉년 들면 북쪽 지방에서, 서쪽 지방이 흉년들면 동쪽 지방에서 곡물을 거두어 보내는 방식이다. 때문에 비재해지역도 과다한 식량 공출과 이전으로 인해 곤경에 빠지는 폐단이 나타났다. 이러한 폐단을 해결하기 위해 설치한 것이 제민창이다. 해당 고을에서 독자적으로 기근에 대비하여 비축 창고를 설치하고 평시에 곡식을 저장해 두었다가 기근이 발생하면 해당 지역의 빈민들을 구제했다. 또한 다른 지방에도 곡물을 보내어 기근을 해결하고자 했던 것이다.

정조는 1786년에 이전미의 값으로 제주도 토산품을 나리포창에서 나주의 제민창(濟民倉)으로 옮겨 납부하는 것이 어떠한지 제주목사에게 의견을 물었다. 제주목사는 나리포창으로 가는 해로가 칠산(七山)의 험한 바다를 거치게 되어 침몰될 우환이 많기 때문에 제주도 백성들이 나주의 제민창에 납부하기를 원하고 있다고 보고했다.[8)]

나리포는 해로가 먼데다 거친 칠산 바다를 건너면서 파선의 위험이 컸는데

---

8) 『정조실록』 22권, 정조 10년(1786) 10월 5일조.
"耽羅移粟時, 土産雜物, 納于羅州濟民倉便否, 令道臣論啓矣 該監司沈頤之, 枚擧三邑牒報以爲: 駕海之路, 經過七山險洋, 多有臭載之患, 故一島民情, 皆願移納於羅州 且濟民倉, 近因糶糴於各邑, 百餘間庫舍竝虛, 在官家無創始之難, 在島民免涉險之危, 依該牧所願, 涼藿分俵, 除却湖西九邑, 換定羅州附近爲便"

〈사진 4-4〉 제민창 소재지 제창마을

(전남 나주시, 2007년 7월 촬영) 영산강 뒤로 제창마을이 보인다. 정조 때 제민창을 제주전담 구제창으로 운영했다.

제민창은 가까워서 구휼곡의 대납품인 제주도의 특산물을 보다 빠르고 안전하게 옮길 수 있었다. 또한 제주도에 기근 발생 시 구휼곡을 빠르게 운송할 수 있었다. 나주로 구제창을 옮긴 후 얼마 안 되어 제민창에 저장했던 곡식이 고갈되자 정조는 해당 책임자를 질책하기도 했다.9)

기근이 발생하면 제주도에서는 구휼곡을 요청함과 동시에 제주도 자체적으로 구휼곡을 마련하려는 노력도 병행되었다. 숙종 39년(1713) 제주목사는 구휼곡을 마련하기 위해 제주도의 관고(官庫)에 비축되어 있는 특산물을 배에 싣고 한양으로 올라가서 곡물과 매매하여 오도록 했다. 매매할 특산물을

9) 『정조실록』 46권, 정조 20년(1796) 4월 20일조.
"後移設於羅州, 而今則殆無餘穀 一向任置, 亦甚悶然矣"

〈표 4-1〉 구휼 상황

시기	구휼건수	구휼곡 이동건수
15세기	8	3
16세기	10	2
17세기	23	17
18세기	56	48
19세기	25	6
계	122	76

출처: 『조선왕조실록』, 『증보문헌비고』, 『비변사등록』, 『승정원일기』, 『탐라기년』 등을 토대로 작성함.

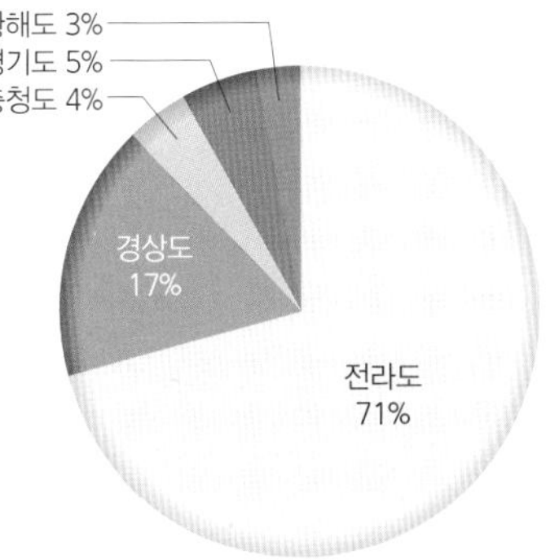

〈그림 4-2〉 구휼곡 이동 현황

싣고 경강에 도착한 배가 2척이었고 진상품을 싣고 온 배가 2척이었는데 사들인 곡식이 적었다. 이에 조정에서는 2천 석을 획급하여 주기도 했다.[10)]

『구황전법』에 보면 재해가 발생했을 때 지방 수령이 해야 할 황정 책무 중 하나가 기근 상황을 조사하고 상급 기관에 보고하여 구제창의 곡식으로 백성을 진제하라는 내용이 있다. 제주도에 기근이 발생하면 제주목사는 재빨리 조정에 치계를 올렸고, 조정에서는 이를 논의하여 구휼곡을 보내 기민을 구휼하도록 했다. 이상기후로 기근이 발생했더라도 수령의 태만으로 보고가 누락될 수도 있다. 또한 조정의 무관심으로 논의 대상에서 제외될 수도 있다.

『조선왕조실록』에 기록된 제주도 구휼 건수를 보면 총 122건이다. 구휼 시기를 보면 18세기가 56건으로 가장 많고, 19세기가 25건, 17세기가 23건이다. 15세기는 8건이고, 16세기는 10건으로 상대적으로 적다. 구휼 건수 122건 중

10) 『비변사등록』, 숙종 39년(1713) 10월 10일조.
"官庫所儲, 盡物取來, 今方貿得穀物, 而所持者狹, 恐不能滿船而歸, 而蓋上來船隻, 到泊京江者, 旣有二隻, 又有進上載來船二隻, 而其船則皆可容千石云, 當此風高之時, 越海運穀, 難保其無事, 彼間形勢甚急, 若以京倉所儲穀物劃給, 則似爲便當, 上曰, 千石則四船分載, 似太小, 二千石載送"

구휼곡 공급 지역을 구체적으로 밝히고 있는 건수는 76건이다. 구휼곡의 공급지로는 전라도가 가장 많은 55건으로 전체의 71%를 차지하고 있고, 그 다음으로는 경상도가 13건으로 17%를 차지하고 있다. 한양을 포함한 경기도가 4건으로 5%이고, 충청도는 2건으로 4%이다. 기근이 극심해 곡식이 모자랄 경우 황해도에서도 구휼곡 이동이 있었다. 제주지역은 조선시대에 행정구역상 전라도에 속해 있었고 지리적으로 가까웠기 때문에 이 지역에서 구휼곡이 많이 이동되었다.

2) 세역 감면과 치제 시행

제주도 토지는 척박해서 토지 생산력이 육지부에 비해 떨어지는 편이다. 조선 초기에 조정은 이런 점을 감안하여 제주도의 전세를 육지의 1/2을 부과했다. 하지만 낮은 토지 생산력과 빈번한 재해, 과중한 역과 지방 관리의 수탈 등을 고려한다면 육지부에 비해 결코 적은 편이 아니었다. 특히 제주도는 진상품에 대한 부담이 컸다. 한반도와는 다른 온화한 기후환경 때문에 진귀한 특산품들이 많았다. 조정은 과다한 양을 공납케 함으로써 제주인들을 고통에 시달리게 했다.

자연환경과 경제적 환경이 불리한 제주도는 이상기후로 재해가 발생하면 기근으로 이어지는 것이 다반사였다. 기근이 들면 조정에서는 구휼곡을 보내 구제했고, 세역을 감면해 주는 등의 조치를 취했다. 세역 감면 조치는 재해 발생 이후에 취할 수 있는 사후구제책의 성격을 지녔다. 흉년으로 인해 세역을 감면한 사례를 보면 다음과 같다.

① "지난해 흉년으로 인하여 제주도의 삼명일의 방물을 올해 가을까지 한정하

여 임시로 감해 주었습니다. 이제 가을이 되었고, 막중한 향사의 제물을 오랫동안 폐지하는 것도 마땅하지 못하니, 청컨대 동지부터 구례에 의거하여 봉진하게 하도록 하소서" 하고 대신들이 청하니 임금이 내년 가을까지 한정하여 감면해 주라고 명했다.11)

② 제주에서 식년에 으레 공납하는 말 5백 필이 이제 올라올 때인데, 굶주린 백성을 시켜서 뒤져 붙잡아 오는 것이 어려울 뿐만 아니라 몰고 올 때에도 필시 일로에 폐단을 끼칠 것이니, 잠시 올해에만 바치지 말게 하라.12)

③ 금년에 전염병으로 인해 사망한 무리들은 각별히 위로하여 구휼해 주고, 가난해서 장사지내지 못한 자들은 관청에서 물자를 도와주라. 병으로 인해 농사를 짓지 못했거나 고기잡이를 하지 못한 자들은 특별히 사정을 참작해 세액을 감해 주라. 그리고 매월 바치는 물선 중에 추복·인복·오적어 등의 종류는 세액을 감하고 수효도 즉시 줄여 봉진하라. 원근을 구별하지 않고 백성을 한결같이 여기는 조정의 은택을 입게 하라.13)

기근으로 제주인의 민생이 어려울 때 조정에서는 세역을 감면해 주고 있다. 굶주리는 제주인들의 민폐를 고려하여 임금의 탄신일과 정월 초하루, 동지의 삼명일에 바치는 방물을 감해 주고 있고, 식년에 공납하는 말 500필을 진상하

11)『숙종실록』64권, 숙종 45년(1719) 7월 12일조.
"上年因年荒, 諸道及濟州三名日方物, 限今秋權減矣 今則秋節已屆, 莫重享上之物, 不宜久廢, 請自冬至, 依舊例封進 上命限明秋姑減肅宗"

12)『현종실록』19권, 현종 45년(1671) 1월 23일조.
"上敎曰: 濟州式年例貢馬五百匹, 今當上來, 而非徒役使飢民, 搜捕爲難, 驅來之際, 亦必貽弊於一路, 姑令今年, 勿來獻"

13)『정조실록』26권, 정조 12년(1788) 9월 30일조.
"今年因病死亡之類, 別加存恤, 貧未收瘞者, 自官助需, 因病失農業者, 失漁業者, 特竝量減稅額 每朔物膳追鰒, 引鰒, 烏賊魚等種, 切勿以擅便爲拘, 準此減稅, 數爻須卽減封, 俾朝家一視之澤, 無遐邇之別"

지 말도록 하고 있다. 조정에서는 말, 전복, 어물 등 진상품을 감해 주거나 연기해 주는 조치를 취했다. 임금에게 올리는 어공도 바치지 말고, 매달 바치는 궁궐 음식을 만드는 재료들인 물선도 줄여 봉진하도록 하여 민심의 안정을 도모하고 있다.

조정의 이상기후 대책 가운데는 상징적인 의미로 임금이 제물과 제문을 보내어 제사를 지내게 하던 치제 조치가 있다. 치제는 장마가 장기간 지속될 때 지내는 기청제와 가뭄이 지속될 때 지내는 기우제가 대표적이다. 재해 및 병충해가 발생했을 때는 포제를 지내기도 했다. 제주도에서 행해진 국가적 차원의 제사는 사직대제, 석전제, 한라산제, 독제, 풍운뇌우제, 성황발고제, 여제 등 일곱 종류가 있다. 정의현과 대정현에서는 7종류의 제사 중 사직대제, 석전제, 성황발고제, 여제의 네 종류만 지냈다. 제주목에는 이들 제사를 행하는 사

〈사진 4-5〉 산천단 제사 터

(제주시 아라동, 2006년 7월 촬영) 산천단은 산천제 및 여러 제사를 봉행했던 곳으로 농사의 재해 예방을 기원하는 포신묘가 있었으며, 가뭄이 심할 때는 기우제를 올렸다.

〈사진 4-6〉 풍운뇌우단 터

(제주시 삼도2동, 2005년 8월 촬영) 풍운뇌우단은 풍신, 운신, 뇌신, 우신에게 제사를 지내는 제단이다.

직단과 풍운뇌우단, 여단, 성황단, 산천단, 포신묘, 독신묘 등이 있다.

사직단은 처음에는 제주성 남문 밖에 있었으나 숙종 때 성 서쪽으로 옮겼고, 이곳에서 토지신 '사(社)', 곡신 '직(稷)'에게 제사를 지냈다. 성황단은 본래 한라산 아래에 있었으나 후에 제주성 서문 밖으로 옮겼으며 마을의 수호신에게 제사를 지냈다. 여단은 성황단 안에 있었는데 제사를 받지 못하는 여귀에게 제사를 지냈다. 독신묘는 남성 안에 있었는데 군대의 안녕을 지켜주는 신에게 제사를 지냈다.

한라산제는 원래 한라산 정상에서 제를 올렸으나 악천후로 통행의 어려움이 많았고, 제를 지내러 가는 도중 얼어 죽는 사람도 발생했다. 때문에 성종 때 이약동 목사가 한라산 북쪽 기슭에 산천단을 마련하고 제단을 설치하여 산신제를 올리도록 했다. 산천단은 한라산신묘를 비롯하여 농사의 재해 예방을 기원하는 포신묘가 있었으며, 가뭄이 심할 때 기우제를 올렸던 터이기도 했다.

풍운뇌우단은 제주성 남쪽 3리쯤에 있다가 후에 성 북서쪽으로 옮겼다. 풍운뇌우단은 풍신, 운신, 뇌신, 우신에게 제사를 지내는 제단으로 사전(祀典)에 중사(中祀)로 기록된 상당히 비중 있는 제사였다. 풍운뇌우제는 중앙에서만 제사를 지낼 뿐 지방은 제사의 대상이 아니었다. 그러나 제주도는 탐라국 이래로 풍운뇌우제를 지냈고, 고려시대를 거쳐 조선 때까지도 이어져 내려왔다. 탐라국의 전통을 이은 제주도의 위상을 엿볼 수 있다.

조선 후기까지도 풍운뇌우제 봉행의 관례는 이어졌다. 그러나 숙종 때 이형상 제주목사(1702~1703)는 이런 유습을 혁파하여 풍운뇌우단을 허물어 버리고 중지시켰다. 이형상은 목사로 부임 후 '당오백 절오백'의 신당 및 불사를 혁파하고 제주도의 전통신앙을 척결하여 유교 풍속을 확산시키는 데 앞장섰다. 풍운뇌우단을 허문 후에 공교롭게도 제주도에는 이상기후가 연달아 발생했고 기근과 전염병이 끊이지 않았다. 제주인들은 풍운뇌우단을 허물어버려 탈이 난 것이라 하여 다시 풍운뇌우제를 지낼 수 있도록 조정에 소청했다.

단을 허문 지 얼마 안 되어 계정대기근(1713~1717)이 발발했고 사망자가 속출하자 조정은 제주도의 민심을 안정시킬 필요가 있었다. 결국 소청을 허락하여 1719년에 풍운뇌우제가 다시 복설되었다. 숙종은 향축을 내려 보내어 풍운뇌우제를 지낼 수 있도록 했다.[14]

제주도에 큰 기근이 발생하면 왕은 이를 위유하기 위해 어사를 파견하고, 제문을 보내 제사를 지내도록 했다. 숙종은 제문을 지어 내렸는데 그 내용을 보면 다음과 같다.

---

14) 『숙종실록』 64권, 숙종 45년(1719) 11월 4일조.
"命立風雲雷雨壇於濟州. 先是, 濟州自設郡初, 有風雲雷雨壇, 自本州致祭, 牧使李衡祥以爲, 非州官所可私祀者, 狀聞罷之. 其後島中連年飢荒, 癘疫不息, 州民以爲祟在壇祀之罷革, 訴于今牧使鄭東後請復, 而東後聞于朝. 至是禮曹奏請許之, 世子從之. 自是歲自京師, 下送香祝以祝之"

> 근심과 번민이 지극하여 내 병마저 모두 잊고 도신에게 칙유하여 곡식을 배로 날라다가 먹이게 했으나 왕래할 때에 순풍을 기다리느라 번번이 지체되게 되었구나. 이어서 의사(醫司)를 시켜 약물을 넉넉히 보내게 했으나 거의 한 움큼의 물과 같아서 두루 구완하지 못했구나. 가엾은 우리 백성은 죄가 없고 허물이 없건만, 하늘이 어찌하여 이처럼 혹독하게 재앙을 내리는가? 고요히 생각하면 참으로 덕이 없기 때문이니, 어찌 부끄러워 견디겠는가? 아! 한 지어미가 원한을 품어도 오히려 재앙을 부르는데, 더구나 1만 명에 가까운 백성이 서로 좇아서 구덩이를 메워 죽은 것이겠는가?15)

정조 15년(1791)부터 19년(1795)까지 5년간도 기후재변과 기근이 극심했다. 정조는 많은 양의 구휼곡을 보내어 제주도 기민을 구제했고, 민심을 안정시키기 위해 윤음(綸音)을 내렸고 어사를 파견하기도 했다. 정조는 심낙수를 제주목사로 삼으면서 다음과 같이 명했다.

> 너는 가장 많은 사람들이 굶어죽은 곳에 가서 고아와 과부들을 모아서 제단을 설치하고 제문을 읽으면서 위령제를 지낸 다음 그 사실의 전말을 장문하라.16)

이처럼 기근이 심각해지면 정부에서는 제문을 지어 보내기도 했고, 윤음을 내리기도 했다. 또한 고아와 과부를 모아 위로하고, 위령제를 지내기도 했다.

---

15)『숙종실록』57권, 숙종 42년(1716) 윤3월 9일조.
"憂悶之極, 渾忘疾疢 飭諭道臣, 船粟以哺, 而往來候風, 每致遲滯, 繼令醫司, 優送藥物, 而殆同勺水, 莫能遍救, 哀我赤子, 無罪無辜, 天胡降災, 若是偏酷耶? 靜言思之, 良由無德, 曷勝慙靦? 嗚呼! 一婦抱冤, 尙且召災 況近萬生靈, 相率而塡乎溝壑者乎? 嗟爾衆神, 携挈朋儔, 來享飮食, 永除災沴, 保我餘民"

16)『정조실록』39권, 정조 18년(1794) 3월 2일조.
"爾其就塡壑最多處, 聚集孤兒寡妻, 設壇操文以酹之, 擧行後形止狀聞"

기근이 심해지면 왕은 신하들에게 구언(求言)의 조치를 취하기도 했다. 또한 자신을 반성하는 뜻에서 감선(減膳)을 시행하기도 했다. 이러한 황정책은 이상기후가 진행되는 과정에서 취해진 조치였다.

구언은 군왕이 재해를 만났을 때 신하들의 직언과 의견제시를 받아들이는 것이었다. 이것은 군왕이 스스로 자신을 낮추고 신하들의 다양한 의견을 받아들여 그 가운데 올바른 의견을 정치에 반영하고자 하는 것이다. 이것은 국가에 재해가 발생했을 때 군왕이 취하는 하나의 도리로 인식되어 왔다. 심지어 재해가 발생했는데도 군왕이 구언의 조치를 취하지 않을 경우에는 승정원이나 비변사에서 구언의 교지를 종용하기도 했다. 충청감사 이익한은 구언 전지에 응하여 다음과 같이 상소하기도 했다.

> 신이 일찍이 제주를 맡고 있으면서 보니, 본주의 각사 노비로서 육지로 나와서 살고 있는 자의 숫자가 1만 명에 가까웠습니다. 한 사람당 신공으로 내는 쌀이 단지 2두였으므로 유망하는 자가 없었습니다. 지금 만약 이 예에 의거해서 헤아려 감하여 규례를 정하되, 노(奴)나 비(婢)를 막론하고 바닷가 고을은 한 사람당 쌀 7두를, 산골 고을은 한 사람당 베 1필을 내게 하여 그들의 힘이 펴이게 하고, 이를 영원히 준행한다면, 유망하는 자들이 다시 모여들어 반드시 도망하여 흩어지는 폐단이 없을 것입니다.[17]

1662~1663년에 제주목사를 지냈던 이익한은 제주도의 노비 1만 명 정도

---

17) 『현종개수실록』 12권, 현종 5년(1664) 11월 13일조.
"臣曾任濟州, 見本州各司奴婢出陸居生者, 其數近萬, 而一口納貢, 米止二斗, 故流亡絶無今若依此例量減定式, 勿論奴婢, 沿海, 則口米七斗, 山郡, 則口布一匹, 以紓其力, 永久遵行, 則流亡還集, 必無逃散之弊矣"

가 육지로 도망가서 살고 있었는데 1인당 신공으로 내는 쌀을 2두로 감했더니 유망하는 자가 없었다고 아뢰고 있다. 그 당시 제주도는 출륙금지령이 내려져 있어 육지로 나가는 것이 통제되었다. 그럼에도 불구하고 노비 1만 명 정도가 육지로 도망가서 살고 있는 것은 놀라운 일이다. 노비 외에 상민도 포함시키면 더 많을 것이다. '가정맹어호(苛政猛於虎)'라는 말이 있다. '혹독한 정치는 호랑이보다 무섭다'는 뜻이다. 먹고 살기 어려울 정도로 세금을 많이 물리는 것이 백성들에게 얼마나 무서운 것인지를 잘 말해 주고 있다. 기근이 끊이지 않고 가혹한 세금으로 살기가 힘들어지자 유민들이 대거 제주도를 탈출했음을 알 수 있다. 이익한은 왕에게 제주인들의 어려움을 상소하고 세금을 감해 주면 도망가는 일이 없을 것이라고 하고 있다.

숙종 28년에 큰 홍수가 나자 김진규 등은 '진실로 재이(災異)를 만나서 자신을 반성하고 수양한다면, 화가 변하여 복이 될 것입니다'라고 했다. 영조 때에 오원(吳瑗)은 "재해를 만나면 자신을 닦고 반성하는 방도를 마련해야 합니다"고 건의했다. 재해 발생 시 군왕의 수성지도를 강조한 말들이다.

옥에 갇혀 있는 죄수 가운데 죄가 가벼운 죄수들을 석방하여 성의를 표시함으로써 하늘을 감동시켜 재해를 그치게 하고자 하는 조치를 취하기도 했다. 도망친 노비의 추쇄 금지 조치를 내린다든지 금주령을 내리는 등의 대책을 강구하기도 했다.

수성(修省)은 재이(災異)가 발생했을 때 왕이나 신하들이 마음을 가다듬어 반성함으로써 재변을 극복하려는 조치였다. 왕은 재해 및 기근이 발생했을 때 정사가 바르지 못했는가, 폐단을 없애지 못했는가, 형벌과 시상이 마땅하지 못했는가, 변변치 못한 사람이 벼슬자리에 있지 않은가 등을 반성하며 수성했다.

중종 36년(1541)에 흉년이 발생하자 다음과 같이 수성하도록 했다.

> 대간이 아뢰기를 "지난해의 흉년은 근년에 없던 흉년으로 민생의 배고픔과 피곤함이 이번 봄이 더욱 심한 까닭에 농사를 실패한 고을에서는 굶어 죽는 자가 속출하고 있습니다. 백성들을 괴롭히는 일체의 행사를 중지하고 오로지 구휼만을 힘쓰더라도 오히려 부족할까 두렵습니다. 어제 제군들의 집 짓는 일을 다시 하라고 명하셨는데 황정에 해됨이 이것보다 심한 것이 없으니 거행하지 마소서."하니, 모두 아뢴 대로 하라고 답했다.[18)]

이상기후나 천재지변으로 나라가 어려운 일이 발생했을 때 왕은 근신하는 뜻에서 수라상의 음식 가짓수를 줄여 백성들에게 모범을 보인 감선의 조치를 취하기도 했다. 재해가 발생했을 경우 왕은 자신의 부덕의 소치로 여기며 수성을 했던 것이다.

---

18)『중종실록』97권, 중종 37년(1542) 3월 7일조.
"臺諫啓曰: "前年凶荒, 近古所無, 而民生飢困, 到今春尤甚, 失農州郡, 餓死者相繼 凡病民之擧, 一切停罷, 惟以賑恤爲務, 猶懼其不贍, 昨日諸君家營造, 竝命復役 荒政之害, 莫此爲甚, 請勿擧" 答曰: "皆如啓"

2. 제주도 3대 기근

기근은 사회 전반에 기아, 영양실조, 전염병, 사망률의 급증 등을 야기한다. 기근의 해결은 예부터 인류의 공통 과제였고, 오늘날도 대기근으로 고통받는 지역이 많다. 제주도는 기후재해가 빈번하게 발생했다. 그로 인해 조선 500여 년 동안 제주도에서는 크고 작은 기근이 반복되었지만 유독 심한 시기가 있다. 사료를 분석해 본 결과, 현종 연간의 1670~1672년, 숙종 연간의 1713~1717년, 정조 연간의 1792~1795년의 기근이 특히 심했다. 이때의 기근은 전쟁보다 더 참혹했고, 제주인들은 굶주림과 전염병으로 떼죽음을 당했다. 기후재앙으로 인해 제주도에 죽음의 공포가 휩쓸고 지나갔다.

1) 경임대기근(1670~1672)

현종 11년(1670) 경술년에 발생하여 신해년(1671)까지 2년 동안 지속되면서 우리나라에 큰 피해를 입힌 대기근을 경신대기근(庚辛大飢饉)이라 한다.

경신대기근은 조선시대 최악의 기근으로 잘 알려져 있다. 제주도에서도 경신대기근 기간에 기근과 전염병이 휩쓸면서 큰 피해를 입었다. 육지는 2년간 그 기근이 진행되었는데, 제주도는 한해 더해 임자년(1672)까지 3년간 계속되었다. 이 책에서는 그 기근을 '경임대기근(庚壬大飢饉)' 이라 했다.

경임대기근 때 그 피해가 얼마나 참혹했던지 그 당시 조정에 보고한 제주목사의 치계를 보면 잘 알 수 있다.

> 제주도에 굶주려 죽은 백성의 수가 무려 2,260여 명이나 되고 남은 자도 이미 귀신 꼴이 되었습니다. 닭과 개를 거의 다 잡아먹었기에 경내에 그 소리가 들리지 않습니다. 마소까지 잡아먹으면서 경각에 달린 목숨을 부지하고 있습니다. 사람끼리 잡아먹는 변이 조석에 닥쳤습니다.[1)]

1670년 초가을에 태풍이 제주도를 강타하여 대흉년이 발생한 후 1671년 4월까지 약 반년의 짧은 기간에 2,260명이 기근과 전염병으로 죽었다. 살아남은 자도 귀신 형상으로 산송장이나 마찬가지라고 조정에 보고하고 있다. 급기야는 사람끼리 잡아먹을 재변이 닥쳤다고 하니 당시의 참혹한 상황을 짐작할 만하다. 실제로 이때 육지의 어느 지방에서는 인육을 먹었다는 기록도 있다. 경임대기근의 서곡을 알리는 제주목사의 치계를 보면 다음과 같다.

> 제주에 윤2월부터 비가 오지 않다가 5월 그믐에 와서야 비가 내렸습니다. 폭우가 여러 달 개이지 않아 높고 낮은 전답이 침수되지 않은 곳이 없으며, 또한

1) 『현종실록』 19권, 현종 12년(1671) 4월 3일조.
"濟州牧使盧錠馳啓曰: 本島飢民死亡之數多至二千二百六十餘人, 餘存者已成鬼形 食鷄犬殆盡, 四境之內, 不聞鷄犬之聲, 繼殺牛馬, 以延晷刻之命, 相食之變, 迫在朝夕云"

풍재가 참혹합니다.[2]

1670년은 봄 가뭄이 심했고, 오랜 가뭄 끝에 5월 그믐에 와서야 비가 내렸다. 5월 그믐을 양력으로 환산하면 7월 16일로 장마기에 해당한다. 이승호(1994)의 연구에 의하면, 제주도의 장마는 6월 21일 경에 시작되어 7월 23일 경에 종료된다고 했다. 장마의 지속기간은 33일 정도이다. 해에 따라 장마 시기와 지속기간은 변동이 있지만, 한 달쯤 비가 오락가락 하면서 특이한 철(節)을 만든다.

1670년 7월 16일(양력)에 내린 비는 장마가 북상하면서 내린 것으로 보인다. 7월 16일이면 장마가 종료될 즈음인데, 윤2월부터 가물다 4개월 만에 비가 내렸다. 이렇게 봄과 여름 가뭄이 오래 지속되고 장마가 늦게 북상한 데에는 17세기에 이상기후로 몸살을 앓았던 전 지구의 '소빙기 기후'와 관련이 있는 것으로 보인다. 1670년은 소빙기의 영향으로 북반구가 한랭화되면서 우리나라 주변에 한대 기단이 오랫동안 유지되었고, 그로 인해 아열대 해양 기단의 북상이 늦어졌던 것으로 보인다. 그 해는 제주도뿐만 아니라 우리나라 전체가 극심한 가뭄에 시달렸다.

아열대 해양성 기단인 북태평양 고기압이 제주도 남쪽 해상에서 오래 머물면 쿠로시오 난류에서 증발한 수증기를 그만큼 많이 함양할 수 있다. 뒤늦게 북상한 장마는 제주도를 통과하면서 폭우를 가져왔다.

1670년 7월 16일(양력)부터 내리기 시작한 비가 여러 달 계속되었다는 것은 비교적 늦게 온 장마가 장기간 우리나라에 머물렀다는 것을 의미한다. 또한

---

2) 『현종실록』 18권, 현종 11년(1670) 8월 1일조.
"濟州自閏二月不雨, 至五月晦始雨, 雨勢如注, 連月不開, 高下田疇, 無不沈沒, 風災又慘, 牧使以聞"

늦장마도 오랫동안 지속되었던 것으로 보인다. 한여름에 장마전선은 보통 만주 쪽에 위치해 있다가 한대 기단이 강해지면 남하하면서 우기가 전개되는데 이를 '늦장마'라 한다. 이승호(1994)에 의하면 늦장마는 제주도에 8월 22일경 도달하고, 9월 11일경 종료된다고 한다. 늦장마의 지속기간은 20일 정도이다.

풍재까지 참혹했다는 것은 태풍이 내습하여 정체전선 상에서 발달한 저기압과 합쳐지면서 더욱 세력을 키워 심각한 풍수해를 입혔음을 의미하는 것이다. 1670년 여름은 태풍이 우리나라를 통과하기에 좋은 조건이었던 것 같다. 한여름에 북태평양 고기압이 우리나라를 중심으로 세력이 강해지면 태풍은 북상하기 힘들다. 그러나 정체전선의 발달로 여러 달 동안 비가 오면서 태풍의 통로가 만들어졌고 자주 내습했던 것으로 보인다. 현종 11년 8월 1일에 기록된 풍재는 예고편이었고, 그해 9월 9일에 기록된 태풍이야말로 초대형 태풍이었다. 태풍이 제주도를 휩쓸고 지나간 후 제주목사가 보고한 치계 내용을 보면 다음과 같다.

> 7월 27일 강풍과 폭우가 일시에 닥쳐, 하룻밤 사이에 큰 물이 갑자기 불어났습니다. 수구(水口)의 홍성(虹城)과 누각까지 아울러 무너져 바다 속으로 떠내려갔고, 침수된 민가가 아주 많으며 물에 빠져 죽은 자가 6명입니다. 밝은 대낮이 컴컴해졌고 성난 파도가 눈처럼 흩날려 소금비가 되어 온 산과 들에 가득했습니다. 사람이 그 기운을 호흡하면 꼭 짠물을 마시는 것 같았습니다. 초목은 소금에 절인 것 같았고 귤·유자·소나무·대나무 등이 마르지 않은 것이 없었습니다. 각종 나무 열매는 다 떨어졌고 기장·조·콩 등은 줄기와 잎이 모두 말랐습니다. 농민들이 서로 모여 곳곳에서 울부짖고 있으니, 섬 안에 인간이 앞으로 씨가 마르게 되었습니다. 이는 실로 만고에 없었던 참혹한 재변입니다.[3)]

태풍이 내습한 날은 1670년 음력 7월 27일로 이를 양력으로 환산하면 9월 10일이다. 초가을에 초대형 태풍이 제주도를 강타하면서 극심한 피해를 야기했던 것이다. 산지천이 범람하여 수많은 민가가 침수되었고, 익사자가 6명이나 발생했다. 제주성 수구의 홍성과 누각이 무너져 내렸다. 기록을 분석해 보면, 태풍 초기에는 강풍과 폭우를 동반하여 극심한 풍수해를 입혔지만, 후기에는 바람이 강하게 불고 비는 적은 '건태풍(乾颱風)'으로 변질되었던 것 같다. 그래서 강풍으로 흩날린 해수 입자가 식물에 침착하면서 고사되는 피해를 입었던 것으로 보인다.

폭우를 동반한 '우태풍(雨颱風)'이 불면 수해는 더 증가하지만, 초목에 침착된 해수 입자들을 빗물이 세척하여 조풍해는 감소한다. 9월 10일(양력) 태풍으로 소금비가 내렸고, 산야의 초목이 소금에 절인 것처럼 말라 버렸다는 것은 조풍해가 극심했음을 의미한다. 농작물이 깨끗이 말라버려 백성들을 어떻게 구제해야 될지 모르겠다는 제주목사의 치계는 태풍 재해의 참혹성을 잘 표현하고 있다.

"제주도에 저장되어 있는 곡식은 8천 석에 불과합니다. 인민의 숫자는 무려 42,700여 명입니다. 사람은 많고 곡식은 적어 구제하기 어렵습니다. 호남 연해의 각 고을에 있는 통영곡을 보내면 구제할 수 있을 것입니다. 그리고 각사 노비 신공도 완전히 감해 주소서" 하고 건의하니 왕은 이를 허락하여 쌀 2천 석,

3)『현종실록』 18권, 현종 11년(1670) 9월 9일조.
"七月二十七日狂風暴雨, 一時大作, 勢如河決, 聲若雷震 一夜之間, 大水急漲, 水口虹城竝樓閣頹圮, 漂入海中, 民舍沈沒極多, 渰死者六人 白晝昏黑, 怒濤噴雪, 因成醎雨, 遍滿山野, 人吸其氣, 若飮醎水 草木如沈鹽, 橘柚松篁霜雪之所不能殺者, 無不焦枯, 所謂土地之毛, 皆無一分生意 各種木實, 幾盡隕落, 黍粟豆太, 莖葉俱乾 農民相聚, 處處號哭, 一島生類, 將至於靡有孑遺 此實萬古所未有之慘災, 前頭濟活罔知攸措云"

조(租) 3천 석을 배로 실어다 구제하도록 했다.[4]

제주도에서는 언제 닥칠지 모르는 이상기후로 인한 흉년에 대비하여 자체적으로 창고를 설치하여 운영하고 있었다. 각 읍 창고에 곡식 8천 석이 저장되어 있었지만, 이것으로 제주도 기민을 구제하기에는 턱없이 모자랐다. 조정은 남해안 연해 지역에 저장된 곡물들을 수송하여 제주도의 기민들을 구제하도록 했다.

제주인들은 식량이 떨어지고 구휼곡은 도착하지 않자 우마를 잡아먹으면서라도 목숨을 지탱했다. 조정은 제주인들이 말을 나라에 바치면 전라도와 경상도의 둔전 곡식으로 교환해 주도록 했다.[5] 또한 죄를 지어 제주도로 귀양보냈던 전가사변 죄인들을 다시 육지로 옮기는 조치를 취했다.[6] 제주도의 인구를 조금이라도 줄임으로써 기근 문제를 해결하고자 했던 것이다. 이런 상황에서 1670년 가을에는 지진까지 발생하여 민가가 무너지는 피해가 발생하기도 했다.[7]

---

4)『현종실록』 18권, 현종 11년(1670) 9월 10일조.
"三邑留糴不過八千石, 而人民之數, 多至四萬二千七百餘口, 人多穀少, 決難賑活, 請得沿海穀物, 以濟一島濱死之命 許積白上曰: "濟州凶荒之慘, 古亦未聞 牧使盧錠出入村家, 親審民食之有無, 尤甚飢餓者, 至誠賑救, 而官糴甚少, 有此移粟之請, 以統營穀在湖南沿海各邑者移送, 則庶可救活 且各司奴婢身貢, 亦宜全減, 以示軫恤之意也" 上皆許之, 遂以米二千石, 租三千石, 船運以賑之"

5)『현종실록』 18권, 현종 11년(1670) 9월 11일조.
"時濟州大饑, 爭殺馬畜, 少延晷刻之命, 三邑民情皆以爲: '與其殺食, 寧納國屯, 而受食國穀' 牧使盧錠以聞, 濟州人上京者, 亦以此訴于備局, 許積白上, 請以太僕所屬兩南屯穀, 計價買之, 上許之"

6)『현종실록』 18권, 현종 11년(1670) 9월 12일조.
"命量移濟州全家罪人 濟州定配罪人, 皆賊徒也, 習性不悛, 常多盜竊之害 當此凶歲, 爲害尤甚, 濟民不堪其苦 今若移配, 一島之人, 庶可支保矣"

7)『현종실록』 18권, 현종 11년(1670) 10월 3일조.
"濟州地震 有聲如雷, 人家壁墻, 多有頹圮者"

1670년 12월 13일(양력)에는 먹을 것을 찾아 산에 열매를 따러 갔던 기민들이 갑자기 몰아닥친 폭설로 고립되어 91명이 동사하는 사건이 발생하기도 했다. 설상가상으로 기근 중에 전염병까지 번져 죽은 자가 많았다.[8)]

1670년의 기근은 전국적으로 발생했는데 그 참상은 제주도가 특히 심했다. 극심한 재해로 민심이 흉흉하고 기근이 해결될 기미가 보이지 않자 조정은 전라도로 하여금 미조(米租) 5천 석을 이전하여 구제케 했고, 또 각종 씨앗 1천 5백 석을 주었다.[9)] 조정의 이러한 노력에도 기근이 해결되지 않자 제주목사는 조정에 다음과 같이 치계하고 있다.

"제주도 민생의 일은 이미 극도에 이르렀습니다. 모든 백성이 산에 올라가 나무 열매를 줍는데 나무 열매가 이미 다했고 내려가 들나물을 캐는데 풀뿌리가 이미 떨어졌습니다. 마소를 죽여서 배를 채우고 있으며, 무뢰한 자들은 곳곳에서 무리를 지어 공사간의 마소를 훔쳐서 잡아먹는 일이 부지기수입니다. 그리하여 서로 사람들끼리 잡아먹을 걱정이 조석에 닥쳤으니 비참한 모양을 차마 말할 수 없습니다." 이에 조정은 전라도에 있는 호조의 소금 500석과 상평청·통영 및 양남의 사복시 목장 등의 곡식 7,000석을 획급하여 전라 수영의 병선으로 실어 보내게 했다. 그러나 해로가 멀고 풍파에 오래 막혀서 지난해 초겨울에 올린 장계가 이제야 도착했고, 전후로 곡식을 나르는 배도 제때에 미처 도달하지 못하여 굶어 죽은 섬 백성이 더욱 많아지게 되었다.[10)]

---

8) 『현종실록』 19권, 현종 12년(1671) 2월 3일조.
"濟州去十一月初二日大風大雪, 一時暴作, 積雪盈丈 飢民上山拾實者, 未及歸巢, 路塞凍死者九十一人 饑饉之中, 癘疫熾發死者亦多"

9) 『현종실록』 18권, 현종 11년(1670) 12월 27일조.
"濟州三邑, 告被風災, 饑饉之慘, 比他尤甚 朝廷令全羅道移轉米租竝五千石以救之, 且與種子各穀一千五百石"

10) 『현종실록』 19권, 현종 12년(1671) 1월 30일조.

1670년에 보내준 구휼곡 5,000석은 제주도 기민들을 구제하는데 턱없이 모자랐다. 주린 배를 채우기 위해 산에 가서 열매를 따먹고 들에 가서 풀뿌리를 캐다 먹었으나 이것마저 고갈되었다. 민가의 우마는 물론이고, 국영 목장의 우마까지도 훔쳐 잡아먹고 있는 실정이었다. 기아가 얼마나 극심했던지 사람이 사람을 잡아먹을 상황이라고 제주목사는 조정에 보고하고 있다. 이에 조정에서는 7,000석을 병선으로 실어 보내도록 했지만 기상 악화로 제때 수송하지 못해 제주도 기민들이 많이 굶어 죽었다. 이에 대해 비변사에서는 조정에 다음과 같이 보고하고 있다.

> "제주의 기민을 구제하는 일이 하루가 급한데 상세히 들으니, 제주도의 형세는 제주에 저장된 진구할 곡물이 올 해 이전에 바닥이 나게 생겼습니다. 곡식을 운송할 배는 바람이 잔잔해지기를 기다리며 석 달이나 되도록 나오지 못하고 있습니다. 전라도는 제주에서 배가 오기를 기다리며 아직도 수송을 하지 않고 있습니다. 수만 명의 백성들의 목숨이 바야흐로 죽어가고 있는데, 만약 각 고을의 곡물이 다 도착하기를 기다려서 배를 출발시킨다면 그 형세가 필시 너무 늦어지게 될 것입니다. 통신(統臣) 및 두 수사(水使)로 하여금 곡식을 옮겨 싣는 대로 바로바로 들어가서 죽음에 임박한 백성들의 목숨을 구제하게 하는 것이 마땅합니다." 하니, 현종이 윤허했다. 왕은 만약 지체하게 되면 해당 수사가 책임을 면키 어렵다고 추궁하고 있다.**11)**

"濟州牧使盧錠馳啓曰: "本島三邑民事, 已至十分地頭大小人民, 上山拾木實, 木實殆盡, 下取野菜, 草根已乏殺牛馬以充腹, 無賴之徒, 處處結黨, 公私牛馬, 偸取屠殺, 不知其幾相食之患, 迫在朝夕, 愁慘之象, 有不忍言" 朝廷以全羅道所在戶曹鹽五百石, 常平廳統營及兩南司僕寺牧場等穀, 劃給七千石, 令全羅水營兵船載送 但海路遼遠 風波久阻, 上年冬初所封狀啓, 今始來到, 而前後運穀之船, 亦不能及期得達, 以致島民餓死尤多"

11)『현종실록』19권, 현종 12년(1671) 2월 4일조.

"備邊司啓曰: "濟州三邑賑飢之事, 一日爲急, 而詳聞島中形勢, 則州儲賑救穀物, 當盡於

1670년은 가뭄과 태풍, 계속된 강풍 등 이상기후가 잦았다. 3개월 동안 계속된 바람에 바다가 거칠어 곡식을 운반할 배들이 제주도에서 출항하지 못했다. 구휼곡을 운반하지 못하자 비변사에서는 제주도에서 배가 올 때만 기다리지 말고 남해안의 수군으로 하여금 바로 곡식을 실어 떠나도록 명하라고 왕에게 건의하고 있다. 현종은 이를 허락하면서 곡물 운송을 지체하면 수사들에게 책임을 묻겠다고 엄명을 내렸다. 제주도에서 3개월 동안 배를 못 띄웠다는 것은 이상기후로 풍랑이 심했다는 것이다.

전통시대의 배는 바람에 의해 좌우되었다. 아무리 빠른 배라도 바람이 맞지 않으면 어쩔 수 없었다. 오랫동안 배를 못 띄운 것은 당시 소빙기 기후의 영향으로 대륙 고기압이 강력하여 북풍 계열의 바람이 계속되었다는 것을 의미한다. 비변사는 제주도에서 배가 오기만 기다릴 것이 아니라 남해안의 수군을 동원해서 곡식을 운반해야 한다고 했다. 겨울철 북서계절풍이 불 때 제주에서는 배를 띄우기 힘들지만 육지에서는 배를 띄울 수 있기 때문이다.

제주도에서는 기근이 더욱 심하여 민생의 형세가 날로 위급해지고 있었다. 제주목사가 제주성에서 멀리 떨어진 조천관까지 나가 곡물을 운송해 오는 배를 기다렸다. 굶주린 백성들이 제주성 관아 앞에 와서 먹을 것을 달라고 울부짖으니 목사는 식량이 도착하기만을 기다릴 수 없었다. 목사가 조천관으로 가는 길에는 백성들이 뒤를 따랐다. 얼마나 굶주렸으면 목사가 가는 길에 먹을 것을 달라며 따라다녔겠는가? 당시의 절박한 상황을 엿볼 수 있다. 조천관은 육지의 물품을 실은 운송선이 출입하는 주요 포구였다. 멀리서 배 하나가 오

歲前, 運穀之船, 待風三朔, 不得出來 全羅道則等待島船之來, 尙無輸送之擧, 累萬民命, 方在喁喁待盡之中云 而若待列邑穀物之齊到而發船, 則其勢必致遲緩, 令統臣及兩水使, 隨其穀物之運載, 鱗次入送, 以救朝夕將死之民命宜當" 上允之 仍敎曰: "若或遲滯, 則當該水使, 難免罪責之意, 亦爲分付"

자 목사는 급히 가보았고, 곡물을 실은 배가 아닌 배임을 알고는 통곡했다. 수송선이 오기만 기다리던 백성들도 울부짖었고, 이 소식을 들은 도민들도 슬퍼했다.[12] 그 당시 기근의 참혹했던 상황을 잘 알 수 있다.

조정에서는 배 15척에 구휼곡을 실어 제주도로 운반하도록 했지만 거센 풍랑으로 표류하고 말았다. 제주도에 도착한 배는 2척에 불과했다.[13] 제주도 기근 상황이 절박하게 돌아가자 조정에서는 궂은 날씨에도 불구하고 수군을 동원하여 구휼곡을 실은 선박을 출항시켰다. 남해안과 제주도 사이의 제주해협은 험하기로 유명하다. 특히 추자도와 제주도 사이에는 풍랑이 더 심하다. 날씨가 좋아 순풍을 만나면 하루 만에 건널 수 있는 해로지만, 역풍이 불거나 바다가 거세면 표류할 수밖에 없는 험로이다. 15척의 수송선 중에 13척은 표류하고 2척만 제주에 도착한 것으로 보아 그 당시 기후와 해상 상황을 짐작할 수 있다. 소빙기의 절정에 달했던 17세기는 이상기후가 빈번하게 발생했고, 그 영향으로 바다도 거칠었다. 구휼곡 수송에 차질을 빚을 수밖에 없었던 기후상황이었다.

1670년부터 1671년 말까지 정부는 지속적으로 제주도 기민을 구제하기 위해 구휼 정책을 펼쳤다. 이때 조정에서 논의한 것을 보면 당시 상황을 유추할 수 있다.

이하(李夏)가 제주도에서 돌아와 말하기를, "나올 때에 제주 섬의 백성들이

---

12) 『현종실록』 19권, 현종 12년(1671) 2월 15일조.
"盧錠出來朝天館, 以待運穀之船, 飢民隨之 有一船自遠而近, 急往視之, 非載粟船, 盧錠痛哭而還, 飢民亦一時號哭 聞者莫不於悒"

13) 『현종실록』 19권, 현종 12년(1671) 7월 26일조.
"濟州入送種穀運船十五隻, 一時漂風, 不知去向 其後十一隻, 漂到沿海各邑, 二隻得達濟州, 二隻不知去向, 更令申飭搜訪"

통곡하면서 전송하기를 우리들이 이제까지 살아 있는 것은 국가의 혜택입니다. 그러나 이제는 국가에서도 우리들을 살릴 힘이 없으니, 우리들은 장차 모두 죽음을 면하지 못할 것이라고 했습니다. 지금 제주 백성의 형세는 한 시각이 급하오니, 쌀을 빨리 실어 보내야 구제할 수 있습니다. 호남에 있는 둔전과 태복의 목장 등 여러 곳의 곡식으로 진구하옵소서. 남해안 각 고을의 수미를 덜어서 구제하여 주소서. 먼저 수미를 보내어 서둘러 구제하고 이어서 곡식을 실어 보내 종자로 쓰도록 도와주는 것이 낫겠습니다." 하니 왕은 이를 윤허했다.[14]

현종은 어사 이하를 제주도에 파견하여 곡식 종자와 식량 및 포목을 실어다가 구제하도록 했다. 그가 제주도에서 임무를 마치고 나올 때 제주인들은 조정도 우리들을 살릴 힘이 없으니, 장차 모두 죽음을 면하지 못할 것이라고 절규하고 있다. 이에 조정에서는 추가로 곡식을 보내어 구제하도록 청하니 왕은 이를 허락했다. 1672년에도 제주도의 기근 상황은 계속되었다. 조정에서는 제주도에 구휼곡을 이전하는 문제를 논의했다.

"해서의 곡물 2만 석을 제주에 떼어주라는 일을 전에 이미 품정했습니다. 해서 각 고을의 두 해 전세를 그곳에서도 지금 거두고 있는데 또 이렇게 이전하는 조처가 있게 되면 참으로 지탱하기가 어렵습니다."라고 왕에게 이른다. 왕

---

14) 『현종실록』 20권, 현종 12년(1671) 12월 23일조.
"命以全羅道沿海各邑收米二千石, 賑濟州飢民 先是, 李夏還自本島, 言: "出來時一島之民, 痛哭以送曰: '吾輩之至今生存, 莫非朝家罔極之惠澤, 而卽今朝家, 亦無活我之力, 吾輩將不免盡劉'云" 許積以聞於上, 且曰: "卽今濟民之勢, 一刻爲急, 必速運米以送, 庶可及救也" 金壽興欲以湖南之訓局屯田及太僕牧場等諸處, 皮穀賑之, 閔鼎重請除沿海各邑收米, 以救之, 積以爲: "不如先送收米, 汲汲濟活, 繼運皮穀, 助其種資" 上許之"

은 구휼청에서 5, 6천 석을 덜어내 제주에 옮겨줌으로써 2만 석의 수량을 채우고, 해서의 곡물 5, 6천 석은 그대로 유치하여 그곳의 급한 상황을 끄도록 하는 게 편리하겠다고 했다. 또 호남의 쌀을 옮겨 구휼하라고 명했다.[15)]

계속된 기근으로 삼남 지방뿐만 아니라 황해도의 곡물을 제주도에 이전하는 방안이 논의되었다. 중앙의 구휼청 곡식으로도 지원하도록 했고, 부족한 것은 호남의 곡식을 동원하여 구휼하라는 명을 내리고 있다.

1672년에도 "제주·정의·대정 세 고을에 기근이 들었는데, 호남의 쌀을 옮겨다 구제했다"[16)]는 기록이 있다. 이때 지원된 곡식의 양이 얼마인지 확실치는 않지만, 1672년에도 기근이 계속되었음을 알 수 있다. 이후에는 이상기후 및 구휼 기록이 없는 것으로 보아 1672년 여름부터 보리 수확이 성공적으로 이루어지면서 대기근이 종료된 것으로 보인다.

1670년에 시작하여 1672년에 끝난 경임대기근은 제주도를 죽음의 섬으로 몰아넣었다. 1670년의 제주도 인구는 42,700여 명이었다.[17)] 1672년 한성부는 전국의 인구를 조사하여 보고했다. 이를 보면, 제주도의 호수는 8,490호에 남자 12,557명이고, 여자 17,021명으로[18)] 총 29,578명이다. 호적에 미등재된

---

15)『현종개수실록』25권, 현종 13년(1672) 4월 3일조.
"海西穀二萬石劃給濟州事, 曾已稟定矣 但海西各邑兩年田稅, 今亦捧納, 而又有此移轉之擧, 誠難支吾矣" 上曰: "自賑恤廳捐出五六千石, 移給濟州, 以充二萬石之數, 而海西穀五六千石, 則仍留, 以紓其急似便" 其後又命移湖南米以賑之"

16)『현종실록』20권, 현종 13년(1672) 4월 13일조.
"濟州, 旌義, 大靜等三邑饑, 移湖南米以賑之"

17)『현종실록』18권, 현종 11년(1670) 9월 10일조.
"人民之數, 多至四萬二千七百餘口"

18)『현종실록』20권, 현종 13년(1672) 10월 30일조.
"漢城府上戶口之數 濟州三邑 元戶八千四百九十 人口男一萬二千五百五十七口 女一萬七千二十一口"

사람도 있겠지만, 기록상으로 볼 때, 3년 사이에 약 13,122명이 감소한 것이다. 경임대기근으로 인구의 30% 정도가 급감했다. 대략 제주인 3명 중 1명이 죽었다고 할 수 있다. 경신대기근(1670~1671) 2년간 전국적으로 죽은 사람은 약 1백만 명이다(김덕진, 2008). 1669년 전국 인구가 516만 명인데 우리나라 전체 인구의 20%가 이때 희생되었다. 한반도의 희생자 비율과 비교해 보더라도 제주도의 피해가 더 심했음을 알 수 있다.

2) 계정대기근(1713~1717)

조선은 500년 역사상 가장 큰 규모의 대기근을 두 차례나 겪었다. 현종 때 경신대기근(1670~1671)과 숙종 때 을병대기근(1695~1696)이다. 경신대기근은 한반도 전역을 강타했고, 제주도는 육지에 비해 그 피해가 더 컸다. 그러나 을병대기근 때 제주도의 기근에 대한 구체적인 기록은 별로 없다. 『승정원일기』의 제주목사의 서목에 다음과 같이 간단히 기록되어 있을 뿐이다.

> "진구하는 일에 전혀 괘념하지 않아 백성들로부터 원망을 산 판관 노삼석을 파면하고, 제주 삼읍의 기민 11,139명을 정월부터 4월 그믐까지 분진했다"[19]

이 기근을 발생시킨 기후재해의 원인과 그 피해 상황, 구휼 과정, 구휼에 동원된 곡식의 양 등이 기록되어 있지 않다. 조정에서는 제주도에서 진상하는 세공마의 문제[20]와 제주도에서 진상한 감귤(柑子)이 썩어 봉진관인 제주목사

---

19) 『승정원일기』, 숙종 22년(1696) 5월 12일조.
"濟州牧使書目, 判官盧三錫, 賑救之事, 全不掛念, 民怨載路, 不得已罷出事又書目, 本島三邑飢民壯弱, 竝一萬一千一百三十九口, 自正月至四月晦日, 分賑事"

를 추고하는 문제[21] 등을 오히려 크게 다루고 있다.

『숙종실록』, 『비변사등록』, 『탐라기년』 등 다른 사료에도 을병대기근 기간에 제주도의 기근에 대한 기록이 없다. 을병대기근 기간에 제주도에서도 기근이 발생했지만, 그 정도가 육지에 비해 심각하지 않았던 것으로 보인다.

사료를 보면 제주도는 을병대기근 때보다 숙종 39년(1713)부터 43년(1717)까지 5년 동안 연달아 발생한 계정대기근 때가 더 심각했다. 이때의 이상기후에 대한 기록과 기근 상황 및 구휼에 대한 기록은 매우 풍부하다. 정량적으로 보더라도 을병대기근 때 제주도의 기민은 11,139명이지만, 계정대기근 때 기민은 47,000여 명이었고 사망자도 상당수 발생했다. 1713년부터 1717년까지 지원된 곡식의 총량은 약 20만 석이었다. 이로 미루어 보아 제주도는 을병대기근에 비해 계정대기근이 더 심각했음을 알 수 있다.

계사년(1713)부터 정유년(1717)까지 5년 동안 계속된 '계정대기근(癸丁大飢饉)'은 초대형 태풍으로 시작되었다. 그때 조정에서 논의된 내용을 보면 다음과 같다.

> "제주·대정·정의에 대풍이 불고 폭우가 와서 바다와 산을 뒤흔들어 나무가 부러지고 집이 무너졌습니다. 무너진 인가가 2천여 호나 되고 사람 또한 많이 압사하고, 우마 4백여 필이 죽었습니다." 하니, 왕이 명하기를 "압사한 사람에게는 휼전을 거행하도록 하라. 한 섬에서 입은 재해가 이처럼 혹심하니, 목사가 순심(巡審)하여 장문하기를 기다려 즉시 곡식을 옮겨서 구제해 살릴 터전을 삼도록 하라."고 했다.[22]

---

20) 『승정원일기』, 숙종 22년(1696) 1월 23일조.
21) 『승정원일기』, 숙종 22년(1696) 2월 2일조.
22) 『숙종실록』 54권, 숙종 39년(1713) 9월 8일조.

1713년 태풍이 제주도를 강타한 날짜는 정확히 기록되어 있지 않다. 제주목사의 치계를 받아 조정에서 논의한 날은 1713년 9월 8일이고, 이를 양력으로 환산하면 10월 26일이다. 제주목사가 치계를 올리면 보통 한 달 정도 지나면 한양에 도착했다. 이로 미루어보아 이 태풍은 그해 9월 무렵에 통과한 것으로 추정된다. 이때 무너진 인가는 2,000여 호가 되었고, 많은 사람들이 압사했다. 공사(公私)의 우마는 400여 필 죽었고, 각종 곡물과 과실이 심하게 손상을 입었다. 이에 왕은 죽은 자에게 휼전(恤典)을 거행하고, 목사에게 제주도 삼읍을 순시하여 그 결과를 장문하도록 명했다. 7일 후인 9월 15일 조정 회의에서는 갈두진창에 저장된 곡식과 호남 연해 지역에 있는 곡식을 동원하여 1만석을 제주도로 보내도록 조치했다.[23]

얼마 지나지 않아 기근 상황의 심각성을 알리는 제주목사의 치계가 도착하자 조정에서는 제주도 기민의 구휼을 위한 논의를 했다.

제주목사가 도민의 황급한 상황을 치계하여 청하기를, "양남의 곡물을 보리가 나오기 전까지 한정하여 계속 입송하소서." 했다. 비국에서 청하기를, "5천 석을 우선 엄중히 신칙하여 급히 보내고, 호조의 세염(稅鹽) 3백 석도 또한 획급(劃給)하기를 허락해 주소서. 목장과 둔마의 낙인·점열 및 군병의 조련, 노비의 추쇄 등의 일은 모두 정지하소서. 노비의 미수한 신공을 정지하되 새로 받아들이는 것은 절반으로 하고, 또 공명첩(空名帖) 1백 장을 주소서." 하니, 임금이 허락하고, 공명첩 50장을 더 주라고 명했다.[24]

"濟州 大靜, 旌義, 大風雨, 掀海撼岳, 折木拔屋, 人家頹壓, 多至二千餘戶, 人物亦多壓死, 牛馬致斃四百餘匹 命壓死人, 恤典擧行, 而一島被災此酷, 待牧使巡審狀聞, 劃卽移粟, 以爲濟活之地"

23) 『숙종실록』 54권, 숙종 39년(1713) 9월 15일조.
"又請葛頭山所儲穀, 及湖南沿海邑賑廳會付穀, 限萬石入送濟州上竝許之"

24) 『숙종실록』 54권, 숙종 39년(1713) 9월 28일조.
"請葛頭山所儲穀及湖南沿海邑, 限萬石入送爲請, 至是, 濟州牧使邊是泰, 以島民遑遑之

제주목사는 기근 상황의 위급함을 보고하면서 전라도와 경상도의 곡식을 급히 지원해 달라고 요청했다. 비변사는 곡식 5,000석과 호조의 300석, 공명첩을 같이 보내도록 청하고 있다. 또한 둔마의 낙인, 군병 훈련, 노비 추쇄 등을 정지하도록 건의했고, 왕은 이를 윤허하면서 공명첩 50장을 더 얹혀 주었다. 공명첩은 관직·관작의 백지 위임장으로 기근 시 구휼 곡물 마련을 위해 발행하기도 했다. 조정에서는 이를 제주도로 보내 기민 구휼에 보태도록 했다. 계정대기근 기간에 조정에서 제주도 기민의 구제를 위해 구휼곡을 모으고 이송하는 내용을 살펴보면 다음과 같다.

① 비국의 계사로 인하여 전라도 곡물을 제주로 입송하는 대신에 강도의 쌀 3천 석을 획급하게 했다.[25]

② 영남의 쌀 2천 석과 조미 3천 석을 제주에 수송하여 진정에 보충하게 할 것을 계청하고, 영읍(嶺邑)도 역시 모두 흉년이 들었으니 서울 구휼청에서 그 대신 획급하기를 청했는데, 묘당에서 품의하자 윤허했다.[26]

③ 전후로 요청한 곡식이 4만여 석에 이르는데, 다만 잡곡 수만 석을 수송했을 뿐입니다. 만약 본도로 하여금 어느 곡식이든지 1만 석을 한정하여 다시 들여보내게 하고, 그 대곡은 구휼청으로부터 경선으로 호남에 수송하게 한다면 거의 구제할 수 있을 것입니다.[27]

狀馳啓, 請以兩南穀物, 限麥前鱗次入送, 備局覆奏請: "五千石, 爲先嚴勑急送, 戶曹稅鹽三百石, 亦許劃給, 牧場及屯馬烙印, 點閱及軍兵操鍊, 奴婢推刷等事, 竝停止, 奴婢身貢, 停舊未收, 新捧則折半, 而又給空名帖一百張" 上許之, 命加給空名帖五十張"

25)『숙종실록』 54권, 숙종 39년(1713) 10월 23일조.
"因備局啓辭, 全羅道穀物入送濟州之代, 以江都米三千石劃給"

26)『숙종실록』 55권, 숙종 40년(1714) 2월 4일조.
"全羅右道監賑御史洪錫輔, 啓請以嶺南米二千石, 粗三千石, 輸送濟州補賑, 且以嶺邑, 亦皆災荒, 請自京賑廳劃給其代, 廟堂稟, 許之"

1713년 가을에 기근이 발생하여 1714년 3월까지 제주목사가 요청한 곡식의 양은 총 4만여 석이었다. 대단히 많은 양으로 기근의 심각성을 짐작할 수 있다. 구휼에 필요한 곡식은 강화도, 호남, 영남, 한양의 구휼청, 전주 등 여러 지역에서 동원되어 제주도로 이전되고 있다. 그러나 실제로 이송된 곡식은 수만 석에 지나지 않았다. 추가로 전라도의 곡식 1만 석을 제주도로 보내고 그 대곡은 한양 구휼청에서 호남으로 보내주도록 대신들은 건의했고, 숙종은 이를 허락했다. 1714년과 1715년에도 흉년과 기근이 계속되고 있는데 그 기록을 보면 다음과 같다.

① 제주에는 큰 흉년이 들어 백성들이 모두 소와 말을 잡아먹었으며, 가뭄이 심하여 소와 말이 목이 타서 죽었다.[28]
② 봄 2월부터 가을 7월까지 크게 가물었고, 8월에 대풍이 있었으므로 조 1만 8천 석을 청하여 이를 돌봤다.[29]
③ 제주 지방이 해를 거듭하여 흉년이 들었으니 호남과 영남의 곡식을 1만 석을 한정하여 옮겨 배에 싣고 가서 먹이되, 양도의 도사로 하여금 운반을 감독하여 들여보내도록 명했다.[30]

27) 『숙종실록』 55권, 숙종 40년(1714) 3월 13일조.
"前後請穀者, 至四萬餘石, 而只以雜穀數萬石輸送若令本道, 以某様穀限一萬石, 更爲入送, 其代則自賑廳, 以京船運送湖南, 庶可救濟"
28) 『숙종실록』 55권, 숙종 40년(1714) 7월 21일조.
"濟州大饑, 民皆宰食牛馬, 旱災孔酷, 牛馬渴斃"
29) 김석익, 『탐라기년』, 숙종 40년.
"自春二月 至秋七月 大旱 八月大風 請粟一萬八千石之"
30) 『숙종실록』 56권, 숙종 41년(1715) 10월 30일조.
"命以濟州連歲飢荒, 移湖, 嶺穀, 限萬石船載往哺, 而使兩道都事, 督運入送"

1714년 2월부터 7월까지 6개월간 계속된 가뭄은 재앙 수준이다. 그해 2월 1일과 7월 31을 양력으로 환산하면 3월 16일과 9월 8일이다. 3월 중순부터 9월 초순까지 강수량이 극히 적었다.

제주도는 고사리가 싹트는 4월 초순 무렵에 온대성 저기압이 자주 통과하면서 비가 내리는 경우가 많다. 민간에서는 이를 '고사리장마'라 부른다. 장마는 아니지만 이때쯤이면 비가 많이 내린다고 해서 그렇게 부르는 것이다.

제주도는 대략 6월 하순부터 7월 하순까지 장마전선이 북상하면서 많은 비가 내리는 것이 일반적이다. 한여름에는 대류성 강수에 의해 소나기도 자주 내린다. 7월부터 9월까지 대략 3개 정도의 태풍이 통과하면서 폭우가 내리기도 한다. 8월 하순 무렵부터 9월 초순 무렵까지 늦장마가 통과하면서 비를 뿌려준다.

1714년은 이러한 제주도 강수 패턴이 이상기후로 실종되면서 장기간 가뭄이 지속되었다. 봄부터 긴 가뭄이 계속되다가 가을에 접어들어 태풍이 몰아친 것이다. 김석익의 『탐라기년』에는 8월에 대풍이 불었다고 기록되어 있는데, 날짜가 기록되어 있지 않아 언제 통과했는지 정확히 알 수 없다. 1714년의 8월 1일은 양력으로 환산하면 9월 9일이다. 따라서 이 큰바람은 9월 9일 이후에 제주도를 통과한 태풍임을 알 수 있다. 전 해의 기근이 해결되지 않은 상태에서, 장기간 가뭄에 시달리다 태풍까지 엄습하여 먹을 것이라곤 다 떨어졌다.

조정에서는 제주도 기민을 구제하기 위해 18,000석을 제주도로 급히 보냈다. 1715년에도 흉년이 계속되어 1만 석을 보내어 기민을 구제했다. 1716년에도 조정에서 제주도의 기근에 대한 논의가 계속되었는데, 그 내용을 보면 다음과 같다.

① 제주별견어사가 청대하여 말하기를, "제주의 굶주리는 백성의 수가 47,000

여 명 됩니다. 장계를 보건대, 모름지기 20,000석의 미곡은 얻어야 나누어 진구할 수 있을 것이라 했는데, 국가에서 획급한 것은 전후를 통틀어 27,000석이므로 그 수량이 비록 많은 것 같지만, 재해를 입은 육지의 고을에서 바친 것은 반드시 부실할 것이고, 뱃삯과 축난 것을 덜어낼 것도 많을 것입니다. 청컨대 묘당으로 하여금 3천 석을 더 주게 하소서." 하니, 임금이 윤허했다."[31]

② 진휼청에서 아뢰기를 근년 이래로 제주에 이전하는 일로 양남에 있던 곡물이 거의 고갈되기에 이르렀습니다. 현재 경창에 약간의 비축이 있으나 명년 봄 여러 도의 구호자료와 도성 기민의 구제자료를 오로지 여기에 의지하고 있으니 결코 떼어 보내기 어렵습니다. 통영의 회부곡 7천 석과 검영의 곡물 3천 석을 합하면 1만 석이 됩니다. 이를 제주도 부근의 각 고을에 있는 잡곡으로 감사가 맡아 명년 봄에 들여보내고, 그 대신 고기와 미역을 갈두진에 보내서 주선하여 본전을 세우도록 해야 할 것입니다.[32]

③ 제주목사가 장계하여 흉년 든 정상을 아뢰고 곡물을 얻기를 청했는데, 비국에서 복주하여, 호남에 있는 강도미 3,000석과 어영청의 호남 연해 군보미 3,000석을 각 진포의 병선을 징발하여 기일을 정하여 들여보내도록 하고 구휼청을 시켜 옮겨 주어 도로 갚도록 청하니, 임금이 그대로 따랐다.[33]

---

31)『숙종실록』57권, 숙종 42년(1716) 1월 22일조.
"濟州別遣御史黃龜河請對言 "濟州饑民之數, 至於四萬七千餘口狀觀之, 須得二萬石米穀, 庶可分賑, 朝家所劃給, 通前後爲二萬七千石 其數雖似夥然, 災邑所捧, 必不實計, 除船價欠縮, 請令廟堂, 加給三千石" 上許之"

32)『비변사등록』, 숙종 42년(1716) 10월 19일조.
"賑恤廳啓曰, 近年以來因濟州移轉兩南 所在穀物, 殆至罄竭, 目今京倉, 雖有若干餘儲, 明 春諸道賑需及都下飢民接濟之資, 專靠於此, 則 決難劃送, 統營會外穀七千石, 檢營穀三千石合爲一萬石, 以本州附近各邑所 在雜穀, 道臣句管, 使之待明春入送, 其代, 以所産魚藿出送葛頭鎭, 料理立本之意, 兩道監司·統制 使及濟州牧使處, 分付, 何如, 傳曰, 允"

33)『숙종실록』58권, 숙종 42년(1716) 11월 17일조.
"濟州牧使洪重周, 狀陳島中凶歉狀, 乞得穀物, 備局覆奏, 請以湖南所在江都米三千石, 及御營廳湖南沿海軍保米三千石, 調發各鎭浦兵船, 刻期入送, 上從之"

1716년 1월 1일 기사를 보면, 정월 초하루임에도 불구하고 숙종은 비변사로 하여금 구휼곡을 보내 구제하도록 단단히 명하고 있다. 제주도에 파견되었던 어사는 제주도의 기민을 구제하기 위해서는 2만 석이 필요하다고 보고했다. 전후로 제주도에 지원된 구휼곡은 2만 7천 석인데 많은 것 같지만 육지의 재해를 입은 지역에서 동원된 곡식은 부실한 것이 많다고 했다. 또한 뱃삯으로 지불된 것과 운송 과정에서 축난 것들도 많이 있다고 하면서 더 보내도록 보고했다.

진휼청에서 보고한 것을 보면, 제주도의 계속된 기근으로 곡물을 이전하다 보니 호남과 영남에 저장된 곡식이 바닥나 버렸다. 경창의 곡식은 보내기 어렵고 통영과 강화도의 검영에 있는 곡식 1만석을 제주도에 보내자고 하고 있다. 이에 대한 대물은 제주도에서 생산되는 어곽을 갈두진으로 보내어 이를 팔고 본전으로 삼아야 할 것이라고 하니 왕은 윤허하고 있다.

육지에서 이전되는 구휼곡에 대한 값을 제주인들은 바다에서 나는 고기와 미역으로 갚고 있다. 이것을 갈두진창으로 옮기면 그곳에서 이것을 팔아 본전으로 삼아 다시 곡물을 매입하여 비축하고 있다. 1717년에도 기근은 계속되고 있음을 제주목사의 치계를 보면 알 수 있다.

> 제주목사가 민사의 위급한 정상을 아뢰고, 곡물을 옮겨 곧 들여보내어 주기를 청하니, 임금이 하교하기를, "제주도에 획급한 곡물을 아직도 들여보내지 않았으니, 불쌍한 우리 섬 백성을 다 죽이게 되어 내가 해마다 구휼하는 뜻이 허투로 돌아가게 될 것이다. 생각이 여기에 이르면 저절로 상심된다. 묘당으로 하여금 각도에 엄히 신칙하여 빨리 들여보내어 학철의 위급함을 구제하도록 하라."고 했다.34)

제주목사가 제주도의 민생의 위급함을 보고하자 숙종은 제주도 기민들을 '수레바퀴 자국에 괸 물에 있는 붕어[학철부어(涸轍鮒魚)]'에 비유하면서 빨리 구휼곡을 보내도록 명하고 있다. 숙종은 아직도 제주도로 이송하지 못한 곡식들이 많이 있음을 상심하며 각 도의 관찰사들에게 엄하게 신칙하여 제주도 기민들을 살려 내라고 명령하고 있다.

계정대기근 당시에 전염병도 크게 번졌다. 이에 대한 기록을 보면 다음과 같다.

① 제주에 역질이 크게 유행하여 1천여 명이 죽었다.[35]

② "제주에 여역이 크게 번져 5천여 명이 죽었는데, 수백 첩의 약으로는 모두 구제하기 어려운 형편입니다." 하니, 임금이 의사에 명하여 상당한 약물을 더 보내어 주라고 했다.[36]

③ 탁라 온 고장의 백성이 이런 부진한 때에 태어나서 기근을 거듭 당한 지 이제 3년째에 이르고, 게다가 혹독한 염병을 만나 열 사람 가운데에서 한 사람도 낫지 못하고 있구나. 전후 4년 동안에 굶어 죽고 병들어 죽은 자가 수천을 헤아리게 되고 마을이 텅 비어 경황이 근심스럽고 가슴 아프다.[37]

---

34) 『숙종실록』 59권, 숙종 43년(1717) 2월 26일조.
"狀陳民事危急狀, 乞移轉穀物, 卽速入送, 上下敎曰: "本島劃給穀物, 尙不入送, 哀我島民, 其將盡劉, 而使予年年軫恤之意, 歸於虛套 思之至此, 不覺傷心 其令廟堂, 嚴飭諸道, 星火入送, 以濟涸轍之急"

35) 『숙종실록』 55권, 숙종 40년(1714) 3월 24일조.
"濟州大疫, 死亡千餘人"

36) 『숙종실록』 55권, 숙종 40년(1714) 8월 16일조.
"本島癘疫大熾, 死亡五千餘名 以數百貼之藥, 勢難盡救, 上命醫司, 加送相當藥物"

37) 『숙종실록』 57권, 숙종 42년(1716) 윤3월 9일조.
"乇羅一域之民, 生此不辰, 洊罹飢饉, 于今三載, 加以毒癘所遘, 十無一瘳首尾四年之間, 餓死病亡, 計以累千, 村閭空虛, 景象愁痛"

제주목사가 역병 발생 사실을 치계하여 조정에서 논의된 날은 1714년 3월 하순이었다. 이때의 사망자는 1,000여 명이었는데 8월에는 5,000여 명으로 급증했다. 숙종은 1716년 윤3월에 굶어 죽은 자와 역병으로 죽은 자들에게 사제하도록 제문을 지어 보냈다. 왕이 역병에 걸린 사람 10명 중 1명도 구해 내지 못했다며 통탄하고 있는 것으로 보아 치사율이 매우 높은 전염병이었다. 이런 역병이 1714년에 발생하여 1716년까지 계속되었다.

1713년에 기근이 시작되고 설상가상으로 역병도 퍼져 1716년까지 아사자 및 병사자가 대량 발생했다. 마을이 텅 비어버려 누가 죽더라도 장사지내 줄 사람조차 없다는 것이다. 왕은 백성들을 제대로 구제하지 못한 것에 대해 통탄하면서 반성하고 있다.

계정대기근으로 죽음의 공포가 온 섬을 엄습하자 왕은 민심을 안정시키기 위해 구휼곡을 보내고, 세금을 감면하고, 진상품을 줄이는 등의 조치를 취했다. 또한 어제시, 제문, 윤음 등을 내려 보내기도 했고, 별견어사를 파견하여 위무하기도 했다.

1717년 2월 26일 이후로는 기근과 곡물 이전에 대한 별다른 기록이 없다. 그해 여름에 보리 수확이 어느 정도 이루어짐에 따라 길었던 기근도 종료된 것으로 보인다. 계정대기근이 얼마나 심각한 재해였는지는 1719년 6월 8일 기사를 보면 알 수 있다.

> 제조 민진원이 아뢰기를 "연전 제주에 연달아 흉년이 들어 조정에서는 각별히 걱정하고 전후로 곡물을 실어다 먹인 것이 거의 20만 석에 달합니다. 이 때문에 경청과 호남 일로의 곡물이 탕갈되어 앞으로 수습할 수가 없습니다. 만약 이후로 또 흉년을 만나면 조정에서는 무슨 곡물로 다시 구제하겠습니까? 모든 일은 꼭 미리 계획하여야 급할 때를 당하여 낭패될 근심이 없을 수 있습니다.

일찍이 제주도의 수령을 지낸 자의 말을 들으니 그곳은 돈이 귀한데 만약 4~5만 냥의 돈을 비치한다면 흉년에 제주 인민들로 하여금 이 돈으로 곡식을 바꾸게 할 수 있다고 하였습니다."[38]

민진원이 아뢴 것을 보면 계정대기근 때 제주도로 이전된 곡식은 20만석에 가까웠다. 호남과 경청(京廳)에 있는 창고가 다 비어버리고 곡물이 바닥나버릴 정도라고 하니 계정대기근의 심각성을 알 수 있다. 앞에서 살펴본 현종 연간의 경임대기근 때 이송된 곡식은 28,500여 석이었다. 이송된 곡식의 양이 비교가 안 될 정도이다. 계정대기근 기간에 제주도의 전체 인구 상황을 기록한 사료가 없어 사망자 숫자를 정확히 알 수 없지만, 경임대기근 못지않을 것으로 추정된다.

3) 임을대기근(1792~1795)

정조 재위 기간에 제주도는 이상기후로 인해 여러 차례 기후재해가 발생했다. 특히 임자년(1792)부터 을묘년(1795)까지의 '임을대기근(壬乙大飢饉)' 때 재해와 기근이 심했다. 임을대기근 발생 전해인 1791년의 상황도 그리 좋은 편은 아니었다. 제주목사 이운빈은 제주도의 세 고을의 농사는 겨우 흉년을 면한 수준이라고 보고했다. 그래서 묵은 환곡을 연기해 주고, 노비 신공 및 남정미는 감면해 주고, 군병 훈련은 명년 봄에 시행해 주도록 장계하니 왕은 허

---

38) 『비변사등록』, 숙종 45년(1719) 6월 8일조.
"提調閔鎭遠 所啓, 頃年濟州連値慘凶, 朝家別爲軫念, 前後 船粟往哺者幾至二十萬石, 京廳及湖南一路穀物, 因此蕩竭, 將不能收拾, 此後若又逢凶年, 則朝家 以何穀物, 更爲救濟耶, 凡事必預爲區劃然後, 可無 臨急狼狽之患, 聞曾經濟州守令者之言, 則其地錢 貴, 若備置四五萬兩錢, 凶年使本州民人, 以此錢貨, 或直爲貿穀,"

락했다.[39]

1792년에는 극심한 흉년이 발생했다. 기근을 야기한 이상기후에 대해서는 사료에 기록되어 있지 않아 정확히 알 수 없다. 제주목사 이철운은 흉년으로 제주도 삼읍이 거둘 곡식이 없고 비축해 둔 곡식마저 다 떨어졌다고 치계하고 있다.

목사는 제주도 내 각 마을의 재해 상황을 우심[尤甚: 매우 심함], 지차[之次: 다음 정도], 초실[稍實: 곡식이 조금 익음]의 3등급으로 분류하여 보고했다. 제주도 삼읍의 138개 마을 중 흉년이 극심한 마을은 101곳이고, 그 다음은 21곳이다. 흉년 중에 곡식을 조금이나마 거둔 마을은 16곳에 불과했다. 제주도 전체 마을 중 88%가 기근의 위험에 직면한 것이다. 목사는 기근을 구휼하는 데 당장 필요한 곡식이 5,820석이라고 보고하고 있다.[40]

조정에서는 이에 대한 대책으로 호남의 곡식 1만 석을 운송해 구휼하도록 했고, 각종 공물을 정지 및 견감시키고 환곡의 기한을 물려주었다.[41] 이에 흥덕현감 조화석은 곡물 10,300석을 배 26척, 사격(沙格) 313명을 영솔하여 제주도까지 운송했다. 제주목사가 이를 무사히 도착했다고 장계하니 정조는 조화석에게 정3품으로 벼슬을 올려주었다.[42] 또한 자신의 곡식을 내어 백성을

---

39) 『비변사등록』, 정조 15년(1791) 12월 11일조.

40) 『승정원일기』, 정조 16년(1792) 12월 1일조.
"濟州牧使李喆運災實分等狀啓也, 備盡三邑穡事歉荒之狀, 仍以爲, 本州四面七十八里內, 稍實爲九里, 之次爲六里, 尤甚六十三里, 大靜, 三面二十八里內, 稍實二里, 之次七里, 尤甚十三里, 旌義, 三面三十八里內, 稍實五里, 之次八里, 尤甚二十五里十分詳査, 分爲四等, 而各樣捧糴, 酌量停減, 留庫與當捧條中, 計除應下及來春種子, 計口磨鍊, 賑資不足米爲五千八百二十石"

41) 『정조실록』 36권, 정조 16년(1792) 12월 1일조.
"濟州饑, 運, 湖南穀一萬石補賑資 本府所進朔饍方物, 限麥秋停免, 京司所納及各樣奴貢當年條, 竝蠲減, 舊還停退, 新還分數停退"

42) 『비변사등록』, 정조 17년(1797) 2월 14일조.
"濟州牧使李喆運狀啓, 移輸穀一萬三百石 所載船二十六隻, 沙格三百十三名, 差使員興

〈표 4-2〉 재해 사실 분등 현황(1792)

(단위: 리(里))

등급	제주목	대정현	정의현	합계
우심(尤甚)	63	13	25	101
지차(之次)	6	7	8	21
초실(稍實)	9	2	5	16
합계	78	22	38	138

출처: 『승정원일기』를 토대로 작성

구제한 제주도의 토착관리들에게 정조는 상을 내렸는데 그 내용을 보면 다음과 같다.

> 제주에 구휼을 베풀었는데, 지난 해 12월부터 시작하여 이때에 이르러 끝마쳤다. 제주·대정·정의의 굶주리는 백성은 총 61,453명이고, 구휼곡은 22,182석이었다. 목사 이철운의 장계를 이조·병조에 내리면서 이르기를, "구휼 정사가 완결되었으니 백성의 일이 매우 다행스럽다. 명월만호 고한록이 500석을 자원 납부하여 구휼을 도왔으니, 이것이 어찌 섬 안의 잔약한 진장으로서 할 수 있는 일이겠는가. 극히 가상하다. 제주도 안에서 임기가 찬 수령 자리에 그를 추천하여 임명하라."고 했다. 이조가 아뢰기를, "목사 이철운이 구휼곡 600석을 혼자서 준비해 냈으니 표리를 내려주는 은전을 베풀어야 할 것이고, 판관 이휘조와 정의현감 허식도 모두 140여 석씩을 각각 스스로 준비해 냈으니 아마(兒馬)를 내려주는 은전을 베풀어야 할 것입니다." 하므로 윤허하고, 명하여 휘조와 식에게는 벼슬을 올려주도록 했다.[43]

德縣 監趙華錫領運, 正月十七日無事到泊事, 傳曰, 爲 活耽羅民衆, 轉運萬包, 出於萬不獲已, 特遣宰臣·守 令, 另具牲品, 製下祝文, 祈其利運於海神, 其間南顧 之念, 徒勞寢夢, 卽見該牧狀本, 可謂一帆風穩到, 其 爲奇幸, 難以形諭, 何待道臣之登聞乎, 領運差使員與德縣監趙華錫加資, 政官牌招開政, 下批敎旨, 今 日內成送道伯, 俾卽傳致於差員還到處"

1792년 12월에 시작하여 1793년 5월 하순에 구휼을 끝마쳤다. 이때 제주·대정·정의의 굶주린 백성은 총 61,453명이었고, 지원된 구휼곡은 22,182석이었다. 구휼 정사가 끝나자 정조는 사재까지 털어 백성을 구제한 제주목사, 판관, 정의현감, 명월만호에게 가자(加資)를 베풀었다. 그러나 기근은 1993년에도 계속되었다. 제주도 출신의 장령 강봉서가 상소문을 올렸는데, 조정에서 이에 대해 논의한 것을 보면 다음과 같다.

> 장령 강봉서가 상소한 것을 보면 "제주도는 여러 차례 흉년이 들었지만 지난 해처럼 추수할 것이 전혀 없었던 것은 전에 없던 일이었습니다. 겨울부터 여름까지 굶어 죽은 사람이 몇 천 명이나 되는지 모르겠습니다. 올해 8월에 또 큰 바람이 연일 불어서 정의현과 대정현은 황무지나 다름없고 제주 좌면과 우면도 혹심한 재해를 입어 내년 봄이면 틀림없이 금년보다 배나 더 굶주림을 호소할 것입니다."라고 했습니다.
>
> 비변사는 "대신 강봉서에게 물었더니 말하기를 굶어 죽은 섬사람들의 수를 신이 하나하나 명확하게 알지는 못합니다마는 별도리(別刀里: 화북동) 한 마을만 보더라도 주민이 불과 1백여 호(戶)인데 굶어 죽은 사람이 80여 명이나 됩니다. 한 마을이 이 지경이니 온 섬을 미루어 알 수 있지 않겠습니까. 신이 고향에 내려간 시기가 6월 말, 7월 초였는데 도로와 마을 사이에 죽은 사람이 잇달아 있어서 듣고 보기에 지극히 애처로웠습니다. 굶주림 때문에 죽은 사람이

---

43) 『정조실록』 37권, 정조 17년(1793) 5월 22일조.
"濟州設賑 自去年十二月始設, 至是畢賑 濟州, 大靜, 旌義, 總飢民六萬一千四白五十三口, 賑穀二萬二千一百八十二石下牧使李喆運狀啓于吏·兵曹曰: "賑政告完, 民事萬幸 明月萬戶高漢祿之願納五百石補賑, 是豈海外殘鎭將所能爲者哉? 極爲可嘉 本牧地方滿瓜守令單付" 吏曹啓言: "牧使李喆運, 自備賑穀六百石, 宜施表裏賜給之典 判官李徽祚, 旌義縣監許湜, 俱自備一百四十餘石, 宜施兒馬賜給之典"允之命徽祚, 湜, 幷陞敍"

아마 수천 명뿐이 아닐 것입니다."라고 했습니다.[44]

강봉서는 상소문을 1793년에 올렸는데, 그 전 해인 1792년은 제주도에서 흉년이 극심해서 추수할 것이 별로 없다고 했다. 뒤이어 1793년 8월에도 큰바람과 큰비가 연일 몰아쳐 혹심한 재해가 발생했다고 아뢰고 있다. 심한 기근으로 굶어죽는 사람이 이루 말할 수 없이 많았은데, 1794년 봄에는 배나 더 발생할 것 같다고 상소했다.

1793년에 굶어죽은 사람들 숫자가 얼마인지 모르지만, 별도리 한 마을에 국한시켜 봤을 때 100여 호의 가구에 아사자가 80여 명이라고 했다. 1가구당 1명 가깝게 굶어 죽은 것이다. 1792년과 1793년의 이상기후로 기근이 기승을 부렸음을 알 수 있다. 그러나 두 해의 기근은 예고편이었고, 임을대기근 기간 중 최악의 기근은 1794년 갑인년에 발생했다. 대재앙을 가져온 이상기후는 태풍이었다. 갑인년 태풍은 온 섬을 공포로 몰아넣었는데, 그때 조정에 보고한 제주목사의 장계를 보면 다음과 같다.

올해 세 고을의 농사는 간간이 단비를 만나 크게 풍년이 들 희망이 있었습니다. 그런데 뜻하지 않게 8월 27일과 28일에 동풍이 강하게 불어서 기와가 날아가고 돌이 굴러가 나부끼는 것이 마치 나뭇잎이 날리는 것 같았습니다. 그리하여 곡식이 짓밟히고 피해를 입은 것 외에도 바다의 짠물에 마치 김치를

---

44)『정조실록』38권, 정조 17년(1793) 11월 11일조.
"耽羅一島, 屢値凶荒 去年秋事之大無 前所未有自冬至夏 民人饑死 不知幾千名今年八月又連日大風 旌義 大靜 殆同赤地, 濟州左右面 被災亦酷 來春呼飢 必倍於今年備邊司啓言 "問于臺臣姜鳳瑞, 則以爲: '島民塡壑之數, 臣未能一一的知, 而雖以別刀一里言之, 居民則不過一百餘戶, 而饑死者至於八十餘口一里如此, 一島可推臣之下鄕, 在於夏末秋初, 而道路隣里之間, 死亡相屬, 見聞絶矜論以大略, 無論付賑與不付賑, 因餓致死, 似不止於數千人"

담근 것같이 절여졌습니다. 80, 90세 되는 노인들도 모두 이르기를 '전전 계사년에 이런 재해가 있었는데 올해에 또 이런 재해가 있다.'고들 했습니다. 대정과 정의의 피해가 더욱 심한데, 온 섬 안의 각 면과 리(里)에 좀 낫고 못한 등급을 나눌 수가 없으니, 이와 같은 큰 흉년은 고금에 드문 것입니다. 만약 쌀로 쳐서 2만여 섬을 배로 실어 보내지 않는다면 백성들이 장차 다 죽을 것입니다. 곧바로 묘당에 명하여 제때에 조처하게 하여 10월 안으로 6, 7천 섬을 먼저 들여보내고 그 나머지 1만여 섬은 정월부터 계속 도착하게 한 연후에야 죽는 것을 서서 바라보는 데 이르지 않을 수 있을 것입니다.[45]

1792년부터 1793년까지 흉년이 계속되어 기근에 시달렸지만, 1794년에는 적절하게 비가 내려 풍년의 조짐까지 보였다. 그러나 1794년 8월 27일과 28일에 몰아닥친 초대형 태풍은 그런 기대를 한 순간에 짓밟아 버렸다. 곡식은 절멸했고 초목은 마치 소금에 절인 김치처럼 극심한 조풍해를 입었다.

1794년 8월 27일은 양력으로 환산하면 9월 20일이다. 한가위도 10여 일 지났고, 가을이 무르익어 추수를 앞둔 때이다. 제주도 속담에 '가을 태풍이 무섭다'는 말이 있는데 그것을 여실히 증명했다. 기와가 날아다니고 돌들이 낙엽처럼 굴러다닐 정도로 바람의 강도가 강했다. 태풍은 강력한 저기압이기 때문에 하층에서는 공기가 수렴되고 상층에서는 공기가 발산된다. 동풍이 강하게 불었다는 것은 태풍의 중심이 제주도 서쪽으로 북상했음을 의미한다. 태풍의

---

45) 『정조실록』 41권, 정조 18년(1794) 9월 17일조.
"濟州大饑, 命移南沿粟以賑之, 蠲一年貢獻濟州前牧使沈樂洙狀啓曰: 今年三邑穡事, 間得甘霈, 大有豐登之望矣, 不意八月二十七八日, 東風大作, 瓦飛石走, 飄如飛葉禾穀蹂躪, 被傷之外, 海沫鹹水, 如鹽沈菹八九十歲老人皆云: "二去癸巳年 有此災, 今年又有此災" 云大靜, 旌義被災尤甚, 一島之內, 實無各面里稍實, 之次之可以分等者, 如此大無, 古今所罕若非折米二萬餘石船運, 則民將盡劉, 卽令廟堂, 及時措畫, 十月內限六七千石, 先爲入送, 其餘萬餘石, 自正月連續到泊, 然後庶不至立視其死矣"

진행 방향에서 오른쪽은 위험반원이라 하여 바람이 강하고 비가 많은데 제주도는 이때 위험반원에 놓였던 것이다.

80~90세의 백발노인들은 1794년 태풍의 참혹함을 1713년의 계사년 태풍을 떠올리며 무서움에 떨었다. 앞에서 숙종 연간 계정대기근 때 살펴본 바와 같이 1713년 계사년의 태풍은 초대형 태풍이었다. 100세에 가까운 노인들에게는 어렸을 적 겪었거나 들었던 그 태풍의 무서움이 평생 동안 트라우마로 각인되어 있었던 것이다. 1794년 갑인년 태풍은 기록으로 보아 대략 100년에 한 번 꼴로 발생하는 초대형 슈퍼 태풍이었다.

갑인년 태풍으로 제주도는 초토화되었고, 어느 마을이 더 심한 지 경중을 따질 수 없다고 했다. 다행히 여름에 수확한 보리농사가 평년작 이상이어서 그 곡식으로 10월까지는 버틸 수 있지만, 그 이후로는 나라에서 곡식을 보내주지 아니하면 굶주림을 면할 길이 없다고 하고 있다. 제주목사는 구휼곡 2만여 섬을 조정에 요청하고, 우선 10월까지 6,000~7,000섬을 급히 보내주도록 조정에 장계했다.

정조 18년(1794) 9월 17일 기사를 보면 제주도에 보낼 구휼곡의 양을 놓고 의견이 분분했다. 우의정 이병모는 2만여 섬을 보내는 것은 등록(謄錄)을 살펴보아도 전례가 없다고 하면서 전전 계사년(1713)에 나누어준 수량에 따라 1만 섬을 보내야 마땅하다고 했다. 영충추부사 채제공도 2만 섬은 전에 없는 양이라면서 계사년에 준해서 겨울과 봄철에 나누어 보내도록 건의했다. 그러자 정조는 다음과 같이 하교했다.

> 어젯밤에 제주목사가 곡식을 청한 장계를 보았는데 섬 안에서 피해를 입은 것을 어찌 불쌍하고 가엾이 여기지 않을 수 있겠는가. 수만 명의 생명을 구원하여 살려주는 것이 배로 곡식을 실어다 주는 한 가지 일에 달려 있는 것이다. 육

지의 백성들은 그래도 옮겨갈 수 있는 길이 있다. 그러나 섬사람들은 이것이 없으면 어떻게 살 수 있겠는가. 그러하니 섬 백성들을 구원하는 것이 더욱 급하다. 각 년의 전례에 비록 2만 섬을 나누어 준 적이 없었다고 하더라도 장계의 내용을 보면 사실보다 지나치게 청한 것은 아닌 듯하니, 각박하게 절반을 줄인다는 것은 차마 할 수 없다. 제주에서 바치는 모든 것들은 천신(薦新)하는 데 쓰는 것 외에는 일체 내년에 보리가 익을 때까지 탕감해 주도록 하라. 바다를 건널 때는 제사를 지낸 뒤에 배를 띄우도록 하라.[46]

정조의 하교는 제주인들에 대한 배려와 성군(聖君)의 모습이 배어있다. 육지의 백성들은 먹을 것을 찾아 다른 곳으로 옮겨갈 수 있는 길이 있지만, 제주도의 백성들은 살고 죽는 것이 오로지 배로 실어다 주는 곡식에 달려 있다고 했다. 요청한 것을 각박하게 절반으로 줄인다는 것은 왕으로서 차마 할 수 없다고 하교했다. 제주도에서 왕이나 관청에 바치는 모든 것들을 내년 보리가 익을 때까지 정지하라고 명했다. 또한 구휼곡을 실은 배는 반드시 정성을 다하여 제사를 지낸 다음 띄우도록 명했다.

전라도 관찰사는 "제주도에 옮겨갈 곡식 5,000석을 장흥·해남·강진·영암 등의 여러 군에 나누어 놓고 배에 실을 날과 제사지낼 날을 정했으니 향과 축문을 보내주소서. 별도로 보내기로 한 구휼곡 각 5,000석은 내년 봄에 제때에 실어가도록 하겠습니다."라는 장계를 보냈다.

정조는 "이런 때 섬 백성들을 위하여 어떻게 이 마음을 나타내고 정성을 담

46) 『정조실록』 41권, 정조 18년(1794) 9월 17일조.
"教曰: 昨夜見濟州牧使請穀之狀, 島中災損, 豈勝矜惻? 數萬生靈之濟活, 係此船粟一款 陸民猶有移轉之路, 島民則無此, 何以生乎 然則救島民爲尤急, 各年前例, 雖無二萬石劃給之時云, 而觀於狀辭, 似非過實之請, 刓減折半, 有所不忍 本島獻之物 薦新所用外, 竝限明年麥秋蕩減越海之時, 行祭後發船"

아야 하겠는가. 축문과 폐백과 향을 봉하여 기한에 맞게 보내겠다. 전 승지 서영보에게 쌀을 실어내는 지방을 다니면서 백성들의 폐단을 살피고, 곡물을 조사하고 배가 떠나는 곳까지 운반을 감독하라"고 명을 내렸다.[47]

제주목사는 기근이 악화되자 조정에 구휼곡식을 더 보내달라는 치계를 급히 올렸는데 그 내용을 보면 다음과 같다.

> 지난 8월 27일 큰바람이 분 뒤에 온 섬이 비로 쓴 것 같이 피차간에 별로 구별할 만한 것이 없게 되었습니다. 그중에서 나누어 세 등급으로 만들어 보면, 본주의 78개 리(里) 중에 피해가 심한 마을이 32곳이고 대정현과 정의현도 모두 더욱 심한 편입니다. 현재 백성들의 사정은 시일이 급하여 늙고 병들어 의지할 데 없는 무리들을 뽑아 공해(公廨)나 토굴에 머무르게 해놓고 있으며 봄 사이에 그냥 나누어주고 남은 곡식 150석과 다른 데서 떼어온 100여 석을 가지고 각 고을에 나누어 주어 죽을 먹이게 했습니다. 성한 사람은 37,918명이고, 약한 사람은 24,780명입니다. 10월부터 내년 보리가 익을 때까지 우선 빌어먹고 있는 가호부터 차차로 더 주어 한 달에 세 번씩 돌려가면서 배정할 경우에 들여와야 할 쌀이 22,200여 석입니다. 장계에서 옮겨줄 것을 청한 20,000석이 차차 들어오기를 온 섬의 백성들이 날마다 갈망하고 있습니다.[48]

---

47) 『정조실록』 41권, 정조 18년(1794) 10월 2일조.
"濟州移轉穀五千石, 區劃於近海之長興, 海南, 康津, 靈巖諸郡 請香祝照例磨鍊下送及別下賑需各五千石, 開春區劃, 及時領運爲計 …此時爲沿民島民, 何以表此心而寓此誠乎? 祝幣香封, 當趁期下送 … 前承旨徐榮輔, 特爲分揀, 卽令遍行裝載地方, 察其民瘼, 審其穀物, 領至船所發運"

48) 『정조실록』 41권, 정조 18년(1794) 10월 23일조.
"濟州牧使沈樂洙狀啓曰: 八月二十七日大風後, 一島如掃, 別無彼此之可以區別 就其中, 分爲三等, 則本州七十八里內, 尤甚爲三十二里, 大靜, 旌義竝爲尤甚… 卽今民情, 時日爲急, 抄其老弱無依之類, 留接於公廨或土窟, 以春間白給餘穀, 一百五十石及從他區劃百餘石, 分授各邑, 使之饋粥壯爲三萬七千九百十八口, 弱爲二萬四千七百八十口, 自十月

갑인년 태풍으로 제주목의 78개 리(里) 중에 피해가 극심한 마을은 32개이고, 대정현과 정의현 모든 마을이 심하게 피해를 입었다. 태풍으로 집이 허물어져 의지할 데 없는 백성들은 관아나 토굴에 머물고 있고, 굶주린 백성들에게 죽을 먹이면서 살려내고 있다. 심각한 기근 가운데서도 그나마 살 것 같은 성한 사람은 34,918명이고 아사 직전의 위급한 사람은 24,780명이었다. 이때의 제주도 인구는 총 62,698명이었다. 다음 해 보리가 익을 때까지 기민을 구제하려면 22,200여 석이 필요하다고 제주목사는 장계했다. 정조는 제주도의 기근 상황을 치계받고 부족한 것이 있으면 전라도 관찰사에게 더 청하라고 명을 내렸다.

정조는 제주도의 구휼을 돕도록 특별히 10,000냥을 전라도 관찰사에게 떼어줬다. 이것으로 곡식을 매입하여 제주도 기민을 구제하는 데 보태 쓰라고 한 것이다. 정의현감이 백성들이 참혹한 아사 실상을 상소하자 제주 백성 모두에게 은덕을 입게 하려는 뜻에서 각별히 떼어 준 것이다.[49]

〈표 4-3〉 임을대기근 기간 인구 추이

연도	인구(명)	증감	자료
1792(임자)	64,582	–	정조 16년 12월 30일 기사
1793(계축)	61,453	−3,219	정조 17년 5월 22일 기사(정조 하교 자료)
1794(갑인)	62,698	+1245	정조 18년 10월 23일 기사(제주목사 심낙수 치계 자료)
1795(을묘)	47,735	−14,963	정조 20년 1월 15일 기사(우의정 윤시동 보고 자료)

출처: 『정조실록』을 토대로 작성

限明年麥登, 先從丐乞之戶, 次次加付, 月三排巡, 則容入米, 當爲二萬二千二百餘石, … 狀請移轉穀, 限二萬石, 次次入來, 一島之民日日顒望敎曰: "觀於狀辭, 益知滌場後民情之一倍顒領 嚴飭新牧使, 船運穀物及已區劃外, 更有不足者, 往復道臣 加請"

49) 『정조실록』 42권, 정조 19년(1795) 2월 14일조.

"劃付整理所錢一萬兩于湖南伯, 從便作穀裝送耽羅, 俾作賑資 時, 耽羅大饑, 旌義縣監南涑上疏, 備陳島民顚連之狀, 仍請船粟賙賑 上召問大臣, 仍以整理錢劃給, 俾令一島民庶, 咸被慈德, 以示是年飾慶之意"

정부의 이러한 노력에도 불구하고 수많은 아사자가 발생하여 인구가 급감했다. 우의정 윤시동은 구황을 제대로 못한 제주목사에게 행견의 법을 시행하도록 건의했다.

> 우의정 윤시동이 아뢰기를, "제주의 삼읍은 재작년 겨울에 초록(抄錄)한 굶주린 인구가 62,698명이었는데, 작년 겨울에 초록한 굶주린 인구는 47,735명이니, 1년 사이에 17,963명이 줄어들었습니다. 그렇다면 굶주렸거나 병든 것을 막론하고 이는 다 죽은 숫자입니다. 그곳 수령들이 잘 대양(對揚)하지 못하여 호구의 감축이 이처럼 많게 되었으니 해당 목사 이우현에게 속히 행견(行遣)의 법을 시행하소서."하니 따랐다.[50]

조정 회의에서 우의정의 보고에 따르면 1794년의 인구는 62,698명이다. 이것은 1794년에 제주목사가 보고한 인구와 일치한다. 그러나 1795년의 인구는 47,735명이다. 『정조실록』에서는 17,963명이 줄었다고 했는데, 계산착오에 의한 오기(誤記)이다. 62,698명에서 47,735명을 빼면 14,963명이다. 1년 사이에 제주도 인구의 23%가 감소했던 것이다.

그 당시에 전염병에 대한 기록은 보이지 않는 것으로 보아 사망자 대부분은 아사자였던 것이다. 한 해에 제주인 4명 중 1명이 굶어 죽은 셈이다. 1792년부터 기근이 발생하여 1793년까지도 많은 아사자가 발생했기 때문에 임을대기근 기간의 희생자는 더 증가할 것이다.

---

50)『정조실록』 44권, 정조 20년(1796) 1월 15일조.
"右議政尹蓍東啓言: "濟州三邑, 再昨冬所抄飢口, 爲六萬二千六百九十八口, 而昨冬所抄饑口, 爲四萬七千七百三十五口, 則一年之內, 所減縮, 爲一萬七千九百六十三口 無論饑與病, 皆是捐瘠者也則守土之臣, 不善對揚, 戶口之減, 至於此多, 請該牧使李禹鉉, 亟施行遣之典" 從之"

정조는 '한 지아비라도 굶어 죽으면 하루 동안 음식을 먹지 않겠다.'고 교시하면서 국가 권력을 총동원하여 제주인들을 구제하려고 노력했다. 그러나 이상기후로 인한 대기근의 재앙을 막아내는 데 한계가 있었다. 대신들은 제주도의 수령들이 구제를 제대로 하지 못했기 때문에 굶어죽은 사람들이 많았다고 하면서 제주목사를 행견의 법을 시행해야 한다고 건의했다. 정조는 이에 따라 제주목사를 소환하여 형벌을 내리고 파면했다.

정조는 1796년 4월에 신임 목사로 유사모를 임명하고 실의에 빠진 제주인들을 구제하도록 했다. 궁궐 내의 목면 500필, 돈 4,000냥, 후추 100두(斗), 단목(丹木) 300근을 제주도로 보내 구휼에 보태 쓰도록 했다.[51] 지원된 물자를 모두 합하면 2만 냥에 해당하는 거액으로 규례에 없는 각별한 지원이었다. 정조의 애민정신을 잘 엿볼 수 있다.

임을대기근은 1796년 여름과 가을 농사가 어느 정도 수확 거두면서 종료되었다. 전라도 관찰사 서정수의 보고를 보면 이 시기에 어느 정도 기근 문제가 해결되었음을 알 수 있다.

> 지금까지 3년 동안 제주도에 준비하여 보낸 각 명목의 곡물은 도합 53,500석이나 되니, 배로 곡물을 수송하여 구제한 은혜는 섬의 백성들 쪽에서는 참으로 하해와 같이 큰 것이고, 연해지역의 백성들이 바다를 건너 곡물을 수송하느라 누적된 곤궁도 섬의 백성들이 기근을 겪고 있는 것과 거의 다름이 없습니다.[52]

---

51)『정조실록』44권, 정조 20년(1796) 2월 16일조.
"下木綿五百疋, 錢四千兩, 胡椒一百斗, 丹木三百斤于濟州牧, 添補賑資"

52)『정조실록』44권, 정조 20년(1796) 4월 3일조.
"昨今三年濟州區劃各穀, 合爲五萬三千五百餘石, 則船粟往哺之恩, 在島民, 固河海如也, 而 沿民之運輸駕海, 積受困瘁, 殆無異於島中之荐罹飢荒"

전라도 관찰사의 치계는 여러 해 동안 계속된 기근과 정부의 구제 노력을 잘 보여 주고 있다. 전라도 연해 지역의 백성들도 제주지역에 곡물을 지원하고 수송하느라 고생을 많이 했음을 알 수 있다. 갑인년 태풍이 발생했던 1794년부터 1796년까지 3년 동안 제주도에 이송된 구휼곡의 총량은 53,500석이었다. 1792년과 1793년의 구휼곡 22,182석을 합치면 임을대기근 동안 제주도로 이송된 곡물은 최소 75,682석이었다. 정조가 특별히 내린 하사금으로 매입한 곡식까지 포함하면 더 많을 것이다. 또한 김만덕과 토착관리들이 기부한 구휼곡도 많이 있다.

1796년에 구휼 작업이 마무리되자 백성들을 구제하는 데 공이 많은 관리들에게 품계를 올려주었다. 대정현감 고한록, 정의현감 홍상오, 순장 홍삼필에게 공적에 맞는 상을 내렸다.[53]

정조는 평생 모은 재산을 기부하여 제주도 기민을 구제하는 데 앞장섰던 여성 거상 김만덕에게도 상을 주려고 제주목사에게 유지(諭旨)를 내렸다. 그러나 김만덕은 극구 사양하면서 소원이 있다며 "서울에 가서 임금님 계시는 궁궐을 우러러보고, 천하 명산인 금강산을 유람할 수 있다면 한이 없겠습니다."라고 제주목사에게 아뢰었다. 김만덕의 여걸다운 풍모를 엿볼 수 있다. 이를 전해들은 정조는 쾌히 허락하고 궁궐로 불러들어 상을 내렸다. 당시 제주인들은 출륙금지령으로 육지로 나갈 수 없었다. 특히 평민 여자는 입궐조차 할 수 없었다. 정조는 김만덕을 서울로 오게 하여 내의원의 의녀반수(醫女班首)라는 벼슬을 내리고 입궐하게 했다. 수많은 대신들과 궁인들이 보는 앞에서 큰 상을 주었다. 『정조실록』에는 다음과 같이 기록되어 있다.

53) 『정조실록』 44권, 정조 20년(1796) 6월 6일조.
"濟州設賑 乙卯十月始賑 是年四月畢賑 牧使柳師模以聞 命論賞濟州判官趙敬日 大靜縣監高漢祿陞敍 旌義縣監洪相五兒馬賜給 補賑人前巡將洪三弼 島中兩邑守令中差送"

〈사진 4-7〉 김만덕 객주 재현 모습

(제주시 건입동, 2017년 7월 촬영) 여성 거상(巨商) 김만덕은 산지포구에 객주를 열어 평생 모은 재산으로 아사 직전의 제주인들을 구제했다.

> 제주의 만덕은 재물을 풀어서 굶주리는 백성들의 목숨을 구했다고 목사가 보고했다. 상을 주려고 하자, 만덕은 사양하면서 바다를 건너 상경하여 금강산을 유람하기를 원했다. 임금은 이를 허락해 주고, 그가 통과하는 연로의 고을들로 하여금 양식을 지급하게 했다.54)

김만덕은 제주의 산지포구에서 객주를 열어 육지 상인들과 장사를 하여 제주도에서 손꼽히는 부호가 되었다. 여성 사업가가 많지 않았던 당시에 사업으로 평생 모은 전 재산을 가지고 육지의 쌀을 사다가 아사 직전의 제주인들을 구제했다. 노블레스 오블리주를 실천한 조선 역사상 최고의 여성 CEO라 할 수 있다.

---

54) 『정조실록』 44권, 정조 20년(1796) 6월 6일조.
"濟州妓萬德, 散施貨財, 賑活饑民, 牧使啓聞 將施賞, 萬德辭, 願涉海上京, 轉見金剛山, 許之, 使沿邑給糧"

3. 기근 대응 인구정책

1) 제주인 사민정책

세종 때 제주도는 이상기후로 재해와 기근이 빈번하게 발생했다. 세종 즉위년(1418) 7월 27일 대풍우가 엄습하여 제주 읍성의 동문과 관가, 민가들이 많이 무너졌다. 나무들이 뿌리째 뽑히고, 많은 선박들이 떠내려가고 부서졌다. 대정현과 정의현도 역시 큰 피해를 입었다.[1] 이 태풍으로 다음 해까지 기근이 심해지자 조정에서는 여러 차례 구휼곡을 보내어 제주도 기민을 구제했다.

세종 3년(1421)에는 눈이 5, 6척이나 쌓이는 폭설로 말이 많이 얼어 죽었다.[2] 적설량이 150~180cm 될 정도로 많은 양이다. 기후가 온난하여 우마를 방목하여도 죽는 경우가 많지 않은데 이 해는 폭설로 많은 피해를 입었다. 인명과 농작물에도 피해를 주었을 것으로 보이지만 기록에는 없다.

---

1) 『세종실록』 1권, 세종 즉위년(1418) 8월 22일조.
2) 『세종실록』 14권, 세종 3년(1421) 12월 29일조.

세종 10년(1428)에 큰바람과 큰비로 우마가 많이 죽었다. 세종 15년(1433)에도 큰 바람이 불어서 민가가 많이 무너졌다. 세종 16년(1434)에는 여름까지 큰 가뭄이 들어 아사자가 많이 발생했다. 조정에서는 1435년까지 여러 해에 걸쳐 구휼곡을 보내 기민을 구제했지만 쉽게 해결되지 않았다.

바다에서도 이상기후로 해난사고가 많이 발생했다. 세종 1년(1419)에 진상선 7척이 침몰하여 40여 명이 익사하는 사고가 발생했다. 세종 4년 3월 21에는 정의현감이 배를 타고가다 폭풍을 만나 파선했고 죽은 자가 6명이나 되었다. 세종 7년 4월 19일에는 관탈섬 주변에서 대풍으로 진상선이 침몰하고, 진상마 30필과 격군 8명이 물에 빠져 죽었다. 이외에도 크고 작은 해난사고가 발생하여 많은 피해를 입었다.

이러한 재해에 대응하여 세종은 즉위년부터 다음해까지 미곡 300가마를 보내어 제주도 기민들을 구제했고, 어사를 보내어 이를 감독케 했다. 씨앗용 잡곡을 보내 농사를 장려하고 민생을 살리려고 애를 썼다.

세종 11년(1429)에는 기근에다 전염병까지 창궐했다. 조정에서는 의서와 의약을 보내 전염병을 구제하고 제주인들을 구했다. 세종 16년에도 쌀, 콩, 잡곡 1만석과 소금 1백석을 여러 차례에 걸쳐 이송하여 기민들을 구제했다. 세종 17년에도 쌀과 콩 3천 석을 조운하여 제주도 기민을 구제했다.

제주도에서 빈번하게 발생하는 이상기후와 기근 때문에 구휼곡을 장만하여 보내는 것도 문제였다. 결국 세종은 이를 해결하기 위한 구황정책으로 제주도 인구를 인위적으로 조절하는 사민정책을 취했다. 1435년 병조에서 세종에게 건의한 내용을 보면 다음과 같다.

"제주 세 고을에는 사람은 많은데 땅은 좁아서 민호가 9,935호에 인구가 63,093명이고, 전지는 9,613결 48집입니다. 토지의 이익은 한정되어 있는데 인구는 많아서, 흉년을 구제하는 폐단이 해마다 반복되고 있으니 토지와 직업이 없는 양민은 자원에 따라 육지로 옮겨 살게 하고, 사천(私賤)도 본 주인을 따라 자원하여 육지에 나오게 하소서" 아뢰니 왕은 그대로 따랐다.3)

1435년 당시 제주도의 인구는 63,093명이고, 농지는 약 9,613결이었다. 세종은 인구가 지나치게 많은 반면에 토지의 이익은 한정되어 있어서 기근이 많이 발생하고 있다고 판단했다. 사람은 많고 땅은 좁은 '인다지착(人多地窄)의 섬'이라서 농업생산력에 비해 인구과잉으로 아사자가 많이 발생하고 있다는 것이다. 이러한 인식은 근대 인구지리학자인 멜서스(Malthus, 1766~1834)의 과잉인구론과 흡사하다. 멜서스는 인간의 증식력은 식량을 산출하는 토지의 힘보다 크기 때문에 이를 방치해 두면 인구는 기하급수적으로 증가하고 식량은 산술급수적으로 증가한다고 했다. 그는 인구증가를 '악의 근원이자 재앙'이라고 표현하기도 했다. 그의 주장대로 근대 이후의 인구는 기하급수적으로 증가했지만, 식량도 기하급수적으로 증가하여 예측은 빗나갔다.

세종은 제주도의 과잉인구압을 낮추기 위하여 냉혹한 정책을 펼쳤다. 농업생산력을 증대시키거나 구황제도를 정비하여 기근 문제를 해결하기보다 국가의 목마사업을 방해하는 제주인들을 강제 이주시켜 인구압을 낮춤으로써 제주의 만성적인 식량부족 문제를 해결하려고 했다. 세종 16년(1434) 6월 14일 조정회의에서 사민정책이 결정되었다. 토지와 일자리가 없는 양민들과 노비들을 자원 모집하여 이거하게 하는 자원사민 정책을 택했다. 우리나라 최남

---

3) 『세종실록』 70권, 세종 17년(1435) 12월 12일조.
"兵曹與政府諸曹同議啓: "濟州三邑, 人多地窄, 民戶九千九百三十五, 人口六萬三千九十三, 田則九千六百十三結四十八卜 地利有限, 食之者衆, 救荒之弊, 無歲無之 無田業良人, 各從自願, 徙居陸地, 私賤亦從本主, 自願出陸" 從之"

단에서 최북단인 압록강, 두만강 변방지대로 자원 이주하는 것은 제주인들에게 두려운 선택이었다. 제주인들은 살아도 제주에서 살고, 죽어도 제주에서 죽으려고 했던 것이다. 자원사민에 대한 제주인들의 지원이 저조하자 조정은 범죄자를 색출하여 강제 이주시키는 초정사민 정책으로 전환했다. 그 대상은 국가의 허락 없이 우마를 도축한 사람들이었다. 조정은 이들을 우마적(牛馬賊)이라 칭하며 색출하여 강제 이주시켰다.

조선은 건국 초기부터 제주인들에게 고수익을 창출해 주었던 목마 산업에 대해 관심이 많았다. "나라에 중한 것은 군사이고, 군사에 중한 것은 말이다. 말은 나라에 쓰임이 중요한 것이다."[4]라고 하면서 말을 국가에서 독점적으로 생산·분배하고자 했다. 정부는 해상 교역활동을 통해 우마를 교역하는 제주인들을 통제하기 시작했다. 제주인들은 이에 강하게 반발하자 태종은 하는 수 없이 "제주도 사람들이 육지에 나와서 사마(私馬)를 파는 것을 금하지 말라"[5] 고 교시하여 말의 교역을 허락했다. 오랫동안 유지되었던 제주도의 반자치적인 전통을 억누르고 중앙집권체제를 원활하게 구축하기 위해서는 제주인들의 요구를 일정 부분 수용할 수밖에 없었다.

과거 제주도는 탐라국이라 불리며 천여 년 동안 독립 해상왕국을 유지했다. 고려 때 탐라가 예속되었지만 자치적인 성격이 강했다. 중앙에서 관리를 파견했으나, 실질적으로는 제주도의 토착 지도자인 성주(星主)와 왕자(王子)가 다스렸다. 조선이 건국되면서 이러한 탐라의 전통은 무시되었다. 태종은 고려시대부터 이어져 내려오던 성주와 왕자를 좌도지관, 우도지관으로 임명하여 그

---

4) 『태종실록』 18권, 태종 9년(1409) 11월 14일조.
"國之所重者兵也, 兵之所重者馬也, 馬之於國, 其用重矣"

5) 『태종실록』 9권, 태종 5년(1405) 5월 4일조.
"命勿禁濟州人出賣私馬"

〈사진 4-8〉 제주마 방목

(제주시 봉개동, 2004년 10월 촬영) 한라산 기슭 개월이오름 일대에서 말을 방목하고 있는 모습이다.

지위를 중앙의 명에 따르는 지방 관리로 격하시켰다. 세종 때는 이 제도마저 폐지하면서 탐라국의 역사와 전통을 지우려고 했다.

세종은 공사의 우마에 대한 관리와 국영목장 개축을 강력하게 추진했다. 목마장에서 우마를 기르는 목축 방식은 산야에 방목하는 것이었다. 정부의 시책으로 우마가 많아지면서 농경지의 농작물을 해치는 민폐도 발생했다. 세종 11년에 다음과 같은 기사가 있다.

> 한라산 주변 사면이 약 4식(息)쯤 되는 면적의 땅에 목장을 축조하여, 공사의 말을 가리지 말고 그 목장 안에 들여보내어 방목하게 하고, 목장 지역 안에 살고 있는 백성 60여 호는 모두 목장 밖의 땅으로 옮기게 하여, 그들이 원하는

바에 따라 땅을 떼어 주도록 하소서.[6]

제주도 출신으로 중앙 사족이 된 고득종의 상소문이다. 고득종은 태종 13년에 제주마 3필을 왕에게 바쳤고, 다음 해에 문과에 급제하여 중앙 관리로 진출한 자이다. 그는 돌담으로 성을 쌓아 목장을 만들고, 그 안에 말을 집어넣어 방목하자고 했다. 목장을 확대하면 그 안에 거주하는 주민들 처리문제가 따르므로 그들을 목장 밖으로 이주시키고 대토를 떼어주자고 건의했다. 세종은 이것을 받아들여 시행하도록 하면서 본격적으로 국영목장을 두르는 잣성 축조가 시작되었다. 목장의 개축은 세종 연간에 계속되었다. 세종 12년(1430)에는 목장의 규모가 165리로 확장되었고, 민호 344호를 이주시켰다.[7]

세종 때에 제주도 목장 개축 및 확장은 국가적 대사업이었다. 병조에서는 세종에게 "한라산의 산상과 산하의 평지에서 목양할 수 있는 곳은 모두 농사짓는 것을 금하고, 목장 내에 기경한 땅은 비록 목장을 파한 뒤에라도 다시 경작하지 못하게 하소서. 목장 밖에 현재 경작하고 있는 땅도 개인 스스로 목장을 쌓게 하고, 묵은 땅을 경작하는 것도 금하여 목장을 넓히소서." 하니 세종은 그대로 따랐다.[8] 세종에겐 농지 확장보다 목마장 확장이 우선이었다. 한라산 중턱에 말을 기를 수 있는 적지는 농사짓는 것을 금지시켰다. 국영 목마장 밖의 땅이라도 목장을 만들게 했고, 농사를 짓다가 쉬는 땅도 경작을 금하여

---

6) 『세종실록』 45권, 세종 11년(1429) 8월 26일조.
"'請於漢拏山邊四面約四息之地, 築牧場, 不分公私馬, 入放場內, 居民六十餘戶, 悉移於場外之地, 從願折給"

7) 『세종실록』 47권, 세종 12년(1430) 2월 9일소.
"改築濟州 漢拏山牧場, 周圍一百六十五里, 移民戶三百四十四"

8) 『세종실록』 64권, 세종 16년(1434) 6월 14일조.
"漢拏山上及山下平地牧養可當處, 幷皆禁耕 前此場內起耕之地, 雖是破場之後, 勿令還耕; 場外時耕之地, 私自築場, 禁耕陳地, 以廣牧養, 從之"

목장 확대에 노력했다.

이상기후와 기근에 대응하여 제주인들을 살리기 위해서는 농업 생산력을 증진시키고 다양한 생업 활동을 장려함으로써 인구부양력을 높이는 게 필요하다. 이를 위해 농지를 최대한 확보하는 것이 중요하다. 조선 조정은 사민정책을 취하여 인구압을 낮추면서도 기존 경지를 목장으로 개축하는 정책을 취했다. 결국 농경지의 감소를 야기한 것이다. 농경지는 제주인들을 먹여 살리는 것이고, 목마장은 봉건지배체제를 강화하는 데 있는 것이다. 그 당시 지배세력들은 후자를 중시하여 국영목장 확장 정책을 꾸준히 펼쳤다. '사람은 나면 서울로 보내고, 말은 나면 제주로 보내라'는 속담도 있듯이 조정은 제주도를 말의 생산기지로 만들어갔다.

성종 24년(1493)에 이르러 제주도의 목장은 한라산을 빙둘러가면서 10소장이 설치되었고, 한 목장의 규모는 1식(息) 반(半), 혹은 2식이다.[9] 1개의 소장 규모는 45리에서 60리 정도였다. 이를 10개의 소장에 적용하면 450리에서 600리에 이르는 대규모의 국영목장이 조성되었다. 정조 때 만들어진 제주읍지에 의하면 10소장의 둘레가 505리 되었다. 성종 때의 면적과 대체로 비슷하다. 세종 12년(1430)에 165리였던 국영목장이 성종 23년(1493)에 이르러 대략 3배 정도 확대되었다. 세종부터 성종 때까지 꾸준히 확장되었던 것이다. 10소장 외에도 침장, 상장, 녹산장으로 구성된 산장이 있었고, 어승마 진상을 위한 청마별둔장, 소를 기르는 우목장(황태장, 모동장, 천미장, 가파도둔장), 우도장 등이 설치되어 운영되었다(제주도지 제2권, 2006; 제주사정립사업추진협의회·제주특별자치도 제II권, 2009).

목장을 확대하면서 한라산을 중심으로 3중 구조의 잣성을 쌓았다. 한라산

---

9) 『성종실록』 281권, 성종 24년(1493) 8월 5일조.
"山腰以下周回設十牧場, 一場周回一息半或二息"

〈사진 4-9〉 칡오름 일대의 하잣성

(제주시 봉개동, 2016년 12월 촬영) 조정은 국영목장에서 방목하던 우마를 관리하기 위해 한라산을 빙 돌아가며 환상(環狀)의 3중 구조로 잣성을 쌓도록 했다. 저지대로 내려오지 못하도록 하잣성, 고지대로 도망가지 못하도록 상잣성, 그 가운데 중잣성을 축조했다.

쪽으로는 상잣성, 해안가 쪽으로는 하잣성, 그 사이는 중잣성을 만들었다. 기후재해와 기근에 허덕이고, 국가의 수탈에 시달리면서 잣성 축조에 동원되었던 제주인들의 고충을 짐작할 만하다.

병조에서 세종에게 보고한 것을 보면 "제주도는 땅이 좁고 인구는 많아 생활이 어렵습니다. 소와 말을 도살하여 생계의 바탕으로 삼는 자가 많고, 상인들이 왕래하면서 우마피(牛馬皮)를 무역하여 생활을 이어가는 자도 또한 많사옵니다. 이 때문에 도살이 갑절로 많아지고 번식 하는 수효는 적습니다."[10] 라는 내용이 있다. 교수관 진준은 "제주도 사람들은 농사와 누에치기를 힘쓰지 않고 수륙의 소산으로써 장사하여, 생계를 삼고 있다."고 했다.[11] 제주인들

10) 『세종실록』 64권, 세종 16년(1434) 6월 14일조.
"濟州地窄人多, 生理艱苦, 盜殺牛馬資生者頗多; 商賈來往, 貿易牛馬皮, 以資其生者亦多"

은 우마피 등을 교역하면서 생활하는 사람들이 많다는 것이다. 제주인들은 농업뿐만 아니라 해양 활동과 교역 등 다양한 생업 활동을 통해 필요 물자와 먹거리를 취득했음을 알 수 있다.

양마(良馬) 생산에는 개체수가 많은 것이 유리하다. 조정은 공마든 사마든 우마적(牛馬籍)을 작성하여 관리하면서 우마를 함부로 도축하지 못하도록 했다. 그러나 정부의 명을 어기고 우마를 도축하는 집단이 있었다. 우마적(牛馬賊)이었다. 세종은 국영목장 경영에 최대의 방해 세력으로 우마적 집단을 지목하고 이들을 범죄자로 몰아 북방 변경지대로 강제 이주시켰다.

제주도에 파견되었던 안무사는 "제주도는 우마적이 있어 도살하는 일이 끝이 없습니다. 그 폐가 작지 아니하고, 또 좋은 말의 종자가 끊어질까 두렵습니다."라고 보고했다. 세종은 "도축하는 풍속이 바로잡힐 때까지 자자(刺字)하는 것을 중지하고, 크게 징치하라."[12]고 형조에 명을 내렸다. 우마적의 얼굴이나 몸에 살을 파내어 먹물로 죄명을 새기는 자자형은 벌이 약하다는 것이다. 형조에서는 우마적에게 자자보다 더 강한 벌을 내리는 것은 국법에 어긋난다고 아뢰었고, 결국 세종은 도축하는 풍속이 바로잡힐 때까지 북방 변경지대로 강제로 이주시키는 정책을 펼쳤다.

세종은 "제주도의 무지한 백성들이 우마를 도살하는 데 습관이 되어서 죄를 범하고 있다. 두 번 이상 범한 자를 찾아내어 평안도로 이주시켜 스스로 고치도록 하라"[13]고 엄명을 내렸다. 세종은 남다른 애민정치로 성군이라 일컬어

---

11) 『세종실록』 4권, 세종 1년(1419) 7월 13일조.
"或謂, 濟州土瘠民稠, 不事農桑, 以水陸所産, 商販爲生, 故不可以收田租 夫濟州古稱耽羅國, 而與新羅國竝立矣, 豈無收租之法, 而能爲國哉"

12) 『세종실록』 65권, 세종 16년(1434) 7월 28일조.
"本州頗有牛馬賊 盜殺無窮 其弊不貲 且恐良馬絶種 限風俗歸正 除考刺字 隨卽大徵 事下刑曹"

13) 『세종실록』 66권, 세종 16년(1434) 12월 21일조.

져 왔다. 그러나 제주도 통치에 있어서는 말의 확보가 우선이었고, 이에 저항하는 제주인들은 엄히 다스렸다. 당시 조정에서는 제주도를 사람보다 말이 더 중요한 곳으로 인식했던 것 같다.

국가의 목마정책에 저항했던 제주인들을 색출하고 북방 변경지대로 이주시키는 임무는 목사나 판관보다 세종의 특명을 받은 경차관에 의해 주도되었다. 경차관은 중앙집권적 체제를 구축하는 과정에서 특정한 임무를 띠고 지방에 파견되었던 관리였다. 세종은 경차관에게 2회 이상 우마를 도살한 제주인들을 가려내어 평안도로 보내라는 특수임무를 부여했다. 제주도에 파견된 경차관은 강력한 공권력을 동원하여 우마적 색출에 나섰다. 그 당시 제주도의 많은 사람들은 우마 도축과 직간접적으로 연결되어 있었다. 우마를 도축하여 말린 고기와 가죽을 교역하는 것은 제주도의 풍속이자 생업이었다. 기근 때는 최후의 생존 수단으로 우마를 잡아먹는 것도 다반사였다. 세종이 신하들에게 제주인들 중에 "지방 풍습에 젖어 자기의 우마를 잡아 제사하고 그 고기를 먹은 자까지도 모두 색출에 걸렸다는데, 이것이 사실인가?"[14]라고 물어볼 정도였다.

경차관과 관리들이 국가의 공권력을 동원하여 폭압적으로 우마적을 색출하면서 제주사회는 크게 동요했다. 우마적으로 몰려 북방 변경지대로 강제로 끌려갈 수 없다며 한라산 속으로 도망가서 숨거나 섬을 탈출하는 사람도 많았다. 탐라국 형성 이래 평화로웠던 제주 섬에 감시와 공포 분위기가 조성되었던 것이다.

"傳旨兵曹 濟州無知之民, 狃於盜殺牛馬, 屢犯罪罟 差遣朝官, 刷出再犯者, 移于平安道, 冀其自新 時未出陸者, 令濟州敬差官, 分揀施行"

14)『세종실록』67권, 세종 17년(1435) 3월 12일조.
"條本州人狃於土風, 殺自己牛馬, 祭而食肉者, 竝皆被刷, 未知實否"

제주인을 이주시키는 정책은 세종 16년부터 기록되어 있다. 세종 17년(1435) 1월 14일 기사를 보면 도승지 안승선은 '평안도로 옮긴 우마적 숫자가 650여 명'[15]이라고 보고하고 있다. 목축에 관한 일을 맡아보던 관청인 사복시에서는 세종에게 우마적을 색출하여 함경도의 회령과 평안도의 여연 등 변경지대를 채우도록 건의했다. 우마적을 색출하여 육지로 보내는 과정에서 해상에서 폭풍을 만나 익사한 사람도 상당수 발생하는 폐단이 생겼다.[16] 세종 18년 6월 20일 기사를 보면 우마적 800명을 추가로 색출하여 강제 이주시키고 있다. 우마적은 중범죄자였기 때문에 연좌제가 적용되어 그 가족까지 끌려갔다. 우마적의 가족까지 합치면 대단한 숫자일 것이다.

그들은 제주해협을 건너 전라도 해안지방에 하선한 후 압록강, 두만강 변경지대까지 걸어서 이동했다. 노인과 아이들을 업고서 길을 갔다. 도중에 굶주리고 추위에 얼어 죽는 자가 얼마인지 모를 정도로 많다고 기록하고 있다.[17] 이동 중 사망자가 매우 많았음을 알 수 있다.

세종 때 사민정책으로 최소한 1,450여 명의 제주인들이 평안도 등지로 강제 이주 당했다. 1435년 기준으로 제주도 인구의 63,093명 중 약 2.3%에 해당하

---

15) 『세종실록』 67권, 세종 17년(1435) 1월 14일조.
"今自濟州移置平安道盜殺牛馬者, 幾至六百五十餘"

16) 『세종실록』 67권, 세종 17년(1435) 3월 12일조.
"初司僕啓: '濟州牛馬賊興行, 牧馬不蕃, 宜差人刷出, 徙于會寧, 閭延, 以實邊塞' 爰遣司僕少尹趙順生, 刷出賊人, 海道遭風, 漂至中國, 或溺死海中, 予甚驚駭, 初不意生弊至此極也 已入平安者已矣, 其在本州及出在全羅者, 農前未及移徙, 彼此失業, 何以區處乎? 予聞馬賊幾至千數, 無他, 本州人狃於土風, 殺自己牛馬, 祭而食肉者, 竝皆被刷, 未知實否?" 皇甫仁曰: "別遣朝官更覈, 如有食肉者, 連逮悉令還本 其正賊內已出全羅者, 分置所在各官, 待秋徙於平安道, 未出陸者, 除獨子初犯外, 盜殺牛馬者, 令本州守令刷出, 永爲恒式"

17) 『세종실록』 72권, 세종 18년(1436) 6월 20일조.
"令趙順生推刷出陸, 其數至八百 自全羅至平安道, 提挈老幼, 絡繹于路, 其辛勤艱苦, 飢寒凍餒者, 不知其幾"

〈표 4-4〉 제주도 인구변화

연도	인구(명)	전지(결)	호구수	자료
1434	63,474	–	–	세종 16년 12월 7일조
1435	63,093	9,613	9,935	세종 17년 12월 12일조
1478	9,400	9,080	–	성종 9년 4월 8일조
1601	22,990	–	4,145	김상헌의 『남사록』
1670	42,700	–	–	현종 11년 9월 10일조
1792	64,582	10,079	–	정조 16년 12월 30일조
1843	75,321	10,123	10,815	이원조의 『탐라지초본』
1873	87,927	–	–	고종 10년 12월 30일조
1925	205,294	–	–	간이국세조사(1925)

출처: 『세종실록』, 『성종실록』, 『남사록』, 『현종실록』, 『탐라지초본』, 『고종실록』을 토대로 작성함.

※ '–'는 자료 없음.

는 적지 않은 인구이다. 연좌되어 강제이주 당한 우마적의 가족과 탄압을 피해 도외로 탈출한 유민, 그리고 이동 중 선박 침몰로 인한 사망자 등 미기록자를 합치면 그 숫자는 대폭 증가할 것이다. 조선 건국 후 세종 연간에 제주도에서 쫓겨난 제주인들이 상당히 많았음을 유추할 수 있다. 국가권력에 의해 극심하게 탄압받았던 그들을 지켜보면서 조선에 대한 제주도 민중들의 심리적 공포감은 대단했을 것이다. 해상왕국 탐라의 개국 이래 고려시대까지 지속되었던 독립과 자치의 지역 전통은 말살되어 버리고, 조선의 지배체제에 완전히 편입되는 계기가 되었다.

우마적 집단의 색출과 강제 이주는 제주도의 인구변화에 큰 영향을 미쳤다. 조선 전기의 인구가 요동치는 도화선이 되었다. 1434년 제주도의 인구는 63,474명이었고, 1435년은 63,093명으로 별 차이가 없다.

그러나 성종 9년(1478)의 인구를 보면 놀랍다. 불과 9,400명에 지나지 않는다. 이 인구통계는 제주도에 파견되었던 경차관이 성종에게 보고한 것이다.[18]

인구가 너무 적어 기록상의 오기인지, 장정만의 인구인지는 확실치 않다. 조선 전기에 제주인들은 대거 육지로 도망가서 '두무악' 집단을 이루며 해양활동을 전개했다. 육지로 출륙한 제주인들을 '두무악(頭無岳)'이라 불렀다. 두무악은 한라산과 오름의 별칭으로 산의 정상부가 뾰족하지 않아 머리가 없다는 데서 비롯된 것이다. '두독(頭禿)', '두모악(頭毛岳)', '두독야지(豆禿也只)' 등도 두무악의 별칭이다.

성종은 이를 조사하기 위해 제주도에 경차관을 파견했다. 그 사목을 보면 "근년에 제주도 세 고을의 인민이 자칭 두독야지라 하면서 처자들을 거느리고 배를 타고 경상도·전라도의 바닷가 연변에 옮겨 정박하는 자가 수천여 명인데, 세 고을의 수령은 지금까지 아뢰지 아니하고 있으니, 추국(推鞫)하여서 아뢰라."[19]고 하고 있다. 그러한 특수 임무를 부여받고 내려온 경차관이 조사하여 보고한 인구통계이다.

두무악은 한반도 연해지역으로 진출하여 해산물을 채취하고 판매하면서 생활을 영위했다. 두무악은 온 가족이 배를 집처럼 삼으면서[以船爲家] 우리나라 해안 곳곳을 누볐다. 닿은 곳이 마음에 맞지 않으면 다른 곳으로 이동해 버렸기 때문에 거취가 일정치 않았다. 바다에 의지하여 해상 활동을 하며 생활하니 법으로 다스리기가 어려웠다.[20]

두무악은 국내에서만 활동했던 것이 아니고 주변국 도서지역으로도 진출

---

18)『성종실록』91권, 성종 9년(1478) 4월 8일조.
"侍讀官權景祐啓曰 臣見濟州地隘而瘠, 其田九千八十餘結, 其民則九千四百餘口"

19)『성종실록』86권, 성종 8년(1477) 11월 21일조.
"近年濟州三邑人民自稱 '豆禿也只', 挈妻子乘船, 移泊慶尙, 全羅沿邊者, 幾千餘人, 而三邑守令至今不啓, 推鞫以啓"

20)『성종실록』178권, 성종 16년(1485) 윤4월 19일조.
"本無恒産, 專以捉魚爲業 扁舟載妻子, 流寓海曲, 所至之處如有不愜, 旋卽逃散 雖去就無常, 不得已沿海依止, 賣魚資生, 固不可嚴法以治之"

했다. 그 대표적인 곳이 요동반도 근해에 있는 70여 개의 섬으로 이루어진 장산군도(長山群島)이다. 성종 23년에 의금부는 장산군도의 해랑도에 들어갔다가 나온 제주인을 붙잡아서 공초했다. 제주인은 "해랑도에 다섯 집이 있었는데 그들은 중국 사람을 닮았고 화전과 고기잡이를 하며 살고 있었습니다. 제주인 20여 명이 새롭게 들어가서 살고 있습니다. 섬에는 배 6척이 있는데 그중 한척은 항상 바다 한가운데 떠 있으면서 후망하고 있습니다."라고 자백했다.[21]

해랑도는 두무악 집단이 활동하기에는 지리적으로 유리한 조건을 지닌 섬이었다. 명나라 땅이지만 중국의 변방이기 때문에 관심이 소홀했다. 압록강 서쪽은 중국 땅이고, 해랑도는 요동에 부속된 섬이기 때문에 조선정부의 공권력은 미치기 않는 섬이었다. 명과 조선 사이에 있으면서 양 국가의 통제를 덜 받는 일종의 해방구였던 셈이다. 해랑도는 중국 연해 지역과 우리나라의 서해안 지역으로 진출하는 데 유리한 위치에 있어 교역 활동을 펼치기에 좋은 곳이었다. 해랑도의 두무악 세력이 점차 커지자 선조 40년(1607) 조정에서는 이들을 수포(搜捕)해 오도록 수군을 파견했지만, 전투에서 오히려 병선을 빼앗기고 배가 불태워지는 등 망신만 당하고 돌아왔다.[22] 두무악 세력은 연산군 6년(1500)에 조선 수군과 전투 끝에 패했지만, 선조 40년(1607)에는 승리를 거뒀다. 당시 해랑도의 두무악 집단은 단순한 유민이 아니라 조선 수군과도 전투를 벌였던 조직화된 해상세력으로 성장했음을 암시하고 있다.

제주사회는 절대인구의 부족으로 와해될 위험에 놓였다. 중종 때 제주목사

---

21) 『성종실록』 268권, 성종 23년(1492) 8월 4일조.
"島中有五家, 其人言語類漢人, 衣鹿皮, 火田而耕, 以漁獵爲業, 濟州民二十餘口, 新往居之, 島有六船, 其一船常在海中, 以候望爲事"

22) 『선조실록』 209권, 선조 40년(1607) 3월 13일조.

의 치계를 보면 당시 인구문제가 얼마나 심각했는지 알 수 있다.

> 본주(本州)는 민호가 사망하면 공채의 독촉이 친족과 이웃에게 미칩니다. 그래서 모두들 떠나 흩어져 반은 폐허가 된 실정입니다. 대정현은 인물이 거의 다 유망(流亡)되었으니, 본주의 금물(今物)·악리(岳里)를 떼어서 예속시키게 하소서.[23]

조선시대 제주 수령들은 사람들이 도망가거나 죽어버리면 친족과 이웃들에게 세역을 부담시켰다. 남아 있던 제주인들은 극심한 수탈에 시달릴 수밖에 없었다. 가혹한 세역 부담을 피해 제주인들은 연쇄적으로 도외로 도망갔고, 마을이 붕괴될 지경이었다. 특히 대정현 사람들은 대부분 도망가 버려서 현(縣)으로서의 기능을 유지하기 힘든 상황이었다. 제주목사는 제주목의 일부 마을을 대정현에 예속시켜 달라고 조정에 요청하고 있다.

중종 5년 6월 25일 기사를 보면 김해의 '도요저리'라는 두무악 마을이 있는데 거기에 사는 제주인은 1천여 명이나 되었다.[24] 우리나라 해안 곳곳에 크고 작은 두무악촌(頭無岳村)이 형성되었던 것이다. 당시 제주인들의 엑소더스(exodus)는 하나의 사회현상이었다.

조선 초에 제주인 사민정책은 기후재해로 인한 기근 문제를 해결하기 위해 시작되었다. 그러나 그 이면에는 제주도의 국영목장을 확대하여 말을 독점하

---

23) 『중종실록』 281권, 중종 16년(1521) 3월 11일조.
"本州死亡民戶公債之督, 及於族隣, 竝皆離散, 半爲丘墟, 請蠲減貢物 大靜, 人物流亡殆盡, 請割本州今勿, 岳里, 屬之"

24) 『중종실록』 11권, 중종 5년(1510) 6월 25일조.
"頭無岳, 以海採爲業, 船載妻子, 滄海爲家 今因倭變, 官拘其船, 無以聊生, 至欲逃散 若海外絶島, 則可禁, 若人所候望處, 則勿禁其往來 且金海地界, 有都要渚里, 其居人無慮千餘, 自成一村, 以海採資生, 一切禁其入海, 無以爲生"

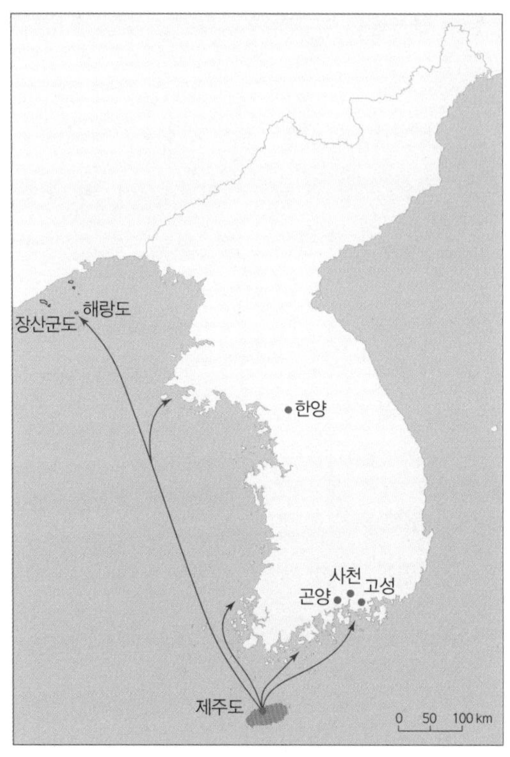

〈그림 4-3〉 두무악 도외 출륙

려는 국가전략이 있었다. 또한 북방 변경지대를 안정시키려는 국방 정책과도 관련이 있다. 그 결과 우마적 집단의 강제 이주가 있었고, 그 후유증으로 두무악 집단의 도외 출륙을 야기하여 심각한 인구공동화 현상이 나타나는 계기가 되었다.

선조 때 제주도에 안무사로 파견되었던 김상헌의 『남사록』을 살펴보면, 1601년 제주도 인구는 22,990명이었다. 『현종실록』 1670년 9월 10일의 기록을 보면 42,700명으로 증가했다. 『정조실록』 1792년 12월 30일 기사에는 64,582명으로 기록되어 있다. 세종 17년(1435)의 63,093명과 비슷한 인구 규모를 회복하는 데 약 350여 년의 세월이 소요되었음을 알 수 있다. 그만큼 조선 초기 인구 변동의 후유증은 심각했었고, 제주사회에 장기간 영향을 끼쳤음을 알 수 있다〈표 4-4〉.

물론, 조선시대의 인구통계는 오늘날 인구센서스처럼 정확하게 조사되지 않아서 원자료의 신빙성 문제가 제기되기도 한다. 조선시대의 인구조사는 기본적으로 조세 징수를 목적으로 했기 때문에 실제보다 적게 신고되었을 가능성이 있다. 미성년자, 노약자, 여성, 양반, 노비 등을 모두 포함하고 있는지 불분명한 경우도 있다. 하지만 고기록의 정량적 자료뿐만 아니라 정성적 자료를 분석해 봤을 때, 세종 이후 인조 때까지 인구공동화 문제는 '제주도의 위기'를 야기했을 만큼 심각한 문제였다.

2) 출륙금지령(1629~1823)

제주도의 인구공동화 문제가 심각해지자 중종 15년(1520)에 조정에서는 이에 대한 해결책을 논의했다. 이를 해결하기 위해 육지 사람들을 제주도에 이주시키자고 했다. 양계[평안도·함경도]의 예에 따라 백성을 채우자는 것이다. 또한 황해도 연해지역에 제주인들이 도망가서 많이 살고 있는데 이들을 쇄환(刷還)해 오자고도 했다. 그러나 그들을 쇄환해 오더라도 살아갈 방책을 마련해 주지 않으면 다시 도망가 버린다고 하면서 뚜렷한 결론을 내리지 못하고 있다.[25)]

---

25)『중종실록』40권, 중종 15년(1520) 10월 18일조.
"金錫哲曰: "小臣前爲大靜縣監, 後爲濟州牧使, 故備諳其處之事 今聞三邑皆爲空虛 不可不預爲抄入人民而實之也" 洪淑曰: "然則當依兩界, 而入民實之, 抄入人民, 而不爲離散之策, 朝廷定之可也 聞濟州之人, 來居黃海道者, 亦多有之 當爲刷還 若刷還而無其策, 則還則離散, 亦何益矣?"克成曰: "民情, 大抵安土重遷 雖出一日之地, 若將就於死地 濟州之民來居內地者, 豈其情也? 以其無生生之利, 故不得不流離 若令刷還而不爲調護, 則其何以自生乎?"

인구의 과소 현상에 따른 세역 부담의 증가와 관리들의 수탈로 제주인들은 큰 고통을 겪었다. 절해고도라는 지리적 특성 때문에 그러한 폐단을 고소할 만한 마땅한 곳도 없었다. 제주인들끼리 만나면 서로 빌기를 "언제 죽어서 이 고생을 면하게 될 것인가?"[26]라고 한탄했다.

제주도에서 유민 문제가 걷잡을 수 없이 심각해지자 명종 10년(1555)에 사헌부에서는 "제주목사를 임명할 때 적임자를 택하지 않고, 탐욕스러운 자에게 맡기므로 극히 포악스럽게 제주를 다스리고 있다. 제주인들은 나라를 원망하기를 차라리 왜놈에게 죽겠다고 한탄하고 있다. 대정현은 현재 50~60호 밖에 남아 있지 않아 제주인들의 마음을 돌려놓지 못하면 제주도 삼읍은 와해 되어 버릴 지경이다."[27]라고 왕에게 아뢰고 있다.

조선 초기 제주도 인구감소 원인을 몇 가지로 추정해 볼 수 있다. 첫째, 세종 때 과잉인구압을 줄이기 위해 우마적을 색출하여 북방 변경으로 사민정책을 추진한 결과였다. 둘째, 세종 이후 정부의 통제와 수탈에 반발하여 두무악 집단이 대대적으로 출륙하여 한반도와 주변국 연해 지역으로 도망가 버린 것이다. 셋째, 제주인 중 일부가 중앙 사족으로 진출하면서 육지로 이주했다. 넷째, 기근과 역병으로 아사자와 병사자가 많이 발생했다. 이러한 요인이 복합적으로 작용하여 조선 전기에 인구가 급감했다. 자연적인 증감(출생-사망)보다도 정치·사회적인 증감(전출-전입)이 더 크게 작용했음을 알 수 있다.

조정은 제주인의 인구감소로 지방행정 조직의 붕괴에 직면하자 그 대응책

---

26) 김상헌, 『남사록』.
"至隣族不甚侵徵之毒 相與祈祝曰 何時死去得免此苦云云"

27) 『명종실록』 18권, 명종 10년(1555) 1월 11일조.
"況且近來, 濟州牧使, 專不擇人, 付之於貪黷之手, 極其侵虐, 故其民怨之曰: '寧死於倭奴' 云 以此見之, 民生之困苦, 可知矣 至於大靜等縣, 見存民不過五六十餘戶云 今不十分救活, 以回其樂生之心, 瓦解分崩"

으로 도외 출륙을 강력하게 통제하기 시작했다. 김상헌의『남사록』에 보면 이에 대한 내용이 자세히 기록되어 있다.

> 제주인 중에 세역을 도피하는 자가 자주 배를 타고 육지로 달아나기 때문에 조천포와 화북포 두 포구에서만 배의 출항을 허가했다. 배가 출항하는 날에는 목사, 군관 중 한 사람이 장부와 대조하여 점검했다. 이것을 출선기(出船記)라고 한다. 사람 한 명, 말 한 필이라도 몰래 숨어서 섬 밖으로 나갈 수 없다.[28]

조정은 제주도에서 육지로 출항할 수 있는 배는 조천포와 화북포에서만 띄우도록 통제했다. 출항할 때는 목사나 군관이 출선기와 대조하면서 인원과 물품 등을 세세하게 검사했다. 이렇게 조정은 제주인들의 육지 출입을 통제하다가 결국 인조 7년(1629)에 섬 전체를 봉쇄하는 출륙금지령을 내렸다.

> 제주에 거주하는 백성들이 유리(流離)하여 육지의 고을에 옮겨 사는 관계로 세 고을의 군액(軍額)이 감소되자, 비국이 도민의 출입을 엄금할 것을 청하니, 상은 이를 윤허했다.[29]

1629년 8월 13일 비변사는 제주인들이 육지로 도망가는 것을 막기 위해 도외 출입을 엄금하도록 왕에게 청했다. 인조는 이를 허락하면서 공식적인 출륙금지령이 시작되었다. 제주도 삼읍의 군액과 세역이 감소하자 출륙금지령을

---

28) 김상헌,『남사록』.
"島中避役者 往往乘船走陸 故只於朝天 别刀兩浦 許令放船 而放船之日 則牧使軍官一人 執簿照點 稱爲出船記 雖一人一馬 不敢潛匿"

29)『인조실록』21권, 인조 7년(1629) 8월 13일조.
"濟州居民流移陸邑, 三邑軍額減縮 備局請嚴禁島民之出入, 上從之"

내린 것이다.

제주도는 남자가 귀해서 여자까지도 군역을 담당했는데 이른바 여정(女丁)이 그것이다. 제주성만 해도 남정(男丁)이 500명이고 여정이 800명으로 오히려 여정이 많았다. 남자가 부족했기 때문에 여자에게도 군역을 부과했던 것이다. 여정은 여자 군인으로 육지에서는 볼 수 없는 제주도만 있는 특이한 군역이었다. 제주도 삼읍이 똑 같은 사정이라고 하니[30] 심각한 인구 부족 문제를 알 수 있다.

출륙금지령은 인구 유출을 막아 각종 세금과 역을 확보할 수 있는 정책이었지만 제주인들에게는 창살 없는 형옥 생활이나 마찬가지였다. 제주도가 거대한 감옥으로 변해버린 것이다. 탐라국 이래로 제주인들은 농업과 더불어 해상교역 활동을 전개하면서 살아왔다. 조선 조정은 제주인들에게 해상활동과 교역활동을 강력 통제했고, 목축과 진상품 생산에 내몰았다.

출륙금지령이 내려진 초기에 제주인들의 해상활동은 줄어들었지만 후기로 가면서 통제를 무릅쓰고 해상으로 나가 교역활동을 전개했다. 그 결과 출륙금지령이 유명무실해지면서 국가는 통제력을 상실했고, 김만덕과 같은 거상이 등장하기도 했다.

1822년에 제주도에 역병이 돌아 수천 명이 죽자 순조는 이를 위유하기 위해 조정화를 어사로 파견했다. 그는 별단을 올려 제주인들의 육지 출입을 허용하도록 건의했다. 순조는 조정에서 이를 처리하도록 명을 내리면서 1823년 2월 24일, 200여 년간 지속되었던 출륙금지령이 해제되었다.[31]

---

30) 김상헌, 『남사록』.
"本主城內 男丁五百 女丁八百 女丁者 濟州之語也 男丁甚貴 若遇事變守成 則選民家健婦 發立堞口稱爲女丁 三邑同"

31) 『순조실록』 26권, 순조 23년(1823) 2월 24일조.
"趙庭和復命, 進別單言 "島民男女, 許令內地往來婚娶, 等事" 令廟堂稟處"

출륙금지령은 제주인들에게 족쇄로 작용했다. 해양을 통해 세계로 뻗어나갈 수 있는 기회를 장기간 박탈해 버렸다. 탐라국 이래로 바다를 누비면서 해양 활동을 전개했던 제주인들의 활동공간을 섬으로만 국한시켜 버리는 결과를 초래했다. 재해와 흉년으로 식량이 고갈될 때 제주인들은 바다를 통해 주변 지역으로 나가 교역활동을 하면서 먹거리를 구해왔던 활동이 통제되었다. 이상기후로 농사를 그르쳐 식량이 고갈되면 정부의 구휼에만 의존하는 취약한 지역구조로 고착화되어 버렸다. 제주도의 자생적 하부구조가 붕괴되어버리는 결과를 초래했다.

V.

에필로그

오늘날 기후변화로 세계의 기후는 요동치고 있다. 엘니뇨, 라니냐가 세계의 기후시스템을 교란시키고 있고, 태풍, 홍수, 한발, 폭염, 한파 등이 지구촌 곳곳을 강타하고 있다. 미 국방성 펜타곤 보고서에 따르면 머지않은 미래에 기후변화로 전 지구적인 재앙이 닥칠 것이라고 경고하고 있다.

제주도에서도 최근 이상기후가 빈번하게 발생하고 있다. 슈퍼태풍이라 불리는 강력한 태풍이 21세기에 들어서 자주 내습하고 있다. 2002년 '루사', 2003년 '매미', 2007년 '나리', 2010년 '곤파스', 2012년 '볼라벤'은 제주도에 내습하여 큰 피해를 야기했다. 2016년에 내습한 태풍 '차바'는 우리나라 기상 관측사상 10월 태풍 중 가장 강력했고, 제주도에 큰 피해를 입히기도 했다. 2017년 제주도의 여름은 장마가 실종되어 가뭄이 심각했다. 그러나 일부 지역에서는 물 폭탄이 떨어지는 기현상도 벌어졌다.

오늘날의 기후가 이러한 실정인데 과거의 제주도 기후는 어떠했을까? 옛날 제주인들은 기후재해에 어떻게 대응하며 살아왔을까? 이러한 궁금증으로 시작된 발걸음이 여기까지 이어졌다. 과거의 기후를 분석하는 데는 다양한 연구방법이 활용된다. 이 책에서는 사료를 중심으로 조선시대의 기후를 분석해 보았다. 과거의 자료를 가지고 기후를 분석했기 때문에 한계가 있을 수밖에 없다. 우선 기록의 양이 많지 않았고, 그 기록 자체도 단편적이다. 때문에 조선시대 제주도의 이상기후 양상과 그에 대응한 제주인들의 삶의 방식, 조정의 대응 양상 등을 규명하는 것은 쉬운 작업이 아니었다.

제주도는 예로부터 풍재, 수재, 한재가 끊이지 않은 삼재의 섬으로 불리었다. 그중 풍재가 가장 심해 바람 잘 날 없는 섬이었다. 조선시대 제주도의 기후재앙은 태풍에서 기인하는 경우가 많았다. 조선시대 제주도의 3대 기근을 야기한 이상기후도 태풍이었다. 초대형 태풍이 지나가고 난 다음 제주지역의 들판은 황무지처럼 황폐화되었다.

태풍은 오늘날도 제주도를 위협하는 강력한 기후재해 중 하나이다. 최근 기후변화로 태풍의 강도는 더욱 강해질 것으로 예상된다. 태풍은 수증기의 잠열을 에너지원으로 삼기 때문에 온난화로 기온과 해수온이 상승하면 더욱 강해질 수 있다. 1514년에 내습했던 초대형 태풍으로 제주도가 초토화되었던 적이 있다. 특히 정의현 지역에서는 해변 2리쯤 되는 곳까지 바닷물이 넘치는 해일 재앙이 발생했다. 기와가 날아다니고 돌이 낙엽처럼 구르는 태풍이 내습하기도 했다. 오늘날 이런 초대형 태풍이 내습한다면 상상을 초월하는 천문학적인 피해를 입을 수 있다. 이런 태풍은 과거에 발생했었기 때문에 미래에도 발생할 수 있다. 초강력 태풍이 통과할 때 나타날 수 있는 강풍과 해일, 집중호우에 대한 대책을 철저히 수립해야겠다.

제주도는 우리나라의 다우지로 수해 발생도 많은 편이다. 오늘날 제주도는 수해에 더욱 취약한 구조로 변해 버렸다. 중산간지역의 곶자왈과 초지대는 농경지로 개간되었고, 골프장, 관광 시설 등이 우후죽순 들어서면서 투수율이 현저히 악화되었다. 아스팔트와 시멘트로 뒤덮인 도시와 취락들은 빗물을 흡수하지 못하는 불투수 면적이 급증했다. 환경을 고려하지 않은 도로구조는 물길을 가두어 수해를 키우고 있다. 조선시대에 큰 비로 제주성이 침수되고 들판이 물에 잠긴 적이 많았다. 오늘날은 조선시대에 비해 수해에 취약한 지역환경이기 때문에 더 큰 피해를 입을 가능성이 높다. 2007년 태풍 '나리'가 내습했을 때 확인했던 것처럼 집중호우로 인한 수해에 만반의 준비를 해야겠다.

최근 지하수 개발로 가뭄 대응능력은 향상되었다고 하지만 오히려 그 반대이다. 지하수의 난개발과 과다한 물 사용으로 지하수위가 낮아지고 있다. 가뭄이 장기화되면 지하수를 더욱 많이 끌어올린다. 이것은 지하수위의 급격한 저하로 해수 침투의 우려가 있다. 염분농도가 임계치에 도달하면 지하수로서의 생명은 끝나버린다. 최근 축산폐수와 비료의 과다 사용으로 질산성 수치가 높아지면서 오염된 지하수가 날로 증가하고 있다. 지하수가 고갈되고 오염되면서 사용하지 못하는 경우도 많이 발생하고 있다. 1433년 가을부터 1434년 여름까지 거의 1년 가까이 제주도는 큰 가뭄에 시달렸다. 이러한 가뭄이 오늘날 제주도에 들이닥치면 치명적인 피해를 입을 것이다. 과거에 비해 오늘날은 물 사용량이 대폭 증가했고, 앞으로도 그럴 가능성이 높다. 예기치 못한 장기간의 가뭄이 발생할 수 있으므로 이에 대응하여 수자원을 관리해야 한다.

지난 20세기에 확인되었지만 21세기도 지구온난화는 가속화될 것으로 예상된다. 그에 따라 폭염, 열대야 현상도 함께 증가할 것이다. 폭염에 노출되면 생리적인 불균형이 발생하여 관련 질병이 증가한다. 또한 말라리아 같은 열대 풍토병도 증가하여 건강을 해칠 수 있다. 온난화는 생태계에도 영향을 끼쳐 구상나무와 같은 아고산식물이 고사하는 등 심각한 피해를 야기할 수 있다. 온난화로 야기되는 기후변화에 적극 대응하여 생태계의 피해를 최소화해야 한다.

오늘날 제주도의 주산업은 관광산업과 1차 산업으로 이상기후에 매우 민감하다. 최근 일부 해안관광지에서는 온난화로 인한 해면 상승으로 피해를 입고 있다. 해양관광은 이상기후와 기상재해에 직접적인 영향을 받는다. 온난화로 농작물 지도도 달라지고 있다. 과거부터 지금까지 제주도가 독점적으로 생산해 오던 감귤농업은 이미 한반도로 북상했다. 수산물 지도도 달라져 해양에서 어종 및 해조류의 분포 변화가 감지되고 있다. 미래의 이상기후에 대해 안이하게 대응하면 지역산업 기반이 무너질 수 있다. 기후변화로 인한 피해를 최소화하면서 그에 대응할 수 있는 신산업 육성도 적극 모색해야 할 것이다.

제주도의 도시화율은 91% 정도로 비교적 높은 편이다. 도시는 각종 중심기능과 다양한 시설들이 집중된 지역이지만 이상기후에 취약한 공간이다. 이상기후에 대비하여 도시공간을 재구조화할 필요가 있다. 오늘날 우리가 살고 있는 세계는 첨단 과학이 발달하고 물질문명이 절정을 이루고 있다고 해서 이상기후가 비켜가지 않는다. 기후변화에 수수방관하다보면 가까운 미래에 예상치 못한 치명적인 위기를 맞을 수도 있다.

역사 속의 기록은 과거의 일만일까? 전혀 그렇지 않다. "역사는 과거와 현재의 대화"라는 말도 있듯이 우리는 과거의 이상기후를 올바르게 이해함으로써 미래의 기후재해에 대한 대응력을 증진시킬 수 있다. 기후재해는 반복되는 경향이 있다. 사료에 기록된 기후재해를 과거의 사실로만 치부하고 잊어버린다면 더 심각한 기후재앙이 닥칠지 모른다. 과거의 기후재앙을 거울삼아 사회의 안전망을 구축하고 기후변화에 적극 대처해야겠다.

이상기후에 대한 정부의 잘못된 대응은 지역사회에 2차적인 피해를 야기할 수 있다. 조선 초에 조정은 제주도의 이상기후와 기근에 대응하기 위해 제주인들을 북방으로 강제 이주시키는 사민정책을 취했다. 농경지의 일부를 국영목장으로 전환시키고, 지역의 자생적인 우마산업은 억압하는 정책을 펼쳤다. 또한 탐라국 이래로 활발히 전개되었던 해상활동과 교역활동을 강력하게 통제했다. 이러한 조선 조정의 정책은 두무악 집단이 대거 출륙하는 도화선이 되었고, 결국 심각한 인구공동화를 야기하여 제주도의 삼읍 행정체계를 위협했다. 이를 해결하고자 추진한 200여 년간의 출륙금지령은 지역의 다양한 생산 활동과 전통적인 해양문화를 침체시키는 암흑기를 초래했다.

혹독한 환경 속에서도 기후에 대응한 제주인들의 생활양식은 지역문화의 기저가 되었다. 바람에 대응한 방풍농법, 가뭄에 대응한 복토농법, 지력 저하에 대응한 휴경농법과 윤작농법, 바령농법, 폭우로 토양 침식에 대응한 가로밭갈기, 시둑농법 등은 현대 문명과도 공존하고 있다. 시대의 변화에 맞게 변형된 모습으로 지금도 행해지고 있음을 확인할 수 있다. 우리는 수용 가능한 조상들의 재해대응 양식을 현재에 맞게 재창조하여 계승하고 발전시킬 필요가 있다.

제주도의 재해대응 문화는 최근 전 세계의 주목을 받고 있다. 흑룡만리라 일컬어지는 제주도의 돌담은 방풍 및 토양 침식 등에 대응했던 농업경관이다. 돌담 문화유산은 그 가치를 인정받아 세계식량농업기구(FAO)의 세계농어업유산자원(GIAHS)으로 등재되기도 했다. 제주칠머리당의 영등굿은 바람에 대응하며 자연과 친화하는 전통문화로 인정받아 유네스코(UNESCO) 세계무형문화유산으로 등재되었다. 바다에서 먹거리를 채취하고, 풍향과 물때에 맞게 물질을 했던 제주도의 해녀도 유네스코 세계무형문화유산으로 등재되었다.

이러한 제주도의 전통문화는 이상기후에 대응하는 과정에서 만들어진 것이다. 이상기후에 대응하면서 지역문화를 창조해왔던 기후문화는 오늘날에도 전승되면서 지역의 정체성을 구성하는 중요한 자산이 되고 있다. 온난화로 기후가 불안정한 오늘날, 환경과 친화하면서 이상기후에 적절하게 대응했던 선인들의 지혜를 본받아야 하겠다.

| 참고문헌 |

1. 국내문헌

〈저서〉

강문규, 2006, 『제주문화의 수수께끼』, 제주: 도서출판 각.

______, 2017, 『탐라왕국』, 제주: 한그루.

고광민, 2004, 『제주도의 생산기술과 민속』, 서울: 대원사.

______, 2016, 『제주생활사』, 제주: 한그루.

고유봉, 2011, 『제주島 해양수산사』, 제주: 도서출판 각.

관계부처합동, 2015, 『제2차 국가 기후변화 적응대책』, 관계부처합동.

기상청, 2011, 『한국기후표(1981~2010)』. 서울: 기상청.

______, 2014, 『한국 기후변화 평가보고서 2014』, 서울: 기상청.

김광식, 2001, 『농업기상학』, 서울: 향문사.

김덕진, 2008, 『대기근, 조선을 뒤덮다』, 서울: 푸른역사.

김동섭, 2004, 『제주도 전래 농기구』, 서울: 민속원.

김봉옥, 1990, 『김만덕전』, 제주: 제주문화.

김석우, 2006, 『자연재해와 유교국가』, 서울: 일조각.

김영원 외, 2003, 『항해와 표류의 역사』, 서울: 솔출판사.

김오진 외, 2001, 『큰갯마을』, 제주: 경신인쇄사.

______ 외, 2010, 『제주지리』, 파주: 한국학술정보.

남도영, 2001, 『제주도 목장사』, 서울: 한국마사회 마사박물관.

농림부 · 제주대학교, 2007, 『제주도 농촌지역내 돌담 문화자원의 활용을 위한 농촌 경관 보존 직불제 도입방안에 관한 연구』, 농림부.

농촌진흥청, 1976, 『정밀토양도(제주도)』.

______, 2006, 『고구마 재배』.

서미경, 2010, 『홍어장수 문순득, 조선을 깨우다』, 부천: 북스토리.

송성대, 1996, 『제주인의 해민정신』, 제주: 제주문화.

______, 2001, 『문화의 원류와 그 이해』, 제주: 도서출판 각.

신복룡(역), 2017,『하멜표류기』, 서울: 집문당(H. Hamel, Narrative and Description of the Kingdom of Korea).
박용후, 1992,『제주도 옛 땅이름 연구』, 제주: 제주문화.
오문복 외(역), 2011,『제주 속의 탐라: 심재집(김석익)』, 서울: 보고사.
윤진일, 1999,『농업기상학』, 서울: 아르케.
윤치부, 1998,『주해 표히록』, 서울: 박이정.
이동우 외(역), 2006,『자연재해와 재난』, 서울: 시그마프레스(Donald H. and H. David, 2006, Natural Hazards and Disasters, Thomson Learning, Singapore).
이승호, 2007,『기후학』, 서울: 푸른길.
______, 2009,『한국의 기후&문화 산책』, 서울: 푸른길.
______외(역), 2015,『환경재해』, 서울: 푸른길(Keith Smith, 2013, Environmental Hazards, Routledge).
전경수, 2010,『탐라·제주의 문화인류학』, 서울: 민속원.
전국문화원연합 제주도지회, 2001,『옛 제주인의 표해록』.
전국지리교사연합회, 2011,『살아있는 지리교과서1』, 서울: (주)휴머니스트 출판그룹.
제주도, 1993,『제주도지』, 제1권.
______, 1996,『제주 100년』.
______, 1997,『중산간지역 종합조사』.
______, 1998,『제주의 문화재(증보판)』.
______, 2006,『제주도지(1~7)』.
제주시·제주대학교박물관, 1996,『제주시의 옛터』.
제주도교육청, 1996,『제주의 전통문화』.
제주도민속자연사박물관, 1995,『제주도의 식생활』.
제주특별자치도, 2008,『2007 제주 풍수해 백서』.
제주도농업시험장 감귤시험장, 2001,『감귤원 이상낙엽의 원인 규명 및 토양환경 개선에 관한 연구』.
제주사정립사업추진위원회·제주특별자치도, 2009,『탐라사 I · II』.
주강현, 2011,『제주기행』, 서울: 웅진지식하우스.
주희춘, 2008,『제주 고대항로를 추적한다』, 서울: 주류성 출판사.
진관훈, 2004,『근대제주의 경제변동』, 제주: 도서출판 각.
통계청 통계개발원, 2008,『푸른 들, 숲, 바다, 그리고 삶–농림업총조사 종합분석보고서』, 서울: 통계개발원.

환경부, 2010,『국가 기후변화 적응대책(2011~2015)』, 서울: 환경부.
형기주, 1993,『농업지리학』, 서울: 법문사.
현용준, 1996,『제주도 신화』, 서울: 서문문고.

『舊韓末官報』, 제주문화방송(1994).
『國譯朝鮮王朝實錄』, 한국학데이터베이스연구소(2001).
『國譯增補文獻備考』, 세종대왕기념사업회(1980).
『高麗史』, 제주문화방송(1994).
『南冥小乘』, 林悌, 제주문화방송(1994).
『南槎錄』, 金尙憲, 제주도교육위원회(1976).
『南槎錄』, 金尙憲, 김희동 역, 서울: 영가문화사(1992).
『南槎錄』, 金尙憲, 홍기표 역, 제주문화원(2009).
『南槎日錄』, 李增, 제주문화원(2001).
『南遷錄』, 金聲久, 제주문화방송(1994).
『南宦博物』, 李衡祥, 제주도교육위원회(1976).
『大東地志』, 金正浩, 제주도교육위원회(1976).
『備邊司謄錄中濟州記錄』, 제주문화(2004).
『續陰靑史』, 金允植, 제주문화원(1996).
『承政院日記 濟州記事』, 제주사정립사업추진위원회(2001).
『新增東國輿地勝覽』, 탐라사료문헌집(2004).
『玆山魚譜』, 丁若銓, 정문기 역, 지식산업사(1998).
『濟州風土錄』, 金淨, 제주도교육위원회(1976).
『濟州風土記』, 李健, 제주도교육위원회(1976).
『朝鮮王朝實錄中 濟州記錄』, 제주문화(2004).
『知瀛錄』, 李益泰, 제주문화원(1997).
『耽羅見聞錄』, 鄭運經, 정민 역, 서울: 휴머니스트(2008).
『耽羅紀年』, 金錫翼, 제주도교육위원회(1976).
『耽羅巡歷圖』, 李衡祥, 제주시(1994).
『耽羅志』, 李元鎭, 탐라문화연구소(1991).
『耽羅志草本』, 李源祚, 제주교육박물관(2007).
『漂海錄』, 張漢哲, 김봉옥·김지홍 역, 전국문화원연합 제주도지회(2001).
『漂海錄』, 崔溥, 전국문화원연합 제주도지회(2001).

〈논문〉

김기원·신만용, 2002, "역사서 검색으로 관찰한 한반도 강설현상," 한국농림기상학회지, 4(4), 248~253.

김연옥, 1984a, "한국의 소빙기 기후–역사 기후학적 접근의 일반론," 지리학과 지리교육, 14, 1~16.

______, 1984b, "고려시대의 기후환경," 논총, 44, 113~135.

______, 1987, "조선시대의 기후환경," 지리학논총, 14, 411~423.

______, 1996, "역사속의 소빙기," 역사학보, 149, 253~265.

김오진, 2008, "조선시대 제주도의 기상재해와 관민(官民)의 대응 양상," 대한지리학회지, 43(6), 858~872.

______, 2009, "조선시대 이상기후와 관련된 제주민의 해양 활동," 기후연구소, 4(1), 42~53.

김현준, 2001, "조선왕조실록에서 본 홍수와 가뭄," 농어촌과 환경』, 11(3), 7~14.

나종일, 1982, "17세기 위기론과 한국사," 역사학보, 94, 421~473.

김희곤, 1978, "경지정리지구의 답리작 재배 관리," 흥농계, 12, 98~104.

박근필, 2005, "17세기 소빙기 기후 연구의 현황과 과제," 대구사학, 80, 287~318.

박원규·최종남·류근배, 1992, "아한대 침엽수림 연륜연대기를 이용한 중부산간지역의 고기후 복원," 한국제4기학회지, 6(1), 21~32.

박정규·황재돈·전영신, 2001, "조선왕조실록에 기록된 강수현상," 한국기상학회지, 37(4), 433~441.

박창용·이혜은, 2007, "삼국시대의 가뭄 및 호우에 관한 연구," 기후연구, 2(2), 94~104.

배재홍, 2004, "18세기 말 정조연간 강원도 삼척지방의 이상기후와 농업," 대구사학, 75, 99~147.

배혜숙, 1993, "영조년간의 사회동향과 민간사상," 상명사학, 1, 81~101.

소선섭·김용현, 2000, "조선왕조실록에 기록된 기상요소, 기우제 및 기청제," 한국지구과학학회지, 21(1), 41~50.

신규탁, 1997, "고대 한국인의 자연관: 재이론을 중심으로," 동양고전연구, 9, 115~137.

양진석, 1983, "한국의 한발에 관한 기후학적 연구," 청주대학교 논문집, 16, 15~37.

오종록, 1991, "15세기 자연재해의 특성과 대책," 역사와 현실, 5, 30~50.

이민수, 1997, "조선초기 구휼제도 및 구황정책에 관한 연구," 국사관논총, 76, 23~70.

이병설, 1979, "제주도의 바람에 관한 연구," 지리학논총, 6, 11~18.

이상배, 2000, "18~19세기 자연재해와 그 대책에 관한 연구," 국사관논총, 89, 115~

149.
이승호·이현영, 1995, “제주도 감귤 과수원의 야간 기온 분포(II),” 대한지리학회지, 30(3), 230~241.
______, 1996, “제주도 지역의 강수분포 특성,” 대한지리학회지, 34(2), 123~136.
이영구·이호철, 1987, “조선시대의 인구규모추계(I),” 한국경영사학회, 2, 183~210.
이태진, 1996a, “소빙기(1500~1750)의 천체 현상적 원인,” 국사관논총, 72, 90~126.
______, 1996b, “소빙기(1500~1750) 천변재이 연구와 조선왕조실록,” 역사학보, 149, 202~245.
임규호·심태현, 2002, “조선왕조실록의 기상현상 기록 빈도에 근거한 기후,” 한국기상학회지, 38(4), 343~354.
전종갑·문병권, 1997, “측우기 강우량 자료의 복원과 분석,” 한국기상학회지, 36(2), 692~707.
정진술, 1992, “한국선사시대 해상이동에 관한 연구,” 제주도사연구, 2, 141~222.
조성윤, 2005, “조선시대 제주도 인구의 변화 추이,” 탐라문화, 26, 53~70.
조희구·나일성, 1979, “18세기 한국의 기후변동-강우량 (降雨量)을 중심으로-,” 동방학지, 22, 83~104.
최완기, 2002, “17세기의 위기론과 효종의 경제정책,” 국사관논총, 86, 41~77.
허진영, 1980, “17세기 위기론에 대한 일고,” 대구사학, 15·16, 569~585.
홍치모, 1981, “17세기 서구의 위기론에 대한 검토,” 총신대학논문집, 1, 89~115.

〈학위논문〉
김동영, 2000, 19세기 후반의 자연재해와 지역사회의 대응 방식, 동아대학교 교육대학원 석사학위청구논문.
김연희, 1996, 조선시대의 기후와 농업변동에 관한 연구, 경북대학교 대학원 석사학위청구논문.
김오진, 2009, 조선시대 제주도의 기후와 그에 대한 주민의 대응에 대한 연구, 건국대학교 대학원 박사학위청구논문.
박근필, 1995, 19세기 초(1799~1825년)의 기후변동과 농업위기, 경북대학교 석사학위논문.
송성대, 1990, 한국 도서지방 초옥민가의 지역성, 경희대학교 대학원 박사학위청구논문.
이승호, 1985, 제주도 지역의 겨울철 바람에 관한 연구, 건국대학교 대학원 석사학위청구논문.
______, 1993, 한국의 장마 예측모형의 구축과 장마지역의 구분, 건국대학교 대학원 박사학위청구논문.

2. 일본문헌

大野秋月, 1911, 『南鮮寶窟 濟州島』.
釜山商工會, 1930, 『濟州島の經濟』.
全羅南道濟州島廳, 1924, 『未開の寶庫濟州島』.
全羅南道濟州島廳, 1939, 『濟州島勢要覽』, 京城.
朝鮮總督府, 1928, 『朝鮮の災害』, 京城.
朝鮮總督府農商工部編, 1910, 『韓國水産誌 第三輯 濟州島』.
靑柳綱太郞, 1905, 『朝鮮の寶庫濟州島案內』, 東京: 隆文館.
吉野正敏 · 黑坂裕之, 1983, "歷史時代における日本の地方別の異常氣象回數の變化," 日本氣象學會, 『氣象硏究ノート』, 147, 75~80.
傑田一二, 1976, "濟州島の畜産," 『地理學論文集』, 東京: 弘詢社.
山本武夫, 1970, "18世紀後半から19世紀前半に推定される日本の小氷期と大氣大循環," 『氣象硏究ノート』, 105, 91~109.

3. 서양문헌

Alexander, D., 2002, *Natural Disasters*, London and New York: Routledge.
Fagan, B., 2000, *The Little Ice: How Climate Made History 1300~1850*, New York: Basic Book.
Ladurie, E., 1988, *Times of Feast, Times of Famine: A History of Climate Since the Year 1000*, New York: The Noonday Press Farrar.
Lamb, H. H., 1995, *Climate, History and the Modern World,* London: Methuen.
Baron, W. R., 1992, Historical climate records from the northeastern United States, 1640 to 1900, in R. S. Bradley, 1992, *Climate Since A.D. 15OO,* London: Routledge, 74~91.
Briffe, K. R., P. D. Jones, F. H. Schweingruber and T. J. Osborn, 1998, Influence of volcanic eruptions on Northern Hemisphere summer temperature over the past 600 years, *Nature*, 393, 450~455.
Bauernfeind, W., and U. Woitek, 1999, The influence of climatic change on price fluc-

tuations in Germany during the 16th century price revolution, *Climatic Change,* 43(l), 303~321.

Behringer, W., 1999, Climatic Change and Witch-Hunting: The Impact of the little Ice Age on Mentalities, *Climatic Change*, 43(1), 335~351.

Holzhauser, H. and H. J. Zumbühl, 1999, Glacier fluctuations in the Western Swiss and French Alps in the 16th Century, *Climatic Change,* 43(l), 223~237.

Landsteiner, E., 1999, The crisis of wine production in late sixteenth-century Central Europe: Climatic causes and economic consequences, *Climatic Change,* 43(l), 323~334.

Manley, G., 1974, Central England temperatures: monthly means 1659 to 1973, *Quarterly Journal of Royal Meteorological Society,* 100, 389~405.

Ogilvie, A. E. J., 1992, Documentary evidence for changes in the climate of Iceland, A.D. 1500 to 1800, in R. S. Bradley, 1992, *Climate Since A.D. 15OO,* London: Routledge, 92~117.

Pfister, C. and R. Brazdil, 1999, Climatic variability in sixteenth-century Europe and its social dimension: a synthesis, *Climatic Change,* 43(l), 5~53.

Shanaka, L. de Silva. and G. A. Zielinski, 1998, Global influence of the AD 1600 eruption of Huaynaputina, Peru, *Nature*, 393, 455~460.

Wang, S. and Z. Zhao, 1981, Droughts and floods in China, 1470-1979, *Climate and History,* 271~288.

Wang S., 1991, Reconstruction of temperature series of North China from 1380s to 1980s, *Science in China,* 14(6), 751~759.

Wang, P. K. and J. H. Chu, 1982, Some unusual lightning events reported in ancient Chinese literature, *Weatherwise,* 35, 119~122.

Wu, X. D., 1992, Dendroclimatic studies in China, in R. S. Bradley, 1992, *Climate Since A.D. 15OO,* London: Routledge, 432~445.

부록 1. 조선시대 제주도의 이상기후 연표

연도	왕조	기록 월일	재해 요소	재해 내용	출처
1405	태종 5	7. 29.	大風	큰 나무 뽑힘, 과실 손실, 표몰 민호 18호, 우마 다수 죽음, 동서포 병선 20척 파손	태종실록
1408	태종 8	8. 19.	大雨	제주성 침수, 관가 민가 표몰, 화곡(禾穀) 태반 침수	태종실록
1408	태종 8	9. 15.	雪 桃李盡華	제주에 눈이 내리고, 성내 민가에 복숭아·배나무가 꽃핌.	태종실록
1408	태종 8	10. 16.	大風	곡식 손상, 기민 발생, 우마 도축하여 식용함. 황금 4냥 6전과 백은 2백 91냥을 조정에 바쳐 잡곡과 교환, 진제관 파견 구휼	태종실록
1418	세종 즉위년	8. 22.	大風 大雨	7. 27일 밤 큰 비바람으로 읍성 동문 관사 민가 무너짐, 수목 뽑힘, 선박 침몰, 대정 정의도 큰 피해	세종실록
1428	세종 10	5. 3.	大風 雨	소와 말이 많이 죽음.	세종실록
1433	세종 15	윤8. 10.	大風	제주, 정의, 대정에 큰바람으로 백성의 집 파손	세종실록
1433	세종 15		大旱	가을부터 익년 여름까지 한발로 많은 아사자 발생, 안무사 파견	탐라기년
1434	세종 16	12. 5.	旱	가뭄으로 흉년, 기민 발생, 조세를 곡식으로 수취하여 익년 종자로 사용	세종실록
1440	세종 22	1. 30.	龍	정의현에서 다섯 마리 용이 승천	세종실록
1514	중종 9	9. 27.	大風 大雨	제주, 대정, 정의, 7월 20일과 8월 16~17일에 풍우 크게 일어남, 나무 뽑힘, 관사 무너짐, 곡식 손상, 무너진 민가 452호, 떠내려간 민가 78호, 선박 파손 82척, 해일로 정의현 해변 침수 및 물고기 육지로 나와 떼죽음	중종실록
1520	중종 15	8. 22.	大風 大雨	제주에 풍우 크게 일어남, 가옥 대파, 나무 전복, 경지에 모래 덮임, 조풍해로 곡식 절단남.	중종실록
1522	중종 17	5. 28.	不雨	가뭄, 황충 피해, 어사 파견	중종실록

연도	왕조	기록 월일	재해 요소	재해 내용	출처
1523	중종 18	5. 21.	大風 大雨	제주의 세 고을에 큰 풍우, 제주 배 6척 침몰, 1명 익사, 대정 가옥 3분의 1 무너짐, 삼읍 곡식 절단, 과일 전량 낙과	중종실록
1525	중종 20	12. 13.	大風 雨雹	과일 전량 낙과, 민가 파손, 선척 표실	중종실록
1541	중종 36	3. 7.	大旱	제주의 세 고을에 가뭄으로 풀이 돋지 않아 다수의 말이 굶어 죽음, 점마사 파견 정지	중종실록
1543	중종 38	12. 24.	凋弊	대정현 백성들이 날로 조폐함, 하삼도의 범죄 입거 요청	중종실록
1545	명종 즉위년		大旱	여름에 한발로 흉년이 듦.	탐라기년
1552	명종 7	11. 21.	風災	제주 삼읍 풍재로 실농, 공물 견감	명종실록
1575	선조 8		雷震	대정 관아에 벼락 떨어짐, 정당을 조금 남쪽으로 이건함.	탐라기년
1601	선조 34	11. 1.	雨 盲風	제주 세 고을에 대풍우로 흉년, 기근이 심각하다고 김상헌 치계	선조실록
1602	선조 35	봄	黃霧	봄에 황무가 보리를 해쳐 흉년, 산죽실을 먹음.	탐라기년
1603	선조 36	5. 30.	大雪 寒冱 凍傷	전 해에 대설, 눈 깊이 2자, 정월에 한파, 감귤 동해, 겨울이 지나도 눈이 녹지 않음.	선조실록
1603	선조 36	11. 8.	風災 水災	제주 세 고을에 풍재, 수재로 흉년, 충재로 기민 발생, 국사둔의 우마 먹이 고갈, 해남 등지에서 미곡 3천석 운송	선조실록
1604	선조 37	2. 1.	風災 蝗災	풍재, 황재(가뭄)로 인한 기근, 세입곡 수송하여 구휼	선조실록
1610	광해 2		大風 水	대풍수로 흉년, 아사자 다수 발생, 목사의 선정	탐라기년
1629	인조 7	10. 24.	東南風 雨	곡식과 과실 전량 피해	인조실록
1638	인조 16	8. 12.	大風	나무가 부러지고 집이 무너짐.	인조실록
1641	인조 19	여름	大旱	여름에 크게 가뭄	탐라기년

연도	왕조	기록 월일	재해 요소	재해 내용	출처
1645	인조 23	9. 21.	大旱 大風 大雨	제주 삼읍에 6개월 동안 가문 뒤 대풍우로 나무가 뽑히고 말 200필 죽음.	인조실록
1646	인조 24	7. 18.	大風	나무가 부러지고 가옥 파손	인조실록
1646	인조 24	10. 2.	風	정의현 세공선 침몰, 30인 익사, 휼전 거행	인조실록
1646	인조 24	여름	風 旱	제주 여름에 대풍과 한발로 흉년, 도토리 열매 먹음.	탐라기년
1650	효종 1	10. 8.	大風	가옥 파손, 절목, 소와 말 손상	효종실록
1650	효종 1	8월	大風	흉년	탐라기년
1652	효종 3	9. 23.	颶風 驟雨	제주, 정의, 대정에 구풍과 취우로 다수 인명 피해, 말 손상, 휼전 시행	효종실록
1652	효종 3	8월	大風 雨	대풍우로 제주성의 남북수구 홍문 파괴	탐라기년
1654	효종 5	7. 13.	大風 大雨	큰 바람 불고 비가 옴.	효종실록
1655	효종 6	5. 3.	大雪	큰 눈 내려 국마 9백여 필 동사	효종실록
1656	현종 7	여름	水, 旱	여름에 큰물과 큰 가뭄으로 흉년	현종실록
1667	현종 8		水, 旱	큰 흉년, 조 만여 섬을 무역하여 구휼	탐라기년
1670	현종 11	8. 1.	不雨 大風雨	세 고을에 윤2월부터 5월까지 가뭄, 5월 30일 폭우, 여러 달 대풍우 계속됨, 전답 침수 심함, 바람 재난 참혹	현종실록
1670	현종 11	9. 9.	狂風 暴雨	제주 삼읍에 7월 27일 강풍과 폭우로 홍성과 누각 유실, 민가 침수, 엄사자(渰死者) 6명, 조풍해 극심, 만고에 없는 재변임, 전라도 연해와 통영의 곡식 이전 구제	현종실록
1670	현종 11	12. 27.	風災	제주 삼읍 풍재로 기근 극심, 미조(米租) 5천석 수송 구제, 각종 씨앗 1천 5백석 지원	현종실록
1671	현종 12	2. 3.	大風 大雪	제주에서 지난 해 11월 2일 대풍과 대설로 적설량 한길이나 됨, 산에 가서 열매 채집하던 91명 동사함, 기근 중 여역 발생하여 다수 사망	현종실록

연도	왕조	기록 월일	재해 요소	재해 내용	출처
1671	현종 12	2. 15.	凍餒 癘疫	온 섬 기근 심각, 여역, 추위, 기아로 사망자 437인	현종실록
1683	숙종 9	8. 10	大風 雨 鹹雨	제주에 대풍우, 가옥 파손, 농작물 손상, 인명과 우마 사상, 대정현·정의현에 조풍해 심함.	숙종실록
1683	숙종 9		黃霧	황무로 보리농사 피해	탐라기년
1686	숙종 12	9. 9	凍斃	우마 2,890 마리 동사	숙종실록
1687	숙종 13		大旱	여름에 크게 가물어 흉년	탐라기년
1711	숙종 37	8월	大風 雨	평지가 내를 이루고 신촌리 인가 78구가 표몰함.	탐라기년
1712	숙종 38	8월	龍	두 용이 형제도 해상에서 서로 싸워 인가 66구 및 임목, 사석이 빨려 들어감.	탐라기년
1713	숙종 39	8월	大風 雨	제주도에 큰 바람이 불고 집이 무너져 인명 사상, 우마 사상	증보문헌비고
1713	숙종 39	9. 8.	大風	제주, 대정, 정의에 큰 폭풍으로 인가 2천여 호 파괴, 많은 사람 압사, 우마 4백여 필 죽음, 압사자에게 휼전 거행, 곡식 수송 구휼	숙종실록
1714	숙종 40	7. 21.	旱災 大饑	제주 삼읍에 흉년으로 백성들이 우마 잡아먹음, 많은 우마가 목이 타 죽음.	숙종실록
1714	숙종 40		大風	8월에 대풍, 조 1만 8천석으로 구휼	탐라기년
1715	숙종 41	9월	大風 大雨	대풍이 동북으로 왔고 홍수로 평지에 넘쳐흐름.	탐라기년
1723	경종 3	7. 4.	亢旱	제주의 세 고을 흉년, 한라산 분죽[제주 조릿대] 열매로 죽 쒀 먹어 살아난 자 많음.	경종실록
1725	영조 1	11. 12.	亢旱	가뭄으로 기근, 임피 창고 쌀 5천석 수송 구휼	영조실록
1731	영조 7	7. 20.	大風	가옥 무너지고 나무 부러짐.	영조실록
1732	영조 8	6. 16.	水災	수해, 호남의 곡식 1,500석 운송 구제	영조실록
1732	영조 8	봄	黃霧	봄에 황무가 들어 흉년	탐라기년
1733	영조 9	8. 11.	枯旱	제주 세 고을에 석 달 동안 심한 가뭄	영조실록

연도	왕조	기록 월일	재해 요소	재해 내용	출처
1741	영조 17	7월	大風	대풍으로 나무가 부러지고 집이 날렸고 연무정 허물어 짐.	탐라기년
1749	영조 25	8월	大風	큰 바람으로 흉년이 듦.	탐라기년
1756	영조 32	봄	黃霧	봄에 누런 안개가 보리를 손상시킴.	탐라기년
1757	영조 33		大旱	여름에 크게 가물어 백곡을 파종하지 못함.	탐라기년
1769	영조 45		黃霧	봄에 황무가 들을 덮어 보리가 절종됨.	탐라기년
1778	정조 2	11. 21.	風	제주에서 풍재 발생	비변사등록
1789	정조 13		旱	여름에 가뭄으로 흉년, 목사가 급료를 털어 구휼	탐라기년
1793	정조 17	11. 11.	大風	정의, 대정, 제주 좌면·우면 8월에 대풍으로 혹심한 재해 발생, 목사와 관리의 비리 발생, 어사 파견 조사	정조실록
1794	정조 18	9. 17.	東風大 大饑	제주 세 고을에 8월 27~28일 대풍에 의해 가옥 파괴, 농작물 손상, 조풍해 극심, 곡식 2만석 수송 구휼, 공물 탕감	정조실록
1795	정조 19	5 28.	風	1794년 바람으로 인한 흉년, 어세, 염세, 선세 면제	정조실록
1841	헌종 7	5월	大風 雨	대풍우로 나무가 뽑히고 돌이 날림, 가을에 기근이 심함.	탐라기년
1853	철종 4		雪	겨울에 눈이 쌓여 다섯 자나 됨.	탐라기년
1865	고종 2	9. 12.	東南風 挾雨	제주 세 고을에 7월 21일 대풍우로 관사, 민가 대파, 곡식 손상으로 허허벌판, 돈 2000냥 지원 구휼, 목사 임기 1년 연장	고종실록
1868	고종 5		旱	가을 곡식이 여물지 않았고 대정이 가장 심함.	탐라기년
1870	고종 7		雨雹	우박이 내림.	탐라기년
1885	고종 22	11월	雪	눈이 쌓여 다섯 자나 됨.	탐라기년
1886	고종 23	7월	大雨	큰 비로 평지가 내를 이루고 인가 및 무덤 떠 흘렀고, 남수구 홍문 무너짐.	탐라기년
1890	고종 27	8. 30.	風災	대왕대비 행장에 1865년 풍재 발생 기록됨, 구휼 실시, 수령 임기 연장	고종실록

연도	왕조	기록 월일	재해 요소	재해 내용	출처
1892	고종 29		旱 歉	백록담이 마르고 흉년이 닥침, 조 3천 석과 원납금으로 구휼	탐라기년
1895	고종 31		大旱	여름에 큰 가뭄, 기우제 시행	탐라기년

부록 2. 조선시대 제주도 연근해 해난사고 연표

연도	왕조	기록 월일	재해 요소	해난사고 내용	출처
1405	태종 5	7. 29.	大風	동·서포 병선 20척 파손	태종실록
1405	태종 5	9. 11.	飄風	조공선 1척 침몰, 44명 익사	태종실록
1410	태종 10	4. 2.	船敗沒	품마 진상선 2척 침몰, 말 50필 익사, 인명 다수 익사, 책임관리 소환	태종실록
1412	태종 12	4. 6.	風覆敗	토물 적재선 침몰, 인마 다수 익사, 책임관리 소환	태종실록
1413	태종 13	10. 18.	颶沒	제주 병선 1척 침몰, 군졸 6인 익사	태종실록
1415	태종 15	1. 21.	漂沒	해로 험난하여 해난 사고 빈번, 강화도에 목장 조성	태종실록
1419	세종 1	7. 24.	風	공·사선 23척 중 7척 침몰, 40여 명 익사, 보고 지연 책망	세종실록
1422	세종 4	3. 21.	風	선박 침몰, 정의현감 등 6명 익사	세종실록
1425	세종 7	4. 19.	大風	선박 파선, 인명 10인, 진상마 30필 익사	세종실록
1429	세종 11	6. 4.	風	진마선 침몰	세종실록
1443	세종 25	8. 24.	飄風	추자도 부근에서 제주 상인 3인 실종, 조사하여 치계토록 함.	세종실록
1443	세종 25	11. 15.	漂	제주인 6명 중국 표류, 사신 편에 귀환, 제주로 보냄.	세종실록
1444	세종 26	8. 13.	風漂	제주인 일본에 표류 후 귀환, 일본인에게 선물 하사	세종실록
1447	세종 29	1. 9.	漂風	제주인 중국 표류한 후 돌아옴, 사신 편에 귀환	세종실록
1447	세종 29	7. 5.	漂流	제주인 막금 일본에서 귀환, 송환시킨 일본인에게 면주 10필, 정포 126필, 백세저포 5필, 호피 2령, 송자 1백 근, 소주 10병 하사	세종실록
1451	문종 1	4. 5.	漂風	제주인 2인 일본에 표류, 쇄환 요청	문종실록
1452	단종 즉위년	7. 14.	風浪	제주인 9명 풍랑으로 실종, 대마주(大馬州)에 교지를 보내 찾아주도록 요청	단종실록

연도	왕조	기록 월일	재해 요소	해난사고 내용	출처
1453	단종 1	1. 12.	風	제주인 실종, 경기 및 하삼도 관찰사에게 수색 유시	단종실록
1453	단종 1	9. 21.	漂流	제주인 5인 중국 표류, 성절사 편에 귀환	단종실록
1453	단종 1	11. 9.	漂流	제주인 7인 일본에서 귀환	단종실록
1454	단종 2	9. 3.	漂	왜선 제주 표류 시 처리 방안, 수로 송환, 육지 상륙 금지	단종실록
1457	세조 3	7. 14.	遭風	제주인 한금광 등 10인 2월 2일 유구국 표착, 유구 사신이 1462년 2월 16일 한금광 등을 쇄환	세조실록
1458	세조 4	2. 26.	漂流	제주인 유구에 표류, 유구 사신 편에 귀환	세조실록
1461	세조 7	6. 8.	颶風	제주인 유구에 표류한 양성 등 2인 귀환. 유구 사신 편에 동행 귀환	세조실록
1463	세조 9	1. 18.	漂流	제주 표류인 일본인 구조, 상을 주도록 명함.	세조실록
1463	세조 9	6. 2.	風	제주인 고득중 표류 실종, 하삼도 관찰사에게 치서하여 연해를 수색케 함.	세조실록
1463	세조 9	11. 28.	慰送	일본인 48인 표도, 식량과 베를 제공	세조실록
1465	세조 11	9. 2.	漂流	제주인 14명, 명에서 생환, 사신 편에 귀환	세조실록
1467	세조 13	7. 22.	風漂流	1464년 봄에 2명 일본에 표착 후 생환, 일본 사신 편에 동행 귀환	세조실록
1468	세조 14	5. 18.	漂	중국인 43인 표도, 육로 송환	세조실록
1471	성종 2	1. 8.	大風	제주인 공물 수송 후 귀환하다 표류, 13일 만에 중국 절강성에 표착, 1471년 1월 8일 생환, 전라도 관찰사에게 표류 보고하지 아니한 이유를 추국하여 아뢰도록 함.	성종실록
1474	성종 5	12. 1.	風	제주에 오던 승려 일본 표착, 일본 사신 편에 귀환	성종실록
1478	성종 9	7. 26.	風漂泊	일본국 명 조공선 3척, 3백 명 귀국 중 대정현 표박, 제주목사와 대정현감이 위로 조치에 특진	성종실록

연도	왕조	기록 월일	재해 요소	해난사고 내용	출처
1479	성종 10	5. 16.	風	1477년 2월 1일 진상품 수송 김비의 일행 8인 14일 동안 표류하다 5인 익사, 3인 유구에 표착, 1479년 5월 3일 염포로 귀환, 익사자 가족에게 휼전 제공, 2년간 역사 면제	성종실록
1480	성종 11	7. 5.	漂	일본선 명 조공 후 귀국하다 제주 표착	성종실록
1483	성종 14	8.10. 8.22.	東北風	정의현감 이섬 등 47명이 2월 29일 추자도 근해에서 동북풍으로 10일간 표류하다 중국 장사진에 표착, 명에 갔던 사신 편에 귀환	성종실록
1484	성종 15	4. 14.	怒濤	제주 상선, 존자사 주지 등 10여 명이 6일간 표류하다 일본에 표착, 일본국 관리가 통보	성종실록
1488	성종 19	4. 15.	北風	최부 일행 초란도 정박 직전 표류, 중국 영파부 표착, 통사를 보내 미리 치계함, 1492년 1월 14일 최부를 인견하여 표류 상황 물음.	성종실록
1497	연산 3	3. 6.	風	일본 사신 명으로 가던 중 제주에 표착	연산군일기
1497	연산 3	10. 14.	飄風	유구인 10인 태풍으로 제주에 표도, 일본을 통해 송환	연산군일기
1501	연산 7	1. 30.	漂流	1499년 제주인 일본에 표착, 일본 사신 편에 동행 귀환	연산군일기
1507	중종 2	8. 22.	漂流	제주인 7명 표류했다가 돌아옴, 의복, 역마 제공	중종실록
1511	중종 6	6. 6.	漂流	제주 표류인 17인 중국에서 귀환, 중국 사신에게 사은	중종실록
1554	명종 9	7. 24.	西風	일본인 표류, 귀환 중 표몰하여 익사	명종실록
1554	명종 9	10. 20.	漂流	제주인 7명 표류, 성절사 편으로 귀환, 사은사 파견 논의	명종실록
1566	명종 21	윤10. 10.	漂	제주인 중국 표도한 후 돌아옴, 사은사 파견	명종실록
1576	선조 9	6. 29.	漂流	제주인 22명 중국 표류하여 육로로 귀환, 술과 베 1필씩 지급	선조실록
1582	선조 15		漂	양인이 차귀포에 파선, 포획 이송	탐라기년

연도	왕조	기록 월일	재해 요소	해난사고 내용	출처
1587	선조 20	2. 24.	漂流	대마도주 제주인 4명 호송	선조실록
1587	선조 20	7. 03.	漂流	제주인 대마도에 표류하여 귀환, 대마도 사송(使送)에게 물품 하사	선조실록
1597	선조 30	2. 21.	漂流	중국인 제주에 표도, 백사를 은과 곡식으로 무역	선조실록
1599	선조 32	6. 16.	漂流	중국 응천부에 표류해 간 남녀를 쇄환해 옴, 사신에게 후하게 사은	선조실록
1607	선조 40	4. 7. 5. 17.	風	전 대정현감 표류 침몰, 연해 지방 수색	선조실록
1610	광해 2	10. 29.	漂流	제주에 중국인 표도, 압송 문제를 논함.	광해군일기
1611	광해 3	9월	颶風	유구국 왕자 일행 제주목 죽서루에 표도, 목사 이기빈과 판관 문희현 등이 물욕으로 참살	탐라기년
1612	광해 4	2. 10. 4. 15.	漂	1611년 안남 상인과 중국 남경 상인이 제주에 표도, 목사 이기빈과 판관 문희현이 표도인 참살하고 재물 탈취, 이기빈을 북청, 문희현을 북도로 귀양 보냄.	광해군일기
1613	광해 5	1. 28	漂	당, 왜, 유구 세 나라 사람 실은 배 표류, 제주목사 이기빈, 판관 문희현은 공모하여 배를 습격하여 재물을 빼앗고 모두 살해함, 황견사 150석, 명주·마노의 종류가 1천여 개 있었음.	광해군일기
1623	광해 15	2. 27.	漂	중국인 32명 표도	광해군일기
1625	인조 3	12. 17.	漂	중국인 고맹 등 32명 표도, 선박 수선하여 보냄.	인조실록
1628	인조 6	9월	漂	서양인 벨테브레(박연) 표도, 서울로 보냄.	탐라기년
1629	인조 7	8. 13.	移陸	제주인 육지 이거로 군액 감소, 출륙 금지령 내림.	인조실록
1629	인조 7	8. 9.	狂風	중국인 10명 제주에 표도, 육로 송환	인조실록
1633	인조 11	12. 11.	狂風	중국인 표도, 선체 수리 송환	인조실록
1634	인조 12	2. 24.	漂	중국인 10인 표도, 가도로 송환	인조실록
1640	인조 18	2. 3.	遭風	진공선 5척 침몰, 엄사자 백여 명, 엄사자 처자 구휼, 적재 공물 탕감	인조실록

연도	왕조	기록 월일	재해 요소	해난사고 내용	출처
1645	인조 23	7. 29.	敗沒	공마선 추도에서 침몰, 선인 12인과 공마 36필 익사	인조실록
1645	인조 23	7. 29.	敗沒	공마선 침몰, 선인 12인과 공마 36필 익사	인조실록
1646	인조 24	10. 2.	風	정의현 세공선 침몰, 30인 익사, 휼전 거행	인조실록
1652	효종 3	3. 30.	颶風	2월 9일 중국 상선 정의현에 표류 익사자 185인 생존자 28인, 중국으로 송환시킴.	효종실록
1652	효종 3	4. 26.	漂	중국인 제주에 표도, 민정중의 상소로 논의	효종실록
1652	효종 3	6. 14.	漂	중국인 표도, 청나라 사신과 함께 송환	비변사등록
1653	효종 4	8. 6.	漂	일본으로 가던 서양인 38인(하멜 일행) 대정현에 표류, 서울로 보내도록 명함.	효종실록
1653	효종 4	12. 5.	漂來	제주에 표래한 외국인 소지 녹피 처리 문제 상소, 묘당에서 의논	효종실록
1663	현종 4	7. 6.	風	작년 10월 10여일 표류 끝에 28명 유구에 표착, 대마도 거쳐 귀환	효종실록
1665	현종 6	7. 22.	風濤	제주 군관 일본에 표착 후 대마도를 거쳐 귀환, 사신 접대	현종실록
1666	현종 7	10. 23.	漂	10여 년 전 아란타인 36명이 제주 표도, 전라도에서 8명 일본으로 탈출	현종실록
1667	현종 8	6. 21.	風	임인관 등 명나라 상인 95명 표착, 육로 송환, 청에 의해 참살 당함.	현종실록
1669	현종 10	7. 16.	致敗	공마선 침몰, 세공마 25필 익사, 정의현감 파직	현종실록
1669	현종 10	10. 3.	死亡	제주목사 바다에서 임무 수행 중 사망, 상여 통과하는 고을 호상 명함.	현종실록
1670	현종 11	7. 11.	風	5. 25. 중국인 65명 정의현에 표도, 나가사키로 가기 원함, 해로로 송환	현종실록
1682	숙종 8	6. 14.	漂	일본인 제주에 표도	비변사등록
1687	숙종 13	4. 17	漂	중국인 제주에 표도, 서울 이송	비변사등록

연도	왕조	기록 월일	재해 요소	해난사고 내용	출처
1687	숙종 13		漂到	제주인 고상영(김대황 일행과 동행) 안남에 표류했다가 생환	탐라기년
1688	숙종 14	7. 30	北西風	중국인 제주에 표도, 서울 이송	비변사등록
1689	숙종 15	2. 13. 2. 15. 6. 6. 6. 21	風	1687. 9. 3. 진상마 수송하다 김대황 등 베트남에 표류 후 청 상선 이용하여 1688. 12. 17. 귀환, 정부가 배 삯을 청 상인에게 대납	숙종실록 비변사등록
1692	숙종 18	1. 8.	大風	대풍으로 관선이 표몰하고 익사자 발생, 휼전 거행	숙종실록
1692	숙종 18	3. 24.	漂流	중국에 제주인 표류, 중국인에게 식량 지급	비변사등록
1694	숙종 20	2. 13.	漂	중국인 제주에 표도	숙종실록
1706	숙종 32	4. 8.	漂	제주에 중국인 13명 표도, 물자, 은자 지급 송환	비변사등록
1711	숙종 37	12. 21.	漂	왜선 제주 표류, 대마도로 압송	숙종실록
1713	숙종 39	9. 16.	漂	중국 복건인 표도	숙종실록
1713	숙종 39	11. 18.	漂	제주에 중국인 표도, 의식 제공, 육로 송환	비변사등록
1721	경종 1	5. 19.	漂泊	청나라 사람 18인 대정현에 표착, 북경에 송환	경종실록
1724	영조 즉위년	2. 3.	漂	중국인 제주도에 표도, 문정함.	비변사등록
1725	영조 1	3. 22.	漂	중국인 표도 , 표도한 중국인 남별궁에 머물게 함.	비변사등록
1727	영조 3	윤3. 26.	漂	중국인 표류, 육로로 송환	영조실록
1727	영조 3	6. 13.	漂	중국 절강 상인 표도, 자문 보내기 전에 또 표도함.	영조실록
1728	영조 4	4. 5.	漂風	중국에 표류한 제주인 북경에서 귀환, 양식 의복 제공	비변사등록
1730	영조 6	6. 10.	漂風	중국에 표류한 제주인 귀환, 문정함.	비변사등록
1730	영조 6	6. 12.	漂	제주인 청국에 표류했는데 소지한 마패에 명국 연호가 새겨져 있어 문제됨.	영조실록

연도	왕조	기록 월일	재해 요소	해난사고 내용	출처
1731	영조 7	12. 6.	船破	선박 파손, 엄사자 60명 발생, 휼전 거행	영조실록
1732	영조 8	11. 30.	漂海	중국인 표착, 육로로 북경 보냄.	영조실록
1736	영조 12	6. 1.	漂到	일본에 표류한 제주인 귀환	비변사등록
1737	영조 13	11. 4.	船敗	감귤 공인 14인 배 침몰로 엄사, 구휼 은전	영조실록
1738	영조 14	12. 20..	漂	제주 별선 남도진에 표류함.	비변사등록
1739	영조 15	2. 8.	漂	중국인 157명 표류, 병선 2척 제공 송환, 베 3동과 쌀 1백석 제공	영조실록
1739	영조 15	12. 7.	漂	추자도에 중국인 표도	비변사등록
1740	영조 16	11. 8.	漂流	진상물 영래인 표류	비변사등록
1741	영조 17	1. 21.	漂風	중국에 표도한 제주인 귀환, 의복과 양식 제공	비변사등록
1741	영조 17	2. 14.	漂流	유구에 표류한 제주인 21명 중국 거쳐 4년 만에 귀환, 휼전 거행, 의복과 식량 제공	영조실록
1741	영조 17	11. 23.	漂流	북경에서 제주 표류인 귀환	비변사등록
1743	영조 19	12. 27.	漂流	진상 물품 압령하던 제주인 3개월 표류하다 귀환, 옷감 제공	영조실록
1756	영조 32	10. 2.	漂	이전곡 실은 배가 일본에 표류	비변사등록
1758	영조 34	3. 15.	漂失	제주 이전곡 표실	비변사등록
1759	영조 35	11. 16.	漂	제주에 중국인 표도, 송환	비변사등록
1760	영조 36	8. 4.	漂	선박 표류, 공물 탕감	영조실록
1760	영조 36	8. 7.	漂	일본 장기도에 표류한 제주인 생환	비변사등록
1761	영조 37	7. 11.	致敗	제주에서 보낸 양대와 감곽이 대양에서 선박 침몰로 치패, 탕감함.	영조실록
1761	영조 37	12. 30.	漂流	제주 공과선 표류	비변사등록
1762	영조 38	6. 19.	漂流	제주 표류민 일본에서 귀환	비변사등록
1762	영조 38	7. 5.	漂海	제주인 표류, 표류민에게 쌀과 포 하사	영조실록
1763	영조 39	1. 16.	漂	제주 공물선 표류	비변사등록
1763	영조 39	6.9.	漂	제주 표류민 19명 생환	비변사등록

연도	왕조	기록 월일	재해 요소	해난사고 내용	출처
1763	영조 39	12. 7.	漂流	제주 공과선 표류	비변사등록
1763	영조 39	12. 11.	漂流	제주 선운공인 표류	비변사등록
1765	영조 41	8. 18.	漂	제주인 중국에 표류, 제주인 9명 생환	비변사등록
1765	영조 41	9. 5.	漂	제주인 표류, 표류민 위로하고 양식 하사	영조실록
1766	영조 42	1. 15.	漂	제주 공인 표류	비변사등록
1766	영조 42	11. 9.	漂	제주 공인 표류	비변사등록
1767	영조 43	4. 14.	漂	제주 표류민 북경에서 내보냄.	비변사등록
1767	영조 43	4. 26.	漂	제주 표류민 접견, 무명, 쌀 하사	영조실록
1768	영조 44	12. 22.	渰溺	진상품 적재 선박 침몰, 익사자 가족 구휼, 봉진 일시 정지	영조실록
1768	영조 44	11. 30.	漂	탐라 공인선 실종	비변사등록
1768	영조 44	12. 23.	漂	중국인 27명 제주에 표도	비변사등록
1768	영조 44	12. 24.	漂	탐라 공인선 표류	비변사등록
1769	영조 45	9. 7.	漂風	선박 표류, 35인 실종, 휼전 거행	영조실록
1769	영조 45	12. 4.	渰死	제주인 익사, 휼전 시행	영조실록
1770	영조 46	1. 14..	漂	탐라 공인의 표류	비변사등록
1770	영조 46	4. 22.	漂	제주인 표류, 표류자에게 의식 지급	비변사등록
1770	영조 46	6. 22.	漂	중국에 표류한 제주인 8명 귀환, 미포 하사	영조실록
1771	영조 47	1. 25.	漂	제주인 표류 생환, 표류자에게 의식 지급	영조실록
1772	영조 48	6. 15.	漂流	제주인 표류, 의식 지급	영조실록
1772	영조 48	6. 23.	漂海	제주의 공과인 표류 8개월 만에 서울 도착, 쌀과 베, 고기 지급	영조실록
1773	영조 49	12. 26.	漂	정의현감 왜선 표류 시 물화 몰래 취득, 흑산도 정배	영조실록
1774	영조 50	11. 28.	漂	제주 공과인 표류	비변사등록
1774	영조 50	12. 18.	漂	제주 표류민 생환	비변사등록
1774	영조 50	12. 4	漂	중국인 제주 대정현에 표도	비변사등록
1775	영조 51	8. 7.	漂	제주에 이국선 표도, 양식 등 제공	비변사등록

연도	왕조	기록 월일	재해 요소	해난사고 내용	출처
1775	영조 51	12. 25.	漂	제주 공인 표류, 문정함.	비변사등록
1776	영조 52	5. 20.	饑 渰沒	흉년, 공마선 침몰 1백여 필 수장, 공마 봉진 절반으로 줄임, 진제에 힘쓴 어사, 목사, 현감에게 시상	영조실록
1778	정조 2	5. 23.	漂	제주 표류민 생환, 문정함.	비변사등록
1778	정조 2	8. 5.	漂海	제주인 41인 표류, 중국 북경에서 귀환, 음식, 역마 지급	정조실록
1778	정조 2	9. 5.	漂泊	중국인 제주에 표도, 서울로 이송	정조실록
1782	정조 6	4. 1.	漂	제주목에 이배된 죄인이 타고 있는 배가 표실	정조실록
1782	정조 6	9. 29.	漂	제주인 표류, 문정함.	비변사등록
1783	정조 7		漂	일본 평호도인 대정현 오수포에 표도	탐라기년
1786	정조 10	1. 26.	漂	제주인 표류 후 생환, 문정함.	비변사등록
1786	정조 10	2. 15	漂失	제주 귤선 표실	비변사등록
1787	정조 11	7. 20.	漂	제주 표류민 생환	비변사등록
1789	정조 13	2. 9.	漂	제주에 중국인 표도, 문정함.	비변사등록
1791	정조 15	2. 7.	風漂	귀양 죄인 표류하여 실종	정조실록
1795	정조 19	윤 2.3.	風	구휼곡 실은 배 5척 파선으로 수백포 손실, 익사자 발생, 1백여 명 표류하다 생환, 표실된 곡식만큼 재차 지원, 익사자 가족 구휼	정조실록
1796	정조 20	8. 5.	漂	제주인 표류, 호송	비변사등록
1797	정조 21	윤 6.7.	漂	유구국 7인 표류, 해로로 송환	정조실록
1797	정조 21	윤 6.20.	漂	제주인 중국 표류한 후 돌아옴, 위유	정조실록
1797	정조 21	11. 25.	漂	제주에 이국인 20명 표도, 송환	비변사등록
1797	정조 21	12. 26.	漂	유구국에 제주인 표류, 귀환	비변사등록
1798	정조 22	1. 15.	漂	중국 상선 명월포에 표착, 길이 230척, 넓이는 길이의 1/4, 승선인 30인, 26일 지낸 후 동풍을 타고 이도	정조실록
1798	정조 22	8. 1.	漂	작년 10월에 일본에 표류했던 제주인 귀환	정조실록
1799	정조 23	7. 28.	漂	제주에 일본인 표도, 송환	비변사등록

연도	왕조	기록 월일	재해 요소	해난사고 내용	출처
1801	순조 1	2. 28.	漂	중국선 6척 제주에 표도, 4척 먼저 송환하고 2척도 송환	비변사등록
1801	순조 1	9. 29.	漂	제주목 이국인 표도, 문정을 위해 역관 파견	순조실록
1801	순조 1	10. 30.	漂	여송국인 5인 대정현 당포에 표도	순조실록
1803	순조 3	1. 29.	漂	중국 강남성인 제주에 표도, 수로 귀환	비변사등록
1806	순조 6	3. 4.	漂	제주목에 중국 소주인 22명 표착, 육지로 호송	순조실록
1807	순조 7	8. 10.	漂	유구인 표도, 송환	순조실록
1809	순조 9	2. 15.	漂	대정현 서림에 중국인 16명 표도, 문정 후 송환	비변사등록
1809	순조 9	6. 14.	渰死	익사자 발생, 휼전 시행, 신역, 환포 탕감	비변사등록
1809	순조 9	6. 26.	漂	1801년 국적불명의 표도인 여송인으로 확인, 송환	순조실록
1809	순조 9		漂	유구인 우도에 표도	탐라기년
1810	순조 10	10. 10.	漂	일본인 25명 승선한 상선 표도	비변사등록
1816	순조 16	5. 9.	漂	정의현감 일행 일본 표류, 대차왜가 쇄환	순조실록
1820	순조 20	7. 1.	風	유구인 5인 정의현 호촌포에 표착, 육로 송환	순조실록
1820	순조 20		漂	화북포에 해신사 세움.	탐라기년
1821	순조 21	6. 15.	漂	유구인 6인 제주 표착, 북경으로 호송	순조실록
1824	순조 24	3. 14.	漂	중국인 제주, 장흥, 영광 등에 50명 표도, 육로로 송환	순조실록
1824	순조 24	12. 16.	渰死	제주목에서 엄사자 39명 사망, 별휼전 시행	순조실록
1825	순조 25	11. 10.	漂失	공마선 표실, 연해 각읍에 탐문 지시	비변사등록
1826	순조 26	4. 29.	漂	정의현에 이국선 표도, 즉각 문정치 못한 죄상과 재발 방지 영 내림.	비변사등록
1827	순조 27	4. 16.	漂	정의현 연미포와 연등포에 청국선 각 1척 표도, 해로 귀환	비변사등록
1828	순조 28	6. 12.	渰死	정의현 익사자 40명 발생, 별휼전 시행	순조실록

연도	왕조	기록 월일	재해 요소	해난사고 내용	출처
1830	순조 30	3. 6.	渰死	대정현 익사자 39명 발생, 별휼전 시행	순조실록
1830	순조 30	3. 27.	漂	지난 겨울에 대정, 정의에 청국선 표도	비변사등록
1831	순조 31	7. 25.	漂	대정현에 유구인 3인 표도, 육로로 북경 호송	순조실록
1831	순조 31	9. 13.	漂	정의현에 일본인 48인 표도, 수로로 동래부 왜관에 인계	순조실록
1832	순조 32	9. 24.	漂	대정현에 유구국 3인 표도, 북경 육로로 호송	순조실록
1833	순조 33	12. 16.	渰死	7명이 먼 곳에서 익사, 신역과 환포 탕감	비변사등록
1834	헌종 즉위년	12. 22.	渰死	제주인 바다에서 6명 익사, 시신 3명 찾고 나머지는 계속 탐문	비변사등록
1835	헌종 1	1. 29.	漂	청국인 5인 표도, 육로로 귀환	비변사등록
1838	헌종 4	7. 21.	漂	제주인 의복과 은자를 탐내어 고의로 수차례 중국에 표류함, 효수함.	헌종실록
1853	철종 4	4. 7.	漂	중국인 대정현 범천포에 표도	비변사등록
1856	철종 7	11. 19.	渰死	익사자 발생, 구휼	비변사등록
1856	철종 7	11. 29.	漂	영암군 사람이 제주목에서 익사, 구휼	비변사등록
1860	철종 11	3. 6.	漂	중국인 보목포에 표도	비변사등록
1860	철종 11	7. 22.	漂	유구국선 표도, 문정 후 송환	비변사등록
1861	철종 12	8. 29.	漂	일본인 대정현 사계포에 표도, 문정	비변사등록
1864	고종 1	3. 7.	漂	정의현 법환포에 일본인 20명 표도, 송환	고종실록
1864	고종 1	7. 27.	渰死	제주목에서 익사자 발생, 휼전 시행	고종실록
1865	고종 2	2. 25.	渰死	제주목에서 익사자 발생, 휼전 시행	고종실록
1866	고종 3	1. 4.	漂	일본인 10명 제주에 표착, 동래부를 통해 송환	고종실록
1866	고종 3	2. 5.	渰死	제주목에서 익사자 발생, 휼전 시행	고종실록
1867	고종 4	3. 6.	渰死	정의군에서 익사자 발생, 휼전 시행	고종실록
1868	고종 5	윤4.13.	渰死	제주목에서 익사자 발생, 휼전 시행	고종실록
1869	고종 6	3. 16.	渰死	제주목에서 익사자 발생, 휼전 시행	고종실록
1869	고종 6	9. 2.	渰死	제주목에서 익사자 발생, 휼전 시행	고종실록

연도	왕조	기록 월일	재해 요소	해난사고 내용	출처
1869	고종 6		漂	중국 상선 협재포에 파선됨.	탐라기년
1870	고종 7	9. 14.	渰死	대정군 익사자 발생, 휼전 시행	고종실록
1870	고종 7	윤10. 20.	渰死	제주목 익사자 발생, 휼전 시행	고종실록
1871	고종 8	4. 24.	漂	일본인 명월포 표도, 문정함.	비변사등록
1872	고종 9		漂沒	공마선 표몰, 백여 명 익사	탐라기년
1873	고종 10	윤6. 16.	漂	일본인 대정군에 표도, 문정함.	비변사등록
1876	고종 13	7. 14.	漂	정의군에 일본인 표류, 문정 후 송환	승정원일기
1877	고종 14	8. 12.	漂	이원춘 동래부에 표류해 일본인 행세, 효수	고종실록
1878	고종 15	11. 15.	漂	제주인 표류 생환	승정원일기
1880	고종 17	1. 20.	漂	중국인 표류, 문정 후 치계	승정원일기
1880	고종 17	8월	大風	청국 선박 사라봉 밑에서 파선	탐라기년
1880	고종 17	11. 9.	西北風 漂蕩	9월 22일 별방포에서 뗏목배 2척 표류, 9인 9월 27일 일본 해상에서 구조됨.	고종실록
1881	고종 18	9. 7.	漂	제주목 건입포에 중국인 표도, 문정	비변사등록
1882	고종 19	1. 29.	漂	제주목에 이국인이 표도	승정원일기
1887	고종 24	3. 8.	漂	정의현에 일본인 2명 표도	승정원일기
1887	고종 24	5. 1.	風	진상선 파선으로 봉진 못함.	승정원일기
1887	고종 24	5. 1.	渰死	제주목 익사자 발생, 휼전 시행	고종실록
1891	고종 28	7. 17.	漂	애월진 흑사 바닷가에 유구인 6명 표류, 육로 송환	고종실록
1897	고종 34	6. 4.	漂	제주도와 인천에서 표류민 발생, 구제금 7원 20전 지출	고종실록
1898	고종 35	1. 14.	漂	제주인 표류, 구제비 31원 20전 예비금에서 지출	고종실록
1898	고종 35	2. 9.	漂	제주도와 인천에서 표류민 발생	고종실록
1899	고종 36	2. 3.	漂	중추원에서 제주도의 표류민에게 구제금을 주는 문제 논의, 구제금 지급 승인	고종실록

| 찾아보기 |

ㄴ

ㄷ

ㅁ

ㅂ

ㅈ

ㅊ

ㅌ